电子信息科学与工程类专业系列教材

MCS-51 单片机原理、 接口及应用

（第 2 版）

郭文川　主　编

李志伟　　吴永烽　副主编

许景辉　李　旭　参　编

电子工业出版社

Publishing House of Electronics Industry

北京 · BEIJING

内 容 简 介

本书以 MCS-51 单片机为对象，阐述了其结构和功能、指令系统、汇编语言和 C51 语言程序设计、中断系统和定时/计数器、并行和串行存储器扩展技术、串行通信接口、显示器和键盘接口技术、数/模和模/数转换器的接口技术；介绍了常用仿真软件 Proteus 和 Keil 的 Windows 集成开发环境的使用方法；以典型例题为载体，以汇编语言和 C51 语言相对应的方式介绍了程序设计方法及单片机系统的设计方法。本书以 C51 语言为主，以汇编语言为辅。本书中所有例题均给出源程序及仿真运行结果。

本书适合作为高等院校工科类本科生、非电类研究生、电类高职高专学生及单片机技术应用人员的教学用书。

图书在版编目（CIP）数据

MCS-51 单片机原理、接口及应用 / 郭文川主编. —2 版. —北京：电子工业出版社，2021.6

ISBN 978-7-121-41350-6

Ⅰ．①M… Ⅱ．①郭… Ⅲ．①微控制器－高等学校－教材 Ⅳ．①TP368.1

中国版本图书馆 CIP 数据核字(2021)第 113220 号

责任编辑：赵玉山

印　　刷：北京虎彩文化传播有限公司

装　　订：北京虎彩文化传播有限公司

出版发行：电子工业出版社

　　　　　北京市海淀区万寿路 173 信箱　邮编：100036

开　　本：787×1092　1/16　印张：19.25　字数：492 千字

版　　次：2013 年 1 月第 1 版

　　　　　2021 年 6 月第 2 版

印　　次：2025 年 2 月第 8 次印刷

定　　价：59.00 元

前　言

自从 20 世纪 70 年代单片微型计算机(简称单片机)诞生以来，单片机以其功能强、体积小、质量小、价格低、可靠性高、可塑性好等优点得到了广泛的应用。单片机是目前世界上数量最多的计算机。在现代人类生活中，几乎每件电子产品和机械产品都集成有单片机，因而，单片机已成为工程师们开发嵌入式应用系统和小型智能化产品的首选控制器。

为了满足社会的需求，国内大部分工科专业已经将单片机列为专业必修课或选修课。虽然单片机的机型很多，但 MCS-51 单片机仍然是主流机型。为此，本着"通用、适用、实用、易用"的原则，本书以 MCS-51 单片机为对象，介绍其内部结构、基本原理、接口技术及软硬件系统的设计方法。本书的特点体现在以下几个方面。

(1) 理论以够用为度，加大典型例题的引入。单片机课程的特点是理论性和实践性都很强，而对于大部分工科专业，本课程的目标是培养创新型和应用型人才，因此理论内容安排以够用为度，加大了典型例题的介绍。所有例题均上机调试通过。通过大量例题的学习，使初学者掌握单片机的基本原理和软硬件系统的设计方法。

(2) 汇编语言和 C51 语言相得益彰。汇编语言与单片机的硬件密切相关，且其代码效率高。学习汇编语言可以了解单片机的工作原理，但是汇编语言的灵活性差，编程较难。与汇编语言相比，C51 语言在功能、结构性、可读性方面有明显的优势，因而易学易用。此外，它对单片机的内部结构和工作原理的掌握性要求较低，但是代码效率较低。为了既让学生了解汇编语言的结构及面向机器的特点，同时又便于学生较快地进行单片机系统的开发，对于书中的例题，给出了汇编语言和相应的 C51 语言程序。两种语言的掌握对于开发高效的程序非常重要。

(3) 仿真软件 Keil μVision4 和 Proteus 的引入使学习者更容易进行系统开发。科技的发展使得计算机仿真技术已成为许多设计部门重要的前期设计手段。Keil μVision4 软件提供了丰富的库函数和功能强大的集成开发调试工具，方便易用的集成环境、强大的软件仿真调试工具使单片机开发者事半功倍。Proteus 是目前仿真单片机系统的优秀软件，它具有设计灵活、结果和过程统一的特点。Proteus 的引入使学生在只有一台 PC 的情况下就能进行单片机系统的设计和开发，大大缩短了开发周期。

本书的第 1~6 章、第 8 章、第 9 章由西北农林科技大学郭文川编写，第 7 章由西南大学吴永烽编写，第 10 章由山西农业大学李志伟编写，第 11 章由湖南农业大学李旭(Keil 部分)和西北农林科技大学许景辉(Proteus 部分)编写，第 12 章由西北农林科技大学许景辉编写，附录由郭文川整理和提供，全书由郭文川整理和统稿。在本书的编写过程中参考了许多资料，主要参考资料列在了参考文献中，在此向所有资料的作者表示衷心的感谢。

读者可注册并登录华信教育资源网(www.hxedu.com.cn)后免费下载本书课件。

限于能力和水平有限，书中难免存在不足，希望读者不吝赐教(E-mail：wencg915@sina.com)。

编者

2020 年 12 月

目　录

第1章 微型计算机基本知识

本章主要讲述计算机中的数制(二进制、八进制、十进制和十六进制)及其间的转换方法、计算机中常用的编码(BCD 码和 ASCII 码)、计算机中有符号数的表示方法(原码、反码和补码)、微型计算机的工作过程、单片机的发展历程和 MCS-51 系列单片机。本章是学习和掌握单片机开发及应用技术的基础。

1.1 数制与编码

1.1.1 数制

在人们应用各种数字符号表示事物个数的长期过程中形成了各种数制。数制以表示数值所用的数字符号个数而命名,如十进制、十二进制、十六进制、六十进制等。在微型计算机的设计及使用中,通常采用的计数方法是二进制、八进制、十进制和十六进制。

1) 数制的基与权

各计数制中每个数位上可用字符的个数称为该计数制的基数,例如十进制计数制中有 0~9 十个字符,基数为 10;二进制中只有 0 和 1 两个字符,基数为 2。一个数可以用不同计数制表示它的大小,虽然形式不同,但数的量值是相同的。日常生活中最常用的是十进制。

十进制(decimal system):基数为 10,使用数字 0~9 和一个小数点符号表示任意的十进制数。同一个数字若在不同的数位则代表的数值是不同的,该计数方法称为位置计数法。位置计数法中对每一个数位赋以不同的位值,称为"权"。十进制中,每个数位上的权是以 10 为底的某次幂,如在 123.456 中,从左向右各位的权分别是 10^2、10^1、10^0、10^{-1}、10^{-2} 和 10^{-3}。

二进制(binary system):在电子计算机中,数是以器件的物理状态表示的,计算机中采用双稳态电子器件作为保存信息的基本元件,因此计算机中采用二进制。在二进制中,使用的数字为 0 和 1,基数为 2,二进制中各位的权是以 2 为底的某次幂。例如二进制数 1110.01,从左向右各位的权分别是 2^3、2^2、2^1、2^0、2^{-1} 和 2^{-2},即 8、4、2、1、0.5 和 0.25。计算机中采用二进制的优点是物理实现容易且运算特别简单,但缺点是书写冗长,因此书写时常用十六进制(有时也用八进制)代替二进制。

十六进制(hexadecimal system):十六进制的基数为 16,使用的数为 0、1、…、9、A、B、C、D、E 和 F,其中,A、B、C、D、E 和 F 分别对应十进制中的 10、11、12、13、14 和 15。十六进制中各位的权是以 16 为底的某次幂,例如十六进制数 1F4.2C,从左向右各位的权分别是 16^2、16^1、16^0、16^{-1} 和 16^{-2}。

八进制(octave system):基数为 8,使用的数字为 0、1、…、7,各位的权是以 8 为底的某次幂。

为了便于区别不同数制表示的数,规定在数字后面用 H 表示十六进制数,用 Q 表示八进制数,用 B 表示二进制数,用 D(或不加标志)表示十进制数。例如,57H、756Q、1011B 和 369D 分别表示十六进制、八进制、二进制和十进制的数。另外规定,当十六进制数以字母开头时，为了避免与其他字符或名称相混淆，在书写时要求在最前面加一个 0。例如，十六进制数 F4H 应写成 0F4H，以 0 开头就表示这是一个数字。

2）各种数制之间的相互转换

① 十进制数转换为非十进制数

将十进制数转换为非十进制数时应对整数和小数部分分别处理。对于整数部分采用"除基取余，先低后高"的方法，对于小数部分采用"乘基取整，先高后低"的方法。

例 1-1 将十进制数 25.375 转换为二进制数。

解： 对整数部分采用除 2 取余，对小数部分采用乘 2 取整，具体运算如下：

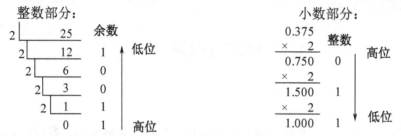

所以，25.375D=11001.011B

例 1-2 将十进制数 157.6875 转换为十六进制数。

解： 对整数部分采用除 16 取余，对小数部分采用乘 16 取整，具体运算如下：

整数部分：
$$\begin{array}{r|ll} 16 & \underline{157} & \textbf{余数} \\ 16 & \underline{9} & D \quad \text{低位} \\ & 0 & 9 \quad \text{高位} \end{array}$$

小数部分：
$$\begin{array}{r} 0.6875 \quad \textbf{整数} \\ \times \quad 16 \\ \hline 11.000 \quad 11(B) \end{array}$$

所以，157.6875D=9D.BH

其实，在很多情况下当将十进制数的小数转换为二进制或十六进制数时，得到的小数部分可能无限循环或者不能用有限的小数位数表示，在此情况下，在保证精度的情况下取小数点后一定的位数即可。

② 非十进制数转换为十进制数

非十进制数转换为十进制数的方法比较简单，可先将其按定义展开为多项式，再将系数及权均用十进制表示后按十进制进行乘法与加法运算，所得结果即为该数对应的十进制数。

例 1-3 将二进制数 1110.01 转换为十进制数，将十六进制数 2F3.C 转换为十进制数。

解： $1110.01B=1\times2^3+1\times2^2+1\times2^1+0\times2^0+0\times2^{-1}+1\times2^{-2}$

$\qquad\qquad =8+4+2+0+0+0.25$

$\qquad\qquad =14.25D$

$\qquad 2F3.CH=2\times16^2+15\times16^1+3\times16^0+12\times16^{-1}$

$\qquad\qquad =512+240+3+0.75$

$\qquad\qquad =755.75D$

③ 二进制数与十六进制数之间的转换

由于 $2^4=16$，因此 4 位二进制数相当于 1 位十六进制数，这使得二进制数与十六进制数之间的相互转换非常简单。对于二进制数，在转换时整数部分由小数点向左每 4 位一组，小数部分由小数点向右每 4 位一组。若整数最高位的一组不足 4 位，则在其左边加 0 补足 4 位；若小数最低位的一组不足 4 位，则在其右边加 0 补足 4 位。然后，用与每组二进制数所对应的十六进制数取代每组的 4 位二进制数即可。当将十六制数转换为二进制数时，1 位十六进制数对应 4 位二进制数。

例 1-4 将二进制数 10100110110.101011 转换为十六进制数。

解：　　　 二进制数：　 0101　 0011　 0110 . 1010　 1100

　　　　　　　　　　　 ↓　　　 ↓　　　 ↓　　 ↓　　　 ↓

　　　　　 十六进制数：　 5　　 3　　 6 . A　　 C

所以，10100110110.101011B=536.ACH

二进制数与八进制数的转换方法与二进制数与十六进制数的转换方法基本相同，只是在转换时，每 3 位二进制数转换为 1 位八进制数。表 1-1 给出了各种数制的对应关系。

表 1-1　十进制、二进制、八进制和十六进制编码对照表

十进制	二进制	八进制	十六进制	十进制	二进制	八进制	十六进制
0	0000	0	0	9	1001	11	9
1	0001	1	1	10	1010	12	A
2	0010	2	2	11	1011	13	B
3	0011	3	3	12	1100	14	C
4	0100	4	4	13	1101	15	D
5	0101	5	5	14	1110	16	E
6	0110	6	6	15	1111	17	F
7	0111	7	7	16	10000	20	10
8	1000	10	8				

1.1.2　编码

计算机只能识别 0 和 1 两种符号，而计算机处理的信息却有多种形式，如数字、标点符号、运算符号、各种命令及各种文字和图形等。要表示这么多信息并识别它们，就必须对这些信息进行编码。根据信息对象的不同，计算机中采用的编码方式也不同，常见的编码有 BCD 码和 ASCII 码等。

1) BCD 码(binary coded decimal——二-十进制码)

人们通常使用十进制数计数，而计算机采用二进制计数。虽然二进制与十进制数之间可以转换，但要一下子看出二进制所对应的十进制数还是比较困难的。例如，二进制数 1010101 表示十进制数 85。

为解决这一矛盾，人们提出了一个比较适合十进制系统的二进制代码的特殊形式，即将 1 位十进制数的 0～9 分别用 4 位二进制码表示。在此基础上，可按位对任意十进制数进行编码，这就是二进制编码的十进制数，简称 BCD 码。把用 4 位二进制数表示 1 位十进制数的 BCD 码称为压缩型 BCD 码；而把用 8 位二进制数表示 1 位十进制数的 BCD 码称为非压缩型 BCD 码。一般情况下均指压缩型 BCD 码。

4 位二进制数有 16 种组合，可选其中任意 10 种分别表示十进制中的 0～9。最常用的 BCD 编码方法是 8421BCD 码。当采用 8421BCD 码时，在 4 位二进制所具有的 16 个状态中只有 0000～1001 十个码有效，其余 1010～1111 没有使用。表 1-2 给出了十进制数和 8421BCD 码的对应关系。当用 BCD 码表示十进制数时，只要把每位十进制数用其对应的 4 位二进制码代替即可，例如 75.4D = (0111 0101.0100)_{BCD}。

由于 BCD 码是将每个十进制数用一组 4 位二进制数表示，因此，若将这种 BCD 码直接交给计算机去运算，则由于计算机总是把数作为自然二进制数运算，就会发生结果出错的问题。

表 1-2 8421BCD 码

十 进 制	二 进 制	8421BCD 码
0	0000	0000
1	0001	0001
2	0010	0010
3	0011	0011
4	0100	0100
5	0101	0101
6	0110	0110
7	0111	0111
8	1000	1000
9	1001	1001
10	1010	0001 0000
11	1011	0001 0001
12	1100	0001 0010
13	1101	0001 0011
14	1110	0001 0100
15	1111	0001 0101

例 1-5 用 BCD 码求 35+43，68+27。

解：

```
     0011  0101   （35 的 BCD 码）        0110  1000   （68 的 BCD 码）
  +  0100  0011   （43 的 BCD 码）     +  0010  0111   （27 的 BCD 码）
     0111  1000   （78 的 BCD 码）        1000  1111   （8F）
```

由结果可以看出，35+43=78 的结果是正确的，而 68+27 应为 95，而结果却是 8FH，显然，计算结果出错。出错的原因在于十进制数相加遵循"逢十进一"的原则，而计算机运算时均按照二进制数运算，每 4 位为一组，低 4 位向高 4 位进位是"逢十六进一"。解决该问题的办法是对二进制加法运算的结果进行"加 6 修正"，从而将二进制加法运算的结果修正为 BCD 码加法运算的结果，这种修正称为 BCD 码修正或 BCD 码调整。BCD 码修正规则如下：

- 当任何两个对应位 BCD 码相加的结果向高一位无进位时，如果得到的结果小于或等于 9，则该位不需要修正；如果得到的结果大于 9 且小于 16，则对该位进行加 6 修正。
- 当任何两个对应位 BCD 码相加的结果向高一位有进位时（即结果大于或等于 16），则对该位进行加 6 修正。
- 当低位的修正结果使得高位大于 9 时，则对高位进行加 6 修正。

例 1-6 用 BCD 码计算 68+27。

解：

```
     0110  1000   （68 的 BCD 码）
  +  0010  0111   （27 的 BCD 码）
     1000  1111   （低 4 位大于 9）
  +  0000  0110   （低 4 位加 6 修正）
     1001  0101   95（结果正确）
```

两个 BCD 码进行减法运算时，若低位向高位有借位，由于"借一作十六"与"借一作十"的差别，因此需采用"减 6 修正法"修正计算结果。

2）ASCII 码

现代计算机使用各种程序设计语言，而任何语言都是由字母、数字和符号组成的。要输入程序，计算机必须接受由字母、数字和符号组成的信息。用户在操作机器时总要输入许多监控程序或操作系统所能识别的各种命令，这些命令也是由字母、数字和符号组成的。计算机输出也是这样的，输出中需要将人们可以识别的字母、数字和符号打印出来或显示在屏幕上。

计算机内的任何信息都是用代码表示的，字母、数字和符号也是用代码表示的。一般情况下，计算机依靠输入设备把要输入的字符编成一定格式的代码，然后才能接收进来。输出则相反，为了在输出设备上输出字符，计算机要把相应字符的编码送到外部输出设备。

为了统一文字符号的编码标准，让不同的计算机皆能使用同一套标准化的信息交换码，于是美国国家标准局于 1968 年制定了 ASCII 码（america standard code for information interchange，美国（国家）信息交换标准码）作为数据传输的标准码。ASCII 码有 7 位码和 8 位码两种。

在 7 位码中，ASCII 码采用 7 位二进制代码对字符进行编码。它包括 32 个通用控制符号、10 个阿拉伯数字、52 个英文大写和小写字母及 34 个专用符号，共 128 个（见附录 A）。例如阿拉伯数字 0～9 的 ASCII 码分别为 30H～39H，英文大写字母 A～Z 的 ASCII 码为 41H～5AH。并非所有的 ASCII 字符都能打印，有些字符是控制字符，用于控制退格、换行和回车等。ASCII 码还包括几个其他的字符，例如文件结束（EOF）、传送结束（EOT）等。

通常在 7 位 ASCII 代码的最高位添加一个"0"组成 8 位代码。因此，字符在计算机内部按 8 位一组存储，正好占一字节。在存储和传送信息时，最高位常用作奇偶校验位，用于检验代码在存储和传送过程中是否发生错误。偶校验时，每个代码的二进制形式中应有偶数个 1。例如传送字符"G"，其 ASCII 码的二进制形式为 1000111，因有 4 个 1，故奇偶校验位为 0，8 位代码将是 01000111。奇校验每个代码中应有奇数个 1。若用奇校验传送字符"G"，则 8 位代码为 11000111。奇偶校验只具有发现代码在存储和传送过程中出现错误位的位数为奇数个（"1"的个数出现奇偶变化）的能力。由于它简单可行，所以在计算机中广泛地被用于信息的存储和传送。

在 8 位码中，ASCII 码采用 8 位二进制代码对字符进行编码，最多可以给 256 个字符（包括字母、数字、标点符号、控制字符及其他符号）进行编码。

1.2 计算机中有符号数的表示方法

前面接触到的二进制数均为无符号数，即所有二进制数位均为数字位。而实际上数值有时是带有符号的，即可能是正数，也可能是负数，因此就存在有符号二进制数表示方法的问题。

1.2.1 数的符号的表示法

由于计算机中用一个双稳态元件表示一位二进制数码，因此，很容易想到用一位数码表示数的符号。规定用数码"0"表示正数的符号"+"，用数码"1"表示负数的符号"−"，而且表示符号的位作为该数的最高位。8 位有符号数的编码格式见图 1-1。例如，有符号数

01001011B 表示+75，而 11001011B 表示-75。

图 1-1 有符号数的编码格式

这种连正负号也数字化的数，称为机器数，是计算机所能识别的数。而把该数的实际数值，即用"+"、"-"号表示的数称为真值，例如+75 和-75。

1.2.2 原码、反码和补码

机器数有 3 种不同的编码形式，即原码、反码和补码，现分别叙述如下。

1）原码

如果正数的符号位用"0"表示，负数的符号位用"1"表示，绝对值的编码规则与前面讨论的无符号数编码规则相同，这种表示方法称为原码表示法，数 X 的原码记作[X]原。如不作特别说明，后面都以字长 8 位的计算机说明计算机的编码。例如，[+15]原=00001111B，[-15]原=10001111B。

8 位二进制原码所能表示的数值范围为-127～+127。对于 0，可以被认为是+0，也可以被认为是-0，因此 0 在原码中有两种表示方法，即[+0]原=00000000 和[-0]原=10000000。

原码表示法的优点是简单且易于理解，与真值的转换也方便，但其缺点是进行加减运算时比较麻烦。由于参加运算的数可能为正，也可能为负，这时不仅要考虑该运算是加还是减，而且还要考虑数的符号及绝对值的大小。例如两数相加时，如果两数同号，数值部分相加符号不变；如果两数异号，不仅数值部分要相减，而且还要比较两数绝对值的大小才能确定实际的被减数和减数。因此原码表示法将使运算逻辑复杂化或增加机器运行时间，为此引入了反码和补码表示法。

2）反码

数 X 的反码记作[X]反，反码定义如下：

（1）正数的反码表示法与原码相同（[X]反=[X]原），即最高位为符号位，用"0"表示，其余各数值位不变。

例 X_1=+15，[X_1]反=[X_1]原=00001111 B

（2）负数的反码表示法为除符号位仍为"1"外，其余各数值位与原码中的各位相反。

例 X_2=-15，[X_2]原=10001111B，[X_2]反=11110000B。

（3）0 的反码有两种表示方法：[+0]反=00000000B，[-0]反=11111111B。

8 位反码所能表示的数值范围为-127～+127。

3）补码

① 补码的概念

日常生活中有不少补码的例子，在此以钟表为例。假定现在的北京时间是 5 点整，而钟表指向 8 点整，为了调整表的时间可以有两种方法：

● 倒拨 3 小时，即 8-3=5。

● 顺拨 9 小时，即 8+9=5。

在这里 8 减 3 与 8 加 9 的效果是相同的。这是因为当时针顺拨到达 12 点时，就从 0 重新开始，相当于自动丢失了一个数字 12，即 8+9=12（自动丢失）+5=0+5=5。这个自动丢失的数 12 被称为"模"。由此可以看出，对于一个模数为 12 的循环计数系统来说 8 减 3 与 8 加 9 是等价的，因此称-3 与+9 对模 12 互为补数，或 9 是-3 对 12 的补码。

若数 X 的补码记作$[X]_补$，当模为 12 时，数 X 与它的补码$[X]_补$之间的关系为 X+12=$[X]_补$。当 X=-3 时，有-3+12=9，此时负数就被转化为正数，减法就可以用加法代替，这样就可以用加法器电路实现减法运算，简化了计算机的硬件电路，这也就是引入补码的原因。

从上面的讨论可以看出：

● 只要知道模的大小，求负数的补码时，模加上该负数（或模减去该负数的绝对值）就得到它的补码；

● 一个正数加上一个负数时，在机器内要做减法运算，引入补码后就可以加上该负数的补码，从而将减法运算转换为加法运算。

由于计算机中的部件都有固定的字长，假设字长为 n 位，则计算机中数码的总数（包括符号位）为 2^n，因此计算机的模为 2^n，则一个数的补码$[X]_补=2^n+X$。若字长为 8，则$[X]_补=2^8+X$。

② 补码的定义（字长=8）

（a）对于正数

当计算机的字长为 8 位时，其模 2^8=1,00000000B。但 8 位计算机表示一个数值只能用 8 位，所以 2^8 的二进制数为 00000000B，即同 0 具有相同的数值。这就相当于一天的 24 小时，当时间为 24 点时，通常不说 24 点，而把其称为 0 点。

根据补码的定义，正数 X 的补码$[X]_补$=00000000B+X=X。若 X=+15，$[+15]_补$=00001111B。由此看出，正数的补码与原码相同，即$[X]_补=[X]_原$。

（b）对于负数

若 X=-15，则 $[-15]_原$=10001111B，根据补码的概念有：

$$[-15]_补=2^8+(-15)=2^8-15$$
$$=11111111B+1-0001111B$$
$$=(11111111B-0001111B)+1$$
$$=11110000B+1$$
$$=[-15]_反+1$$

因此，负数的补码等于该数的反码加 1，即$[X]_补=[X]_反+1$。

（c）对于 0

0 的补码只有一种表示方法，即$[+0]_补=[-0]_补$=00000000B

由于原码、反码中的"0"有两个代码，而补码中的"0"只有一种代码，使得 8 位二进制补码比原码、反码多表示一个负数，即-128，因此，8 位二进制数补码所表示的数值范围为-128～+127。表 1-3 为 8 位二进制数的无符号二进制数、原码、反码和补码的表示范围。

表 1-3 数的表示方法

二进制数码表示范围	无符号二进制数	原 码	反 码	补 码
00000000	0	+0	+0	+0
00000001	1	+1	+1	+1
⋮	⋮	⋮	⋮	⋮
01111110	126	+126	+126	+126

二进制数码表示范围	无符号二进制数	原 码	反 码	补 码
01111111	127	+127	+127	+127
10000000	128	−0	−127	−128
10000001	129	−1	−126	−127
10000010	130	−2	−125	−126
⋮	⋮	⋮	⋮	⋮
11111110	254	−126	−1	−2
11111111	255	−127	−0	−1

1.2.3 补码的加减法运算

微机中凡是有符号的数一律用补码表示。用补码表示的两个数完成加、减法运算时，把符号位也看成运算数位一起参加运算，所得结果为用补码表示的数。若符号位为 0，表示结果为正数；若符号位为 1，表示结果为负数。

例 1-7 用补码运算求 $(+89)+(-115)$、$(+89)+(+76)$ 及 $(-115)+(-76)$。

解： $[+89]_补=[+89]_原=01011001B$　　　　　$[-115]_补=[-115]_反+1=10001101B$

$[+76]_补=[+76]_原=01001100B$　　　　　$[-76]_补=10110100B$

$$
\begin{array}{r}
0\,1\,0\,1\,1\,0\,0\,1\,B=[+89]_补 \\
+\quad 1\,0\,0\,0\,1\,1\,0\,1\,B=[-115]_补 \\
\hline
1\,1\,1\,0\,0\,1\,1\,0\,B=[-26]_补
\end{array}
\qquad
\begin{array}{r}
0\,1\,0\,1\,1\,0\,0\,1\,B=[+89]_补 \\
+\quad 0\,1\,0\,0\,1\,1\,0\,0\,B=[+76]_补 \\
\hline
1\,0\,1\,0\,0\,1\,0\,1\,B=[-91]_补
\end{array}
$$

$$
\begin{array}{r}
1\,0\,0\,0\,1\,1\,0\,1\,B=[-115]_补 \\
+\quad 1\,0\,1\,1\,0\,1\,0\,0\,B=[-76]_补 \\
\hline
1\quad 0\,1\,0\,0\,0\,0\,0\,1\,B=[+65]_补
\end{array}
$$

丢失

由结果可以看出 $(+89)+(-115)=-26$，结果正确。$(+89)+(+76)$ 与 $(-115)+(-76)$ 的结果是错误的。因为两个正数相加的和绝不可能是一个负数，而两个负数相加的和也绝不可能是一个正数。出现该现象的原因在于当计算机的字长为 n 位时，n 位二进制数的最高位为符号位，其余 $n-1$ 位为数值位。采用补码表示时，可表示数 X 的范围为 $-2^{n-1} \leqslant X \leqslant 2^{n-1}-1$。当 $n=8$ 时，该范围为 $-128 \sim +127$。如果两个有符号数的加、减运算结果超出可表示的有符号数的范围时，就会发生溢出，使计算结果出错。很显然，溢出只能出现在两个同号数相加或两个异号数相减的情况下。因此，可以很简单地根据运算数据前及运算后符号的情况判断相加减的两个数据在运算时是否发生了溢出。

另外，也可以根据次高位(数值部分的最高位)和最高位的进位或借位判断数据是否有溢出。以两数相加为例，当次高位形成的进位加入最高位，而最高位(符号位)相加(包括次高位的进位)却没有进位输出时；或者反过来，当次高位没有进位加入最高位，但最高位却有进位输出时，都将发生溢出。因为这两种情况分别是两正数相加，结果超出了范围，形式上变成了负数；或者是两负数相加，结果超出了范围，形式上变成了正数。因此，溢出的判断方法是最高位的进位和次高位的进位相异或(异或运算的原则是"相异为 1，相同为 0")，若结果为 1，则溢出，否则没有溢出。对于 8 位字长的微机，溢出标志 $OV=C_6 \oplus C_7$(C_6 和 C_7 分别是第 6 位和第 7 位向高位的进位位)。若 $OV=1$，表示有溢出，否则无溢出，常称该判断方法为

双高位法。该方法同样适用于减法运算，只不过 C_6 和 C_7 分别是第 6 位和第 7 位向高位的借位。

对于例 1-7 中，当 $(+89)+(+76)$ 时，$C_6=1$，$C_7=0$，故 $OV=C_6 \oplus C_7=1$。当 $(-115)+(-76)$ 时，$C_6=0$，$C_7=1$，同样 $OV=1$。因此，此两种情况下皆出现溢出现象。在计算机中，当加减法运算结果超出有符号数所能表示的数值范围时，溢出标志位 OV 被自动置成 1。

数据除了有正数和负数外，还有整数和小数之分。计算机中表示小数点的方法有整点表示法和浮点表示法。关于小数点的表示方法可参阅相关书籍。

1.3   微型计算机系统组成及工作工程

一个微型计算机系统是由硬件和软件两个部分组成的。硬件是固体设备，是系统的物质基础和软件运行的载体。通常，硬件包括主机、外部设备（外存、显示器、键盘、打印机等）和电源。软件是由硬件所表达的各种内在信息，是一批数据和程序，是硬件功能实现的驱动者。软件又分为系统软件（如 Windows、Linux、DOS 等）和用户软件。本节介绍微型计算机和微处理器的组成，以及微型计算机系统的工作过程。

1.3.1   微型计算机的组成

微型计算机（microcomputer，MC），是指以中央处理单元（central processing unit，CPU）为核心，配上存储器、输入/输出接口电路及系统总线所组成的计算机（又称为主机），它是微型计算机系统的硬件部分。图 1-2 是微型计算机的组成框图。

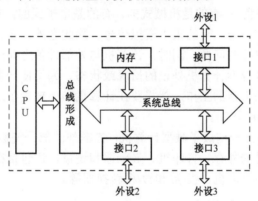

图 1-2   微型计算机基本组成框图

把中央处理单元、存储器和输入/输出接口电路集成在一块或多块电路板上的微型机叫作单板或多板微型计算机简称单板机或多板机；如果集成在单个芯片上，则叫作单片微型计算机，简称单片机。单板机如 Zilog 公司的 Z80，多板机如通用 PC（personal computer）。本书将主要介绍单片机的结构、原理和使用方法。

1）中央处理单元

中央处理单元又称为微处理器（microprocessor，MP），是指由一片或几片大规模集成电路组成的具有运算器和控制器功能的中央处理部件。CPU 是所有微型计算机的核心，相当于人的大脑，它的性能直接影响微型机的整体性能。通用 PC 中的 CPU 均采用超大规模集成技术做成单片集成电路，其结构复杂、功能强大。

2) 内存

内存是指微型计算机内部的存储器，它直接连接在系统总线上，其存取速度比较快。通常内存的容量比较小，如 MCS-51 单片机的内存只有 256 字节(51 子系列)或 512 字节(52 子系列)。

存储器由许多单元组成，每个单元存放一组二进制数。微型计算机中规定每个存储单元存放 8 位(bit)二进制数，定义为 1 字节(Byte)。为了区分各个存储单元，将单元从 0 开始编号。每个存储单元的号码称为单元地址，单元内存放的 8 位二进制数称为单元内容。这就像盖好的宿舍大楼有许多房间，每个房间有号码，房间内又住着不同学号的学生。假设内存 30H 单元存的数据是 42H，31H 单元存的数据是 58H，其数据存储示意如图 1-3 所示。

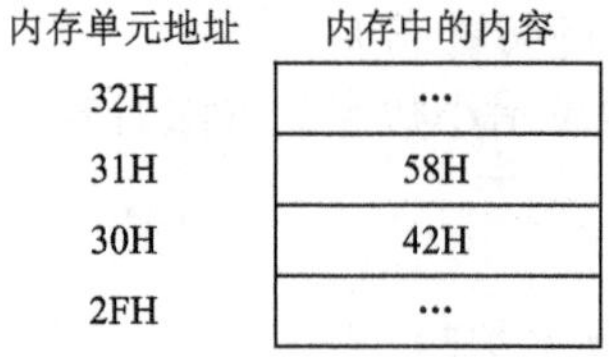

内存单元地址	内存中的内容
32H	...
31H	58H
30H	42H
2FH	...

图 1-3　内存单元示意图

3) 系统总线

微型计算机在组织形式上采用总线结构，即各个部分通过一组公共的信号线连接起来，这组信号线称为系统总线。根据传送信息的内容和作用的不同，可将总线分成三类——数据总线(data bus，DB)、地址总线(address bus，AB)和控制总线(control bus，CB)。

CPU 通过数据总线与存储器或输入/输出(input/output，I/O)端口传送数据，通过地址总线输出地址码选择某一存储器单元或某一 I/O 端口(I/O 口)，通过控制总线传送 CPU 向存储器和 I/O 端口发出的控制信息或存储器和 I/O 端口送给 CPU 的状态信息。如图 1-2 所示，经常以带箭头的空心线表示系统总线，箭头的方向表示信息的流向。

4) 接口

微型计算机广泛地应用于各个部门和领域，所连接的外部设备各式各样。有的速度快(如外存)，有的速度慢(如键盘)；有的是机械式的，有的是电子式的；有的是电压型的，有的是电流型的；有的采用数字信号，有的采用模拟信号。除此之外，还有传输距离不同时需考虑传输方式采用并行还是串行的问题。同时，计算机与外部设备之间还需要询问和应答信号，用来通知外设做什么或者告诉计算机外设的情况或状态。为了使计算机与外设能够联系在一起，相互匹配，实现有条不紊的工作，就需要在计算机和外部设备之间有一个起中间桥梁作用的部件，该部件就是 I/O 接口。

图 1-2 中虚线框内的部分构成了微型计算机，方框外的部分统称为外部设备，简称外设。外设不仅包含我们所熟悉的外存、打印机、显示器和键盘，还包括在微型计算机工程上常用的各种开关、继电器、步进电机、模/数和数/模转换器等。

1.3.2　中央处理单元的组成

CPU 主要由运算器、控制器和寄存器组成，可完成运算和控制操作。CPU 的结构如图 1-4 所示。

1) 运算器

运算器又称为算术逻辑单元(arithmetic logic unit，ALU)，用来进行算术或逻辑运算及移位等操作，它是 CPU 的执行部件。ALU 是一种以全加器为核心的具有多种运算功能的组合逻辑电路。参加运算的两个操作数，通常一个来自累加器(accumulator，A，也写成 ACC，习惯上也称作累加器 A)，另一个来自内部数据总线。运算结果往往也送回累加器暂存。为了反映数据经 ALU 处理之后的特征，CPU 内有一个程序状态字寄存器 PSW 或 Flags，主要反映加、减、乘、除等运算后结果的特征，如进位、溢出等。

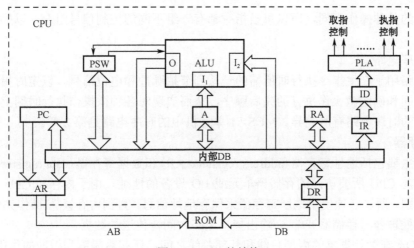

图 1-4　CPU 的结构

2）控制器

控制器主要由程序计数器、指令寄存器、指令译码器和可编程逻辑阵列等部件组成。

控制器是整个计算机的控制和指挥中心。它根据人们预先写好的程序，依次从存储器中取出各条指令，放在指令寄存器中，通过指令译码器进行译码（分析）确定应该进行什么操作。然后通过控制逻辑在规定的时间往确定的部件发出相应的控制信号，使运算器和存储器等各部件自动而协调地完成该指令所规定的操作。当第一条指令完成以后，再按顺序从存储器中取出下一条指令，并照此同样地分析与执行该指令。如此重复，直到完成所有指令为止。

控制器的主要功能有两项：一是按照程序逻辑要求，控制程序中指令的执行顺序；二是根据指令寄存器中的指令码控制每一条指令的执行过程。

控制器中各部件的功能简单地归纳如下。

（1）程序计数器（program counter，PC）。

程序计数器中存放着下一条指令在存储器中的地址。控制器利用它来指示程序中指令的执行顺序。当计算机运行时，控制器根据 PC 中的指令地址，从存储器中取出来将要执行的指令送到指令寄存器中进行分析和执行。

通常情况下，程序的默认执行方式是按顺序逐条执行指令。因此，在大多数情况下，PC 可以通过简单地自动加 1 计数功能实现对指令执行顺序的控制。当遇到程序中的转移指令时，控制器就会使用转移指令提供的转移地址代替原 PC 自动加 1 后的地址。这样，计算机就可以通过执行转移指令改变指令的默认执行顺序。因此，程序计数器具有寄存地址信息和计数两种功能。

（2）指令寄存器（instruction register，IR）。

IR 用于暂存从存储器取出的将要执行的指令码，以保证在指令执行期间能够向指令译码器（ID）提供稳定、可靠的指令码。

（3）指令译码器（instruction decoder，ID）。

ID 用来对指令寄存器（IR）中的指令进行译码分析，以确定该指令应执行什么操作。

（4）可编程逻辑阵列（programmable logic array，PLA）。

PLA 又称为控制逻辑部件。它依据指令译码器和时序电路的输出信号，用来产生执行指令所需的全部微操作控制信号，以控制计算机的各部件执行该指令所规定的操作。由于每条指令所执行的具体操作不同，所以每条指令都有一组不同的控制信号组合，以确定相应的微操作序列。

（5）时序电路。

时序电路用于产生指令执行时所需的一系列节拍脉冲和电位信号，以定时指令各种微操作的执行时间和确定微操作执行的先后顺序，从而实现对各种微操作执行时间上的控制。不同计算机中的时序电路有所差异。MCS-51 单片机中的时序电路见第 2 章。

3）寄存器

寄存器主要包括地址寄存器（address register，AR）和数据寄存器（data register，DR）。AR用以保存当前 CPU 所要访问的存储器单元或 I/O 设备的地址。由于内存和 CPU 之间存在着速度上的差别，所以必须使用地址寄存器来保存地址信息，直到内存读/写操作完成为止。DR用于暂存微处理器与存储器或输入/输出接口电路之间待传送的数据。

AR 和 DR 在微处理器的内部总线和外部总线之间，还起着隔离和缓冲的作用。

1.3.3 微型计算机的工作过程

计算机采取"存储程序与程序控制"的工作方式，即事先把程序加载到计算机的存储器中，这称为存储程序。当启动运行后，计算机便会自动按照存储程序的要求进行工作，这称为程序控制。

在此，以求 5+6 之和的运算说明微型计算机的工作过程。计算机是按照人们事先编写好的程序执行任务的。同样的任务让不同的微型计算机完成，所编写的程序、对应的机器语言及机器语言的存储都是不一样的。在此，以 MCS-51 单片机的汇编语言为例说明微型计算机处理任务的过程。

首先，用助记符号编写能实现该任务的汇编语言源程序。由于机器不能识别助记符号，需要翻译（汇编）成机器语言指令。完成 5+6 的 MCS-51 单片机汇编语言程序和对应的机器代码见表 1-4。本程序有 5 条指令，但 ORG 和 END 属于伪指令，不产生机器代码（具体内容见第 3 章），中间的三句有机器代码，共 5 字节。利用编译软件将机器代码存放到存储器中（对于 MCS-51，存放到程序存储器中），程序已经说明存放的起始地址为 80H，则从 80H 单元开始依次存放数据 74H、05H、24H、06H 和 00H。每个数据占 1 字节。

表 1-4 "5+6=?"的 MCS-51 单片机汇编语言程序和对应的机器代码

名 称	汇编语言程序	机 器 代 码		说 明
		二进制	十六进制	
汇编起始地址命令	ORG 80H	无		伪指令，告诉 CPU 紧跟的程序的机器代码在程序存储器中存放的起始位置
立即数送入累加器	MOV A，#05	0111 0100 0000 0101	74 05	这是 1 条双字节指令，把指令第 2 字节的立即数 05 送入累加器 A 中
加立即数	ADD A，#06	0010 0100 0000 0110	24 06	这是 1 条双字节指令，把指令第 2 字节的立即数 06 与 A 中的内容相加，然后将和暂存于 A
空操作	NOP	0000 0000	00	消耗一个机器周期
汇编终止	END	无		伪指令，告诉编译软件结束汇编

程序是由指令构成的，执行程序就是执行指令，且逐条执行。执行一条指令可包括两个阶段：取指令阶段和执行指令阶段。

CPU 首先进入取指令阶段，从存储器中取出指令码并送到指令寄存器中寄存，然后对该指令译码后，再转入执行指令阶段。在这期间，CPU 执行指令指定的操作，如加法、减法等。待本条指令执行完后，再取下一条指令，再执行该指令，如此循环操作。下面详细地说明本段程序的执行过程。

执行程序前，必须先给程序计数器赋以第 1 条指令的首地址 80H，然后就进入第 1 条指令的取指令阶段。

1）第 1 条指令的执行过程

取指令阶段如下所示。

(1) 将程序计数器(PC)的内容(80H)送至地址寄存器(AR)，记为 PC→AR。

(2) PC 的内容自动加 1 变为 81H，为取下一条指令字节做准备，记为 PC+1→PC。

(3) 地址寄存器(AR)将 80H 通过地址总线送至存储器，经地址译码器译码，选中 80H 单元，记为 AR→M。

(4) CPU 发出"读"命令。

(5) 将所选中的 80H 单元的内容 74H 读至数据总线(DB)，记为(80H)→DB。

(6) 经数据总线(DB)将读出的 74H 送至数据寄存器(DR)，记为 DB→DR。

(7) 将数据寄存器(DR)的内容送至指令寄存器(IR)，经过指令译码器(ID)译码后，控制逻辑发出执行该条指令的一系列控制信号，记为 DR→IR、IR→ID、PLA。经过对 74H 译码，CPU 识别出这个指令的功能是把下一单元中的立即数 data 取出送给累加器，即"MOV A, #data"。于是，它通知控制器发出执行这条指令的各种控制。这就完成了第 1 条指令的取指令阶段，上述过程如图 1-5 所示。

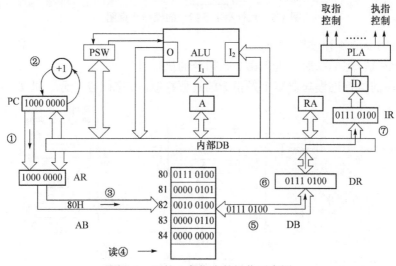

图 1-5 取第 1 条指令的操作示意图

执行指令阶段如下所示。

执行第 1 条指令就必须把该指令第 2 字节中的立即数取出送给累加器(A)，其过程为：

(1) PC→AR，即将 PC 的内容 81H 送至地址寄存器(AR)。

(2) PC+1→PC，即将 PC 的内容自动加 1 变成 82H，为取下一条指令做准备。

(3) AR→M，即地址寄存器(AR)将 81H 通过地址总线送至存储器，经地址译码器选中 81H 单元。

(4) CPU 发出"读"命令。

(5)（81H）→DB，即将选中的 81H 存储单元的内容 05H 读至数据总线（DB）上。

(6) DB→DR，即通过数据总线，把读出的内容 05H 送至数据寄存器（DR）。

(7) DR→A，因为经过译码已经知道读出的是立即数，并要求将它送到累加器，故数据寄存器（DR）通过内部数据总线将 05H 送至累加器。

上述过程如图 1-6 所示。

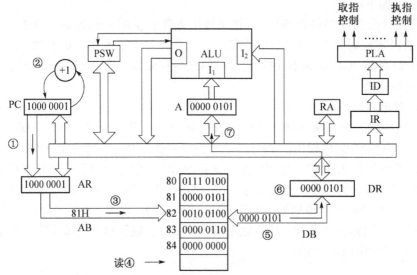

图 1-6　执行第 1 条指令的操作示意图

2）第 2 条指令的执行过程

第 1 条指令执行完毕以后，进入第 2 条指令的执行过程。

取指令阶段的执行过程与取第 1 条指令的过程相似，如图 1-7 所示，此处不再赘述。

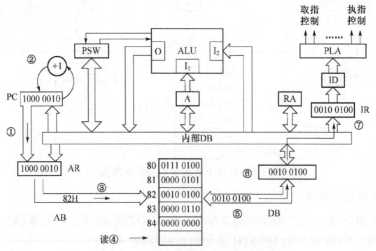

图 1-7　取第 2 条指令的操作示意图

执行指令阶段如下所示。

经过对指令操作码 24H 译码后，知道这是一条加法指令，它规定累加器中的内容与指令

第 2 字节的立即数 data 相加，即"ADD　A，#data"。所以，紧接着执行取出指令中第 2 字节的立即数 06H，并与累加器的内容相加，其过程为：

(1) 把 PC 的内容 83H 送至 AR，记为 PC→AR。

(2) 当把 PC 的内容可靠地送至 AR 以后，PC 自动加 1，记为 PC+1→PC。

(3) AR 通过地址总线把地址 83H 送至存储器，经过译码，选中相应的单元，记为 AR→M。

(4) CPU 发出"读"命令。

(5) 选中的 83H 存储单元的内容 06H 读出至数据总线上，记为(83H)→DB。

(6) 数据通过数据总线送至 DR，记为 DB→DR。

(7) 因由指令译码器已知读出的为操作数，且要与 A 中的内容相加，故数据由 DR 通过内部数据总线送至 ALU 的另一输入端，记为 DR→ALU。

(8) 累加器中的内容送 ALU，且执行加法操作，记为 A→ALU。

(9) 累加的结果由 ALU 输出至累加器中，记为 ALU→A。

第 2 条指令的执行过程如图 1-8 所示。至此，第 2 条指令的执行阶段结束了，转入第 3 条指令的取指令阶段。

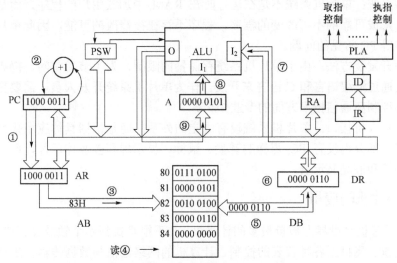

图 1-8　执行第 2 条指令的操作示意图

按上述类似的过程取出第 3 条指令，经译码后是 1 条空操作语句，仅消耗 1 个机器周期。这样，微型计算机就完成了事先编写的程序所规定的全部操作。

总之，微型计算机的工作过程就是执行指令的过程，而计算机执行指令的过程可看成是信息(包括数据信息与指令信息)在计算机各个组成部件之间的有序流动过程。信息在流动的过程中得到相关部件的加工处理。

1.4　单片机概述

单片微型计算机(single chip microcomputer，SCM，简称单片机)，又称为微控制器(microcontroller unit，MCU)，是将 CPU、随机存取存储器(random access memory，RAM)、只读存储器(read only memory，ROM)、定时/计数器、I/O 接口电路集成到一块电路芯片上

构成的微型计算机。单片机的可靠性、微型性和智能性使其已经渗透到社会的各个领域。本节介绍单片机的特点、发展历史、应用领域、主流产品及 MCS-51 单片机系列。

1.4.1 单片机系统的特点

人们通常提到计算机的时候，更多想起的是个人计算机，即 PC，它们是由主机、键盘、显示器等组成具有完整的人机界面、可以高速处理海量数据的现代化智能电子设备。计算机大家族中还有一类面向设备使用的计算机，统称为嵌入式计算机，而单片机是以单芯片形态进行嵌入式应用的计算机，它具有唯一专门为嵌入式控制应用设计的体系结构和指令系统。虽然单片机系统和常见的 PC 系统都属于计算机系统，具有相似的硬件结构和软件工作原理，都按照冯·诺依曼计算机的原理工作，能存放并且自动执行控制计算机的机器指令，但是二者还是有许多不同之处。

（1）输入/输出：单片机系统的对象一般是自然界的物理量，如温度、重量、速度等。

（2）硬件系统：为了提高性价比，单片机硬件系统一般不会直接选用通用的硬件平台，而是根据需要自行开发出针对性强的精简的硬件系统。

（3）软件系统：单片机系统不是在运行时在 RAM 中加载用户的程序，而是将程序代码固化、加密、形成可靠的不可改变的程序，程序不存在被修改的可能，因此单片机系统不存在病毒和木马等 PC 常见的问题。

（4）程序开发及方法：由于单片机系统存储量的限制，为了节省空间、提高目标代码程序效率，一般通过汇编语言和 C 语言来开发。作为单片机系统开发人员，需要更多的关于信号处理、自动控制和通信技术方面的专业知识。

（5）外观和人机接口：单片机系统没有固定的外观，而是根据具体应用采用灵活多变的形式，人机接口部分也没有 PC 那样的键盘、鼠标、显示屏和多媒体部件，而是采用更简洁的键盘、数码管和液晶显示器。

1.4.2 单片机的应用

事实上，单片机是世界上数量最多的计算机。几乎很难找到哪个领域没有单片机的踪迹。导弹的导航装置、飞机上各种仪表的控制、计算机的网络通信与数据传输、工业自动化过程的实时控制和数据处理、广泛使用的各种智能 IC 卡、民用轿车的安全保障系统、摄像机、全自动洗衣机、程控玩具、电子宠物，以及自动控制领域的机器人、智能仪表、医疗器械等，都离不开单片机。单片机的应用大致可分为如下几个领域。

1）在智能仪器仪表上的应用

单片机具有体积小、功耗低、控制功能强、扩展灵活、微型化和使用方便等优点，广泛应用于仪器仪表中，结合不同类型的传感器，可实现诸如电压、功率、频率、湿度、温度、流量、速度、厚度、角度、长度、硬度、压力等物理量的测量。采用单片机控制使得仪器仪表数字化、智能化、微型化，且功能比采用电子或数字电路更加强大，例如，精密功率计、示波器、各种分析仪等。

2）在工业控制中的应用

用单片机可以构成形式多样的控制系统、数据采集系统。例如，工厂流水线的智能化管理、电梯智能化控制、各种报警系统、与计算机联网构成的二级控制系统等。

3）在家用电器中的应用

现在的家用电器基本上都采用单片机控制，如电饭煲、洗衣机、电冰箱、空调、电视机、音响、电子秤等。

4）在计算机网络和通信中的应用

现代的单片机普遍具备通信接口，可以很方便地与计算机进行数据通信，为在计算机网络和通信设备间的应用提供了极好的物质条件。现在的通信设备基本上都实现了单片机智能控制，从小型程控交换机、集群移动通信、无线电对讲机、楼宇自动通信呼叫系统、列车无线通信到日常生活中随处可见的手机、电话机等。

5）在医用设备中的应用

单片机在医用设备中的用途亦相当广泛，如医用呼吸机、各种分析仪、监护仪、超声诊断设备及病床呼叫系统等。

此外，单片机在工商、金融、科研、教育、国防、航空航天等领域也有着十分广泛的用途。

1.4.3　单片机的发展历史及未来方向

Intel 公司在 1971 年 11 月推出了 4 位微处理器 Intel 4004，内含 RAM 和 ROM。1972 年 4 月，Intel 公司又推出了功能较强的 8 位微处理器 Intel 8008。1974 年，美国 Fairchild 公司推出 F8 单片机。实际上，F8 只包含 8 位 CPU、64 B RAM 和 2 个并行口，还需加一块 3851（由 1 KB ROM、定时/计数器和 2 个并行 I/O 口构成）才能构成一台完整的计算机。因此，严格地说，这些产品只是单片机的雏形，但拉开了研制单片机的序幕。1976 年，Intel 公司推出了 MCS-48 系列单片机，它以体积小、功能全、价格低等特点得到了广泛的应用，是单片机发展进程中的一个重要阶段，通常称为第一代单片机。20 世纪 70 年代后期，许多半导体公司看到单片机的巨大市场前景，纷纷加入这一领域的开发研制之中，推出了多个品种的系列机。

1978 年下半年，Motorola 公司推出 M6800 系列单片机，Zilog 公司相继推出 Z8 单片机系列，而这一阶段的典型产品是 1980 年 Intel 公司在 MCS-48 系列基础上推出的高性能的 MCS-51 系列单片机。这类单片机均带有串行 I/O 口、16 位定时/计数器，片内 ROM 和 RAM 的存储容量都相应增大，并有中断优先级处理功能。单片机的功能、寻址范围都比早期的扩大了，它们是当时单片机应用的主流产品，而基于此的单片机系统直到现在还在广泛使用。

随着工业控制领域要求的提高，开始出现了 16 位单片机，但因为性价比不理想并未得到很广泛的应用。20 世纪 90 年代后电子产品的大发展，也使单片机技术得到了巨大的提高。随着 Intel i960 系列特别是后来的 ARM 系列的广泛应用，32 位单片机迅速取代了 16 位单片机的高端地位，并且进入主流市场地位的 16 位单片机的性能也得到了飞速提高，处理能力比起 20 世纪 80 年代提高了数百倍。目前，高端的 32 位单片机主频已经超过 300 MHz。

当代单片机系统已不再是裸机环境下的开发和使用，大量专用的嵌入式操作系统被广泛应用在单片机上。而作为掌上电脑和手机核心处理的高端单片机，甚至可直接使用专用的 Windows 和 Linux 操作系统。

自从 20 世纪 70 年代单片机诞生以来，结合半导体集成电路技术和微电子技术的发展趋势，可以预见未来的单片机将继续沿着大容量高性能化、低功耗 CMOS 化、外围电路内装化及 I/O 端口功能增强化等方向发展。

（1）大容量高性能化：以往单片机内的 ROM 为 1～4 KB，RAM 为 128～256B。但在需要复杂控制的场合，常常遇到存储量不够而外接扩展的情况。现在单片机的片内 ROM 可以达到 40 KB，片内 RAM 可达 4 KB。随着程序存储器空间的扩大，富余的空间可嵌入实时操作系统 RTOS 等软件，将大大提高产品开发效率和单片机的性能。

（2）低功耗 CMOS 化：MCS-51 系列的 8031 推出时的功耗达 630 mW，而现在单片机普遍都在 100 mW 左右，随着对单片机功耗的要求越来越低，现在各大制造商基本都采用 CMOS（互补金属氧化物半导体工艺）。这类单片机普遍配置有等待状态、睡眠状态、关闭状态等工作方式。在这些状态下，单片机消耗的电流仅在 μA 或 nA 级，非常适合电池供电的便携式、手持式的仪器仪表。

（3）外围电路内装化：随着集成度的不断提高，尽可能多地把各种外围功能器件集成在单片机内部。除一般必须具有的 CPU、ROM、RAM、定时/计数器和简单的接口外，片内集成的部件还有 A/D（模数转换）、D/A（数模转换）、电压比较器、看门狗、电压检测电路及多种类型的串行接口（串行口，串口）等。

（4）I/O 端口功能增强化：增加并行口的驱动能力，以减少外部驱动芯片。有的单片机可以直接输出大电流和高电压，以便能直接驱动发光二极管（light emitting diode，LED）和荧光显示器（vacuum fluorescent display，VFD）。有些单片机设置了一些特殊的串行 I/O 端口功能，为构成分布式、网络化系统提供了方便。

1.4.4　MCS-51 系列单片机

由于 MCS-51 系列单片机仍是目前国内外应用最为广泛的机种，因此，本教材主要讲解 MCS-51（MCS 是 Intel 公司的注册商标）单片机系列的软、硬件系统及其应用。MCS-51 系列单片机的典型产品为 8051，其内部有 8 位 CPU、4 KB 的 ROM、总 256 B 的 RAM（真正 RAM 128B）、4 个 8 位 I/O 接口电路、1 个全双工的异步接口、5 个中断源和 2 个中断优先级，寻址能力达 2×64 KB。凡 Intel 公司生产的以 8051 为核心单元的其他派生单片机都可以称为 MCS-51 系列。

20 世纪 80 年代中期以后，Intel 公司以专利转让的形式把 8051 内核技术转让给许多半导体芯片生产厂家，如 Philips、Atmel、Analog devices 等。这些厂家生产的芯片是 MCS-51 系列的兼容产品，准确地说，是与 MCS-5l 指令系统兼容的单片机。这些兼容机与 8051 的系统结构（主要是指令系统）相同。但是，这些公司生产的以 8051 为核心的其他派生单片机却不能称为 MCS-51 系列，只能称为 805l 系列。也就是说，MCS-51 系列单片机专指 Intel 公司生产的以 8051 为核心单元的单片机，而 8051 系列泛指所有公司（也包括 Intel 公司）生产的以 8051 为核心单元的所有单片机。尽管单片机种类很多，但 MCS-51 系列单片机比较经典。

MCS-51 系列单片机共有二十几种芯片，主要包括 51 子系列和 52 子系列，并以芯片型号的最末位数字作为标记，见表 1-5。其中，51 子系列是基本型，52 子系列是增强型。

表 1-5　MCS-51 系列单片机分类表

| 系列 | 型　号 | 片内存储器 | | 片外存储器寻址范围 | | I/O 口 | | 中断源 /个 | 定时/计数器 /个×位 |
		ROM	RAM	RAM	ROM	并行 /个×位	串行 /个		
51 子系列	8031，80C31	无	256 B（真正128 B）	64 KB	64 KB	4×8	1	5	2×16
	8051，80C51	4 KB ROM							
	8751，87C51	4 KB EPROM							
	8951，89C51	4 KB E^{2}PROM							

系列	型号	片内存储器		片外存储器寻址范围		I/O口		中断源/个	定时/计数器/个×位
		ROM	RAM	RAM	ROM	并行/个×位	串行/个		
52子系列	8032，80C32	无	512B（真正256 B）					6	3×16
	8052，80C52	8 KB ROM							
	8752，87C52	8 KB EPROM							
	8952，89C52	8 KB E²PROM							

(1) 根据单片机内部程序存储器的配置，分为如下 4 种类型。

● 无 ROM（ROMless）型：8031、80C31、8032 和 80C32。此类芯片的内部没有程序存储器，使用时必须在外部扩展程序存储器存储芯片。此类单片机由于必须在外部扩展程序存储器存储芯片，造成系统电路复杂，目前很少使用。

● 带 MaskROM（掩模 ROM）型：8051、80C51、8052 和 80C52。此类芯片由半导体厂家在芯片生产过程中，将用户的应用程序代码通过掩模工艺制作到 ROM 中。其应用程序只能委托半导体厂家"写入"，一旦写入后就不能修改。此类单片机适合大批量使用。目前，这种类型单片机在系统设计中也较少使用。

● 带 EPROM（erasable programmable read only memory，可擦除的 ROM）型：8751、87C51、8752、87C52 等。此类芯片带有透明窗口，可通过紫外线擦除存储器中的程序代码。应用程序可通过专门的编程器写入到单片机中，需要更改时可擦除后重新写入。

● 带 E²PROM（electrically erasable programmable read only memory，电可擦除的 ROM）型：8951、89C51、8952 和 89C52。此类芯片内带电可擦可编程只读存储器，在使用中可频繁地重新编程，使用比较灵活，是目前首选的单片机类型。

(2) 根据单片机内部存储器的容量配置不同，可以分为如下两种类型。

● 51 子系列型：芯片型号的最末位数字以 1 作为标志，是基本型产品。片内带有 4 KB ROM/EPROM/E²PROM（8031、80C31 除外）、总 256 B 的 RAM（真正 RAM 128 B）、2 个 16 位定时器/计数器、5 个中断源等。

● 52 子系列型：芯片型号的最末位数字以 2 作为标志，是增强型产品。片内带有 8 KB ROM/EPROM/E²PROM（8032、80C32 除外）、总 512 B 的 RAM（真正 RAM 256 B）、3 个 16 位定时器/计数器、6 个中断源等。

(3) 根据芯片的半导体制造工艺不同，可以分为如下两种类型。

● HMOS 工艺型：8051、8751、8052 等。HMOS 工艺即高密度短沟道 MOS 工艺。

● CHMOS 工艺型：80C51、87C51、80C52 等。CHMOS 工艺即互补金属氧化物的 HMOS 工艺。

HMOS 和 CHMOS 的区分标识是芯片型号中是否带字母"C"。此两类器件在功能上是完全兼容的，但采用 CHMOS 工艺的芯片具有低功耗的特点，它所消耗的电流要比 HMOS 器件小得多。CHMOS 器件比 HMOS 器件多了两种节电的工作方式（掉电方式和待机方式），常用于构成低功耗的应用系统。

1.4.5 主流的单片机类型

根据运算位或数据处理能力的不同,将单片机分为 8 位、16 位、32 位单片机等;根据使用场合,将其分为高端和低端单片机;根据应用领域,分为家电类、工控类、通信类和军工类;根据通用性,又分为通用型和专用型单片机。目前国内市场主流单片机类型有如下几种。

1) STC 单片机

STC 单片机是深圳宏晶科技有限公司生产的新型 51 内核单片机,目前国内市场占有率在 50%以上。片内含有闪存、静态 RAM(Static RAM,SRAM)、E^2PROM、通用异步接收/发送装置(universal asynchronous receiver/transmitter,UART)、串行外设接口(serial peripheral interface,SPI)、模/数转换(analog to digital,AD)、脉冲宽度调制(pulse width modulation,PWM)、看门狗定时器(watch dog timer,WDT)等模块。该器件的基本功能与普通 51 单片机完全兼容。二者最大的区别是,STC 单片机具有在线可编程特性,不需要另外买通用烧写器,通过 STC 下载软件和串口就可以实现代码的下载。STC 内部普遍都有 E^2PROM,对存储固定的常量数据非常便利。其型号齐全,适用各种用途,且性价比很高。

2) Atmel 单片机

采用了闪存(flash memory)的 AT89 系列单片机,不但具有一般 MCS-51 系列单片机的基本特性(如指令系统兼容、芯片引脚分布相同等),而且还具有一些独特的优点,如片内程序存储器为电擦写型 ROM,整体擦除时间仅为 10 ms 左右,可写入/擦除 1000 次以上,数据可保存 10 年以上。因此,AT89 系列单片机非常流行,尤其是 AT89S 系列,十分活跃。

3) Microchip 单片机

Microchip 单片机的主要产品是 PIC 16C 系列和 17C 系列 8 位单片机。CPU 采用精简指令集计算机(reduced instruction set computer,RISC)结构,分别仅有 33、35、58 条指令,采用哈佛总线结构,具有运行速度快、低工作电压、低功耗、较大的输入/输出直接驱动能力、价格低、体积小和一次性编程的特点。PIC 系列单片机在世界单片机市场份额排名中逐年提高,发展迅速。

4) AVR 单片机

AVR 单片机是 Atmel 公司在 20 世纪 90 年代推出的 RISC 单片机。跟 PIC 类似,使用哈佛结构,是增强型 RISC 内载闪存的单片机,芯片上的闪存附在用户的产品中,可随时编程、再编程,使用户的产品设计容易,更新换代方便。AVR 单片机采用增强的 RISC 结构,使其具有高速处理能力,在一个时钟周期内可执行复杂的指令,每 MHz 可实现 1 MIPS(million instructions per second)的处理能力。AVR 单片机工作电压为 2.7~6.0 V,可以实现耗电最优化。AT91M 系列是基于 ARM7TDMI 嵌入式处理器的 ATMEL 16/32 微处理器系列中的一个新成员,该处理器用高密度的 16 位指令集实现了高效的 32 位 RISC 结构且功耗很低。

5) Motorola 单片机

Motorola(已改名为 Freescale)曾经是世界上最大的单片机厂商。Motorola 单片机的特点之一是在同样的速度下所用的时钟频率较 Intel 类单片机低得多,因而使得高频噪声低,抗干扰能力强,更适合工控领域及恶劣的环境。目前,其广泛应用于汽车电子中的动力传动、车身、底盘及安全系统等领域。Freescale 一直是 Motorola 的半导体分支,2004 年 7 月成为独立企业,Motorola 单片机半导体业务就由 Freescale 负责。在 8 位机方面,有 68HC05 和升级产品 68HC08。68HC05 有 30 多个系列，200 多个品种，产量已超过 20 亿片。8 位增强型单片机 68HC11 也有 30 多个品种，年产量在 1 亿片以上。升级产品有 68HC12。16 位机 68HC16 也有十多个品种。32 位单片机的 683XX 系列也有几十个品种。

6) TI 公司的 MSP430 单片机

采用冯·诺依曼架构，通过通用存储器地址总线与存储器数据总线将 16 位 RISC CPU、多种外设及高度灵活的时钟系统进行完美结合。MSP430 能够为混合信号应用提供很好的解决方案。所有 MSP430 外设都只需最少量的软件服务。例如，模/数转换器均具备自动输入通道扫描功能和硬件启动转换触发器，一些也带有直接存储器访问（direct memory access，DMA）数据传输机制。这些卓越的硬件特性使我们能够集中利用 CPU 资源，实现目标应用所要求的特性，而不必花费大量时间用于基本的数据处理。这意味着能以更少的软件与更低的功耗实现成本更低的系统。目前，许多低功耗需求场合选用 MSP430 单片机实现。

7) 凌阳 16 位单片机

中国台湾凌阳公司 2001 年推出的第一代单片机具有速度高、价格低、可靠、实用、体积小、功耗低和简单易学等特点。像 SPCE061A 型单片机内嵌 32 KB 的 flash ROM，处理速度高，尤其适用于数字语音播报和识别等应用领域，是数字语音识别与语音信号处理的理想产品。凌阳 SPMC75 系列单片机是凌阳科技开发的具有自主知识产权的 16 位单片机。SPMC75 系列单片机集成了能产生变频电机驱动的 PWM 发生器、多功能捕获比较模块、无刷直流电机驱动专用位置侦测接口、两相增量编码器接口等硬件模块，以及多功能 I/O 端口、同步和异步串行口、ADC、定时计数器等功能模块。在这些硬件模块的支持下，SPMC75 可以完成诸如家电用变频驱动器、标准工业变频驱动器、多环伺服驱动等复杂工作。

8) Scenix 单片机

Scenix 公司推出的 8 位 RISC 结构 SX 系列单片机与 Intel 的 Pentium Ⅱ 等一起被 *Electronic Industry Yearbook* 1998 评选为 1998 年世界 10 大处理器。SX 系列采用双时钟设置、指令运行速度可达 50/75/100 MIPS，具有虚拟外设功能、柔性化 I/O 端口，所有的 I/O 端口都可单独编程设定。公司提供各种 I/O 的库函数，用于实现各种 I/O 模块的功能，如多路 UART、多路 A/D、PWM、SPI、双音多频（dual-tone multifrequency，DTMF）、液晶显示（liquid crystal display，LCD）驱动等。采用 E^2PROM/flash ROM，可以实现在线系统编程。通过计算机 RS232C 接口，采用专用串行电缆即可对目标系统实现在线实时仿真。

9) 华邦单片机

华邦公司的 W77、W78 系列 8 位单片机的脚位和指令集与 8051 兼容。但每个指令周期只需要 4 个时钟周期，速度提高了三倍，工作频率最高可达 40 MHz。同时增加了 WDT、6 组外部中断源、2 组 UART、2 组数据指针及 Wait state control pin。W741 系列的 4 位单片机带液晶驱动，可在线烧录，保密性高，操作电压低（1.2～1.8 V）。

10) Philips 单片机

Philips 半导体作为全球著名的半导体产品供应商，在单片机领域具有强大的影响力，产品范围广并且在技术创新上极为活跃。近几年在 ARM（32 位）和增强型 51 单片机方面，有大量的新产品问世。Philips 51 系列单片机与 MCS-51 指令系统完全兼容。

以上简要说明了主要的单片机类型。除此之外，NEC、Toshiba、EPSON 等也有相应的单片机。更多详细的内容及不同类型单片机的特点还请阅读更多的资料。

1.4.6　STC单片机标识说明

下面以 STC 双列直插式单片机为例，简要介绍一下单片机的标号。如图 1-9 所示，芯片上的全部标号是 STC89C52RC 40C-PDIP 0826CX8191.00D。其标识说明如下。

图 1-9　STC89C52RC 40C-PDIP 0826CX8191.00D

STC——前缀，表示芯片为 STC 公司生产的产品。

8——表示该芯片为 8051 内核芯片。

9——表示内部含 flash E^2PROM 存储器。其他如 80C51 中的 0 表示内部含掩模 ROM，87C51 中的 7 表示内部含 EPROM。

C——表示该器件为 CMOS 产品。还有如 89LV52 和 89LE58 中的 LV 和 LE 都表示该芯片为低电压产品(通常为 3.3 V 电压供电)；而 89S52 中的 S 表示该芯片含有可串行下载功能的闪存，即具有 ISP 可在线编程功能。

5——表示固定不变。

2——表示该芯片内部程序存储器空间的大小。1 为 4 KB，2 为 8 KB，3 为 12 KB，即该数乘上 4 KB 就是该芯片内部的程序存储空间的大小。程序存储器容量的大小决定了芯片所能装入机器代码的容量。一般来说，程序存储器容量越大，芯片价格也越高。因此，在选择单片机时应根据所设计程序的字节数选择合适的单片机，只要程序能装得下即可，切莫贪大。

RC——STC 单片机内部 RAM 为 512 B。还有如 RD+表示内部 RAM 为 1280 B。

40——表示芯片外部晶振最高可接入 40 MHz。对 AT 单片机数值一般为 24，表示其外部晶振最高为 24 MHz。

C——产品级别，表示芯片使用温度范围。C 表示商业级，温度范围为 0～70℃。其他的有：I 表示工业用产品，温度范围为-40～85℃；A 表示汽车用产品，温度范围为-40～125℃。M 表示军用产品，温度范围为-55～150℃。

PDIP——产品封装型号。PDIP 表示双列直插式封装。

0826——表示本批芯片生产日期为 2008 年第 26 周。

CX8191.00D——不详，有资料称表示芯片制造工艺或处理工艺。

其他公司的单片机标号含义与 STC 公司的大同小异，详细情况大家可参考其他资料或在互联网上查询。

本　章　小　结

本章介绍了计算机中的数制、码制以及计算机中有符号数的表示方法。常用的进制有二进制、八进制、十进制和十六进制等，计算机中采用的是二进制。计算机中常用的编码为 BCD 码和 ASCII 码。两个 BCD 数相加时，应当进行"加 6 修正"；相减时，应当进行"减 6

修正"。

在计算机中，用数码"0"表示正数的符号"+"，用数码"1"表示负数的符号"–"。将正负号数字化的数称为机器数。机器数有 3 种不同的编码形式，即原码、反码和补码。对于正数，其原码、反码和补码相同。对于负数，原码和反码的符号位相同，其余位相反，而其补码等于其反码加 1。如果参加运算的数是有符号数，则都以补码形式出现，结果也是补码形式。

微型计算机系统由硬件和软件两个部分组成。硬件部分，即通常所说的微型计算机，由CPU、存储器、I/O 接口电路及系统总线组成。CPU 是微型计算机的核心，它由运算器、控制器和寄存器组成。

单片机是单片微型计算机的简称。MCS-51 系列单片机是目前国内外应用最广泛的机种。它有二个子系列，分别是 51 和 52 子系列。因内部 ROM 的不同，每个系列下又有不同的型号。

本章的重点是掌握各种进制之间的转换方法，数字原码、反码和补码的表示方法以及有符号数字运算时溢出的判断方法，了解 BCD 码运算时进行 BCD 修正的原因和方法、微型计算机中指令的执行过程、单片机的特点和 MCS-51 单片机的系列。

思考题与习题

1-1 在计算机中为什么采用二进制而不采用十进制？

1-2 说明十进制 BCD 码调整的原因及调整方法。

1-3 微型计算机由哪几部分组成？各部分的主要作用是什么？

1-4 MCS-51 系列单片机中的 51 和 52 子系列有什么差别？以 52 子系列为例，该子系列下又有哪些型号的单片机？其主要区别是什么？

1-5 完成下列数制的转换(对于二进制，保留小数点后 5 位，对于其他进制，保留小时点后 3 位)。

(1) 78.65D=＿＿＿＿＿Q=＿＿＿＿＿H   (2) 1011 1001.011B=＿＿＿＿＿D

(3) 0A7.9FH=＿＿＿＿＿D=＿＿＿＿＿Q   (4) 72.83D=＿＿＿＿＿＿＿＿＿B

1-6 写出下列十进制数的 8421 BCD 码。

(1) 369=＿＿＿＿＿＿＿＿＿   (2) 524=＿＿＿＿＿＿＿＿＿

(3) 2730=＿＿＿＿＿＿＿＿＿   (4) 1998=＿＿＿＿＿＿＿＿＿

1-7 用 8421BCD 码进行下列运算。

(1) 62+24   (2) (−57)+89

(3) 56+78   (4) (−89)+(−78)

1-8 设机器字长为 8 位，最高位为符号位，计算运算结果，并判别是否有溢出。

(1) 50+84   (2) (−33)+(−47)

(3) (−127)+60   (4) (−90)+(−75)

第2章 MCS-51系列单片机的结构和工作原理

由前可知，Intel 公司生产的 MCS-51 系列单片机有 51 子系列和 52 子系列两种。对于 51 子系列，8051、8751、8951 内部有 4 KB 的 ROM，而 8031 内部没有 ROM。这些芯片采用的是 HMOS 工艺，现在已经很少使用。当前大多使用的是采用 CHMOS 工艺的单片机，如内部含 4 KB ROM 的 80C51、87C51、89C51 和不含 ROM 的 80C31。因此，本章将以常用 51 子系列的 80C51、87C51 和 89C51 为例，介绍单片机的内部组成、工作原理、存储器的配置、并行输入/输出端口、时序、复位以及低功耗工作方式等。本章内容的学习将为后续应用单片机进行系统设计而解决工程实际问题打下坚实的基础。

2.1 MCS-51 单片机的内部组成和信号引脚

2.1.1 80C51 单片机的内部组成

80C51 单片机的内部组成如图 2-1 所示。由图 2-1 可见，80C51 单片机内部集成了 CPU、4 KB 的 ROM、256 B 的 RAM（含特殊功能寄存器 SFR）、4 个并行 I/O 口、1 个串行口、2 个定时/计数器。除此之外，还有一个中断控制系统和 64 KB 的总线扩展控制器，各部分通过内部总线相连。图 2-2 是 80C51 较详细的内部结构图。图中的驱动器、锁存器、缓冲器、地址寄存器等属于辅助电路部分。各主要部分介绍如下。

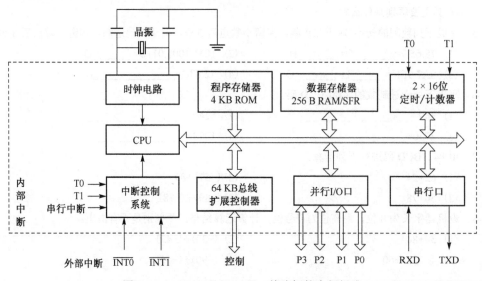

图 2-1 80C51/87C51/89C51 单片机的内部组成

（1）CPU：为 8 位 CPU，是单片机的核心，由运算器和控制器组成，具有运算和控制功能。

（2）数据存储器：共有 256 B 的 RAM，但其中前 128 B 是真正的 RAM 区，后 128 B 被特殊功能寄存器占用，且占用量只有 21 B。将位于单片机内部的 RAM 称为内部 RAM。由于只有 128 B 是真正能用的 RAM，因此，通常也说 51 子系列单片机的内部 RAM 为 128 B。而对于 52 子系列单片机，包含 SFR 在内的总 RAM 有 512 B。但除 SFR 外，真正能用的为 256 B。

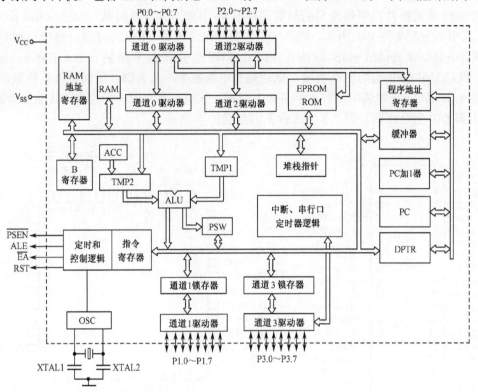

图 2-2　较详细的 80C51 内部结构图

(3) 程序存储器：共有 4 KB 的 ROM。用于存放程序、原始数据和表格，常用 ROM/EPROM/E²PROM 实现。将位于单片机内部的 ROM 称为内部 ROM。51 子系列单片机的 8031 和 80C31 单片机内部不带 ROM。对于 80C52/87C52/89C52，内有 8KB 的 ROM。

(4) 定时/计数器：有 2 个 16 位的定时/计数器，用以实现定时或计数功能(详见第 6 章)。对于 52 子系列，有 3 个 16 位的定时/计数器。

(5) 并行 I/O 口：共有 4 个 8 位的并行 I/O 口(P0、P1、P2、P3)，用于实现数据的并行输入/输出。

(6) 串行口：一个可编程的全双工串行口(详见第 7 章)，以实现单片机和其他设备之间的串行数据传送。该串行口既可作为全双工异步通信收发器使用，也可作为同步移位寄存器使用。

(7) 中断控制系统：有 5 个中断源，即 2 个外部中断源($\overline{\text{INT0}}$ 和 $\overline{\text{INT1}}$)，2 个定时/计数器溢出中断源和 1 个串行接收/发送中断源。所有中断有高、低 2 个中断优先级。对于 52 子系列有 6 个中断源，比 51 子系列多了一个定时/计数器溢出中断。

(8) 时钟电路：MCS-51 系列单片机芯片的内部有时钟电路，但石英晶体振荡器和微调电容需外接。时钟电路为单片机产生稳定而持续的脉冲序列。STC 单片机的最高晶振频率可达 40 MHz，通常应用的晶振频率为 11.0592 MHz。

以上各部分在单片机内部通过系统的数据总线、地址总线和控制总线连接起来。由于其内部具备了构成一个微型计算机的基本部件，因此，单片机就是一个简单的微型计算机。

2.1.2 MCS-51 系列单片机的引脚及功能

MCS-51 系列单片机中最常见的封装是标准 40 引脚双列直插封装（dual-in-line package，DIP），其引脚分配如图 2-3 所示。CHMOS 型芯片也常采用 44 引脚方形封装带引线的塑料芯片载体(plastics leaded chip carrier，PLCC)和四侧引脚扁平封装(quad flat package，QFP)。PLCC 和 QFP 应用于高密度、低功耗的电路板中，其引脚分配如图 2-4 所示。在 44 引脚的 PLCC 和 QFP 封装中，有 4 个引脚为空脚，分别在四侧的中间位置，其他引脚的定义与 40 引脚 DIP 完全相同。图 2-5 为 3 种不同封装的实物图。

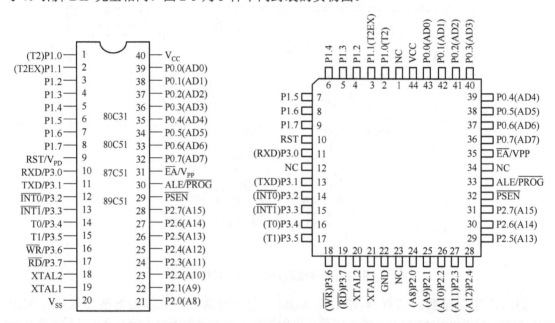

图 2-3　MCS-51 单片机芯片 40 引脚图（DIP）　　图 2-4　MCS-51 单片机 44 引脚图(PLCC 和 QFP)

图 2-5　MCS-51 系列单片机 3 种常见封装实物图

这 40 个引脚按照功能分为 4 种，分别是电源引脚(2 个)、时钟信号引脚(2 个)、控制信号引脚(4 个)和 I/O 端口引脚(32 个)。下面对各个引脚进行简要的说明。

1）电源引脚

（1）V_{CC}(第 40 引脚)：接+5 V 电源。

（2）V_{SS}(第 20 引脚)：接地。

2）时钟信号引脚

XTAL1(第 19 引脚)和 XTAL2(第 18 引脚)：外接时钟引脚。

XTAL1 为片内振荡电路的输入端，XTAL2 为片内振荡电路的输出端。具体接法根据单机系统、多机系统及单片机的类型有所差异，具体用法见 2.4 节。

3）控制信号引脚

控制信号引脚包括 RST/V$_{PD}$、$\overline{PSEN}$、ALE/$\overline{PROG}$ 和 $\overline{EA}$/V$_{PP}$，下面分别介绍。

（1）RST/V$_{PD}$（第 9 引脚）：复位信号输入端/备用电源输入端。

此引脚为复用引脚。第一功能是复位输入端，高电平有效。当此引脚出现两个机器周期以上的高电平信号时，将使单片机复位。复位后程序计数器 PC＝0。第二功能是备用电源输入端。将此引脚连接至备用电源，当电源发生故障致使 V$_{CC}$ 电压下降到低于规定的电平，而 V$_{PD}$ 又在其规定的电压范围（5±0.5 V）内时，就通过 V$_{PD}$ 向内部 RAM 提供备用电源，以保证内部 RAM 的数据不丢失。

（2）$\overline{PSEN}$（第 29 引脚）：外部程序存储器允许输出控制端，低电平有效。

此引脚接单片机外部程序存储器的 $\overline{OE}$ 引脚。当执行访问外部程序存储器指令（MOVC）时，由 CPU 控制在此引脚端输出一个负脉冲，从而使外部程序存储器的 $\overline{OE}$ 端有效，存储器中的内容便可读出。如果单片机系统中没有扩展的程序存储器，则该引脚就用不上。

（3）ALE/$\overline{PROG}$（第 30 引脚）：地址锁存允许/编程脉冲输入。

此引脚为复用引脚。第一功能是地址锁存允许。MCS-51 单片机中的 P0 口采用"分时复用"技术传递数据和低 8 位地址。ALE 用于控制把 P0 口输出的低 8 位地址送入锁存器锁存，以实现低 8 位地址和数据分时复用 P0 口。当不访问外部存储器时，ALE 端输出一个 1/6 晶振频率的正脉冲信号，可用作对外输出时钟或定时脉冲信号。例如，将 ALE 经一定分频后可用作模数转换器 ADC0809 的时钟信号。当访问外部存储器时，ALE 端输出一个 1/12 晶振频率的正脉冲信号。

第二功能是编程脉冲输入。当对 87C51 和 8751 单片机内部的 4 KB EPROM 编程（即固化）时，由该引脚输入编程脉冲。不过，现在优先选择的单片机是带 E^{2}PROM 的，因此编程功能基本用不上。

（4）$\overline{EA}$/V$_{PP}$（第 31 引脚）：外部程序存储器地址允许输入/编程电源输入。

此引脚为复用引脚。第一功能用于选择访问的外部程序存储器。当 $\overline{EA}$ 接地时，只访问外部程序存储器，不管是否有内部程序存储器。对于 8031 来说，因为无内部程序存储器，所以 $\overline{EA}$ 脚必须接地。当 $\overline{EA}$ 接+5 V 高电平时，先访问内部程序存储器。但对于 51 子系列，当地址超过 4 KB（程序计数器 PC 的值超过 0FFFH）时，对于 52 子系列，地址超过 8 KB（PC 的值超过 1FFFH）时，将自动转去执行外部程序存储器内的程序。

第二功能是当对单片机（如 87C51）内部的 EPROM 编程时，给此引脚施加 21 V 的编程电源。现在通常选择的是内部带 E^{2}PROM 的单片机，因此该引脚常接高电平。

4）输入/输出（I/O）引脚

P0～P3 是 4 个特殊功能寄存器，用于保存 P0～P3 四个 I/O 口和外部设备交换的信息。由于在数据的传输过程中，CPU 需要对接口电路中用于保存输入输出数据的寄存器中的内容进行读写操作，所以在单片机中对这些寄存器像对存储单元一样进行编址。通常，把接口电路中这些已经编址并能进行读写操作的寄存器称为端口，简称口。

（1）P0 口（第 39～32 引脚）。

P0 口是 8 位准双向三态 I/O 口。其第一功能是作为一般 I/O 口使用，第二功能是在 CPU 访问外部存储器时，分时提供低 8 位地址和 8 位双向数据，因此 P0 口经常也写成 AD0～AD7。如果单片机有扩展的外部数据存储器或程序存储区，则 P0 只能用作第二功能。在对 EPROM 编程时,从 P0 口输入指令字节;在验证程序时,则输出指令字节(验证时,要外接上拉电阻)。

(2) P1 口(第 1~8 引脚)。

P1 口是 8 位准双向 I/O 口。对于 51 子系列,P1 口只能用作一般 I/O 口使用。对于 52 子系列,除具有一般 I/O 口外,P1.0 和 P1.1 引脚还具有第二功能。P1.0 引脚的第二功能是定时/计数器 2 的外部触发计数脉冲输入端,标记为 T2。P1.1 引脚的第二功能为定时/计数器 2 的捕获、重装触发控制输入端,标记为 T2EX。在对 EPROM 编程和程序验证时,它接收低 8 位地址。

(3) P2 口(第 21~28 引脚)。

P2 口是 8 位准双向 I/O 口。其第一功能是作为一般 I/O 口使用。其第二功能是在 CPU 访问外部存储器时,作为高 8 位地址总线,输出高 8 位地址,与 P0 口一起组成 16 位的地址,因此,P2 又写成 A8~A15。同 P0 口一样,如果单片机有扩展的外部数据存储器或程序存储区,P2 口只能用作第二功能。在对 EPROM 编程和程序验证期间,它接收高 8 位地址。

(4) P3 口(第 10~17 引脚)。

P3 口是 8 位准双向 I/O 口。其第一功能是作为一般 I/O 口使用。第二功能是作为中断信号和外部数据存储器的读写控制信号,见表 2-1。实际中,P3 口的第二功能非常重要,因此只有在第二功能不用时,才用作 I/O 口。

表 2-1 P3 口的第二功能

引　脚	口　　线	第二功能符号	第二功能名称
10	P 3.0	RXD	串行数据接收
11	P 3.1	TXD	串行数据发送
12	P 3.2	$\overline{INT0}$	外部中断 0 申请
13	P 3.3	$\overline{INT1}$	外部中断 1 申请
14	P 3.4	T0	定时/计数器 0 的计数输入
15	P 3.5	T1	定时/计数器 1 的计数输入
16	P 3.6	$\overline{WR}$	外部数据存储器写选通
17	P 3.7	$\overline{RD}$	外部数据存储器读选通

2.2 51 子系列单片机的存储器配置

计算机的存储器结构有两种,即普林斯顿结构和哈佛结构。在普林斯顿结构中,程序和数据共存于一个存储器中,地址空间统一编址;而在哈佛结构中,程序存储器和数据存储器是相互独立的,即程序存放在 ROM 中,只能进行读操作;而数据存放在 RAM 中,可读可写。目前,通用计算机都采用普林斯顿结构,而 MCS-51 系列单片机则采用哈佛结构。

根据存储器的类型及存储器是否在单片机内部,将 80C51 单片机分成 4 个物理存储器,分别是内部数据存储器、外部数据存储器、内部程序存储器和外部程序存储器。由于内部程序存储器和外部程序存储器统一编址,因此,使用上只有 3 个逻辑存储器,即内部数据存储器、外部数据存储器和片内外统一编址的程序存储器。

2.2.1 程序存储器

MCS-51 单片机中用作程序存储器的 ROM 的最大空间是 64 KB。对于 80C31 单片机，因内部没有 ROM，因此其外部 ROM 的最大容量为 64 KB。而对于内部有 4 KB ROM 的 80C51、87C51 和 89C51，其外部 ROM 的最大容量是 60 KB。

单片机的内部 ROM 和外部 ROM 统一编址，因此，80C51 片内 4 KB ROM 的地址为 0000H～0FFFH，片外 60 KB ROM 的地址为 1000H～FFFFH。

对于内部无 ROM 的 8031 单片机，它的程序存储器必须外接，此时单片机的 $\overline{EA}$ 端必须接地，强制 CPU 从外部程序存储器读取程序。对于内部有 ROM 的 80C51 等单片机，正常运行时，$\overline{EA}$ 端需要接高电平，使 CPU 先从内部的程序存储器中读取程序，当 PC 值超过内部 ROM 的容量时，才会转向外部的程序存储器读取程序。程序存储器结构如图 2-6(a) 所示。

程序存储器中从 0 单元开始的一些单元被用作特定的入口地址，具体地址分配见表 2-2。例如，单片机复位后(PC) = 0000H，CPU 从 0000H 单元开始执行程序。0003H 单元已经分配给了外部中断 0，因此给单片机复位操作的只有 3B，根本放不下程序，为此需在 0000H～0002H 单元存放一条无条件转移指令（AJMP 或 LJMP），以便转去执行指定的程序。0003H～002AH 共 40 个单元被均匀地分为五段，用作五个中断源中断服务程序的入口地址。对于 52 子系列，002BH～0032H 分配给定时/计数器 2 使用。

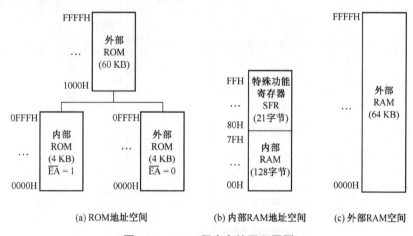

(a) ROM地址空间   (b) 内部RAM地址空间   (c) 外部RAM空间

图 2-6　80C51 程序存储器配置图

表 2-2　片内 ROM 的保留单元

保留单元地址	入 口 地 址	用　　　途
0000H～0002H	0000H	复位后初始化引导程序
0003H～000AH	0003H	外部中断 0 中断服务程序
000BH～0012H	000BH	定时/计数器 0 中断服务程序
0013H～001AH	0013H	外部中断 1 中断服务程序
001BH～0022H	001BH	定时/计数器 1 中断服务程序
0023H～002AH	0023H	串行口中断服务程序
002BH～0032H	002BH	定时/计数器 2 中断服务程序(52 子系列才有)

在中断响应后，按照检测到的中断种类，自动转到相应中断区的入口地址（又称为矢量地址）处执行中断服务程序。但是通常情况下，8 个地址单元是不能存下完整的中断服务程序的，

因而一般也在中断程序的入口地址处放一条无条件转移指令，使其跳转到其他地址单元处执行真正的中断服务程序。关于中断的有关知识及中断入口地址的使用方法将在第7章进行详细说明。

2.2.2 数据存储器

数据存储器用于存放运算的中间结果、暂存和缓冲数据及标志位等，其内容在程序运行过程中通常是变化的。51子系列单片机的内部数据存储器有256 B，地址为00H~0FFH；可扩展的外部数据存储器的最大空间为64 KB，地址为0000H~0FFFFH，如图2-6(b)和(c)所示。

由于ROM、内部RAM和外部RAM都有一些相同的单元号，例如0单元，MCS-51中规定了用不同的指令助记符区分是对哪个存储区进行操作。对于内部RAM、外部RAM和ROM分别用MOV、MOVX和MOVC访问。

根据用途不同，将片内256 B的存储单元分为低128单元(00H~7FH)的RAM区和高128单元(80H~0FFH)的特殊功能寄存器区，如图2-7所示。前者是真正的RAM存储器，即通常所说的内部数据存储器，它作为处理信息的数据缓冲区。本节主要介绍单片机内部的数据存储器。

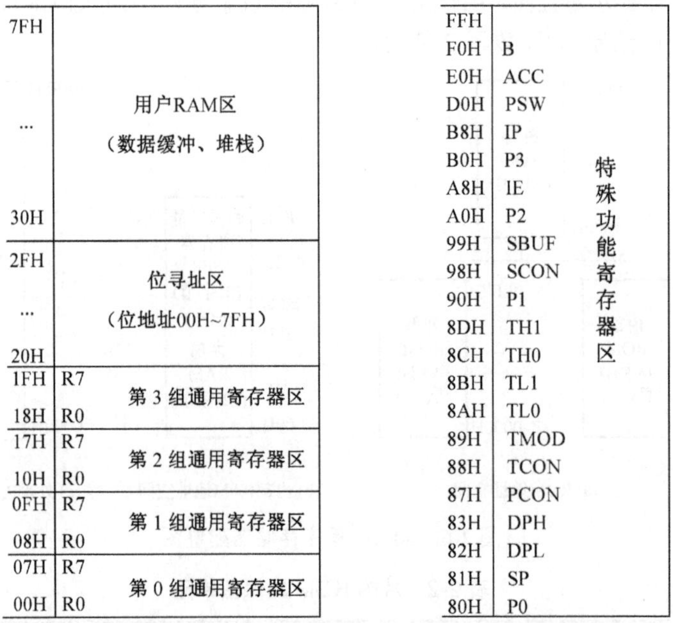

7FH			FFH	
	用户RAM区		F0H	B
...	（数据缓冲、堆栈）		E0H	ACC
			D0H	PSW
30H			B8H	IP
2FH			B0H	P3
	位寻址区		A8H	IE
...	（位地址00H~7FH）		A0H	P2
20H			99H	SBUF
1FH R7			98H	SCON
18H R0	第3组通用寄存器区		90H	P1
17H R7			8DH	TH1
10H R0	第2组通用寄存器区		8CH	TH0
0FH R7			8BH	TL1
08H R0	第1组通用寄存器区		8AH	TL0
07H R7			89H	TMOD
00H R0	第0组通用寄存器区		88H	TCON
			87H	PCON
			83H	DPH
			82H	DPL
			81H	SP
			80H	P0

(a) 低128单元　　　　　　　　　　　(b) 高128单元

图 2-7　51子系列单片机内部数据存储器配置图

1) 内部数据存储器的低128单元

按用途将低128单元的RAM分为3个区，分别是通用寄存器区、位寻址区和用户RAM区。

(1) 通用寄存器区。

片内RAM的00H~1FH共32单元称为通用寄存器或工作寄存器，常用于存放操作数及中间结果等。这32个寄存器又被分为4组，每组8个，每个寄存器都是8位，每组都以R0~R7作为寄存单元编号。寄存器名称与地址对应关系见表2-3。

表 2-3　R0～R7 寄存器与内部 RAM 的地址对应

通用寄存器名称	地　址			
	第 0 组	第 1 组	第 2 组	第 3 组
R0	00H	08H	10H	18H
R1	01H	09H	11H	19H
R2	02H	0AH	12H	1AH
R3	03H	0BH	13H	1BH
R4	04H	0CH	14H	1CH
R5	05H	0DH	15H	1DH
R6	06H	0EH	16H	1EH
R7	07H	0FH	17H	1FH

　　单片机在上电或复位后，第 0 组寄存器被默认为是当前通用寄存器组，如果要使用别的工作组，则需要设置 PSW 中的 RS1、RS0 两位。没有被选中作为通用寄存器的单元可作为一般的数据缓冲器使用。

　　(2) 位寻址区。

　　片内 RAM 的 20H～2FH 为位寻址区域，这 16 字节的每一位都有一个特定的位地址，位地址范围为 00H～7FH。位地址分配情况见表 2-4。

表 2-4　片内 RAM 中的位寻址区地址分配情况

字节地址	MSB(最高有效位)　←			位地址(十六进制)		→ LSB(最低有效位)		
	D7	D6	D5	D4	D3	D2	D1	D0
20H	07	06	05	04	03	02	01	00
21H	0F	0E	0D	0C	0B	0A	09	08
22H	17	16	15	14	13	12	11	10
23H	1F	1E	1D	1C	1B	1A	19	18
24H	27	26	25	24	23	22	21	20
25H	2F	2E	2D	2C	2B	2A	29	28
26H	37	36	35	34	33	32	31	30
27H	3F	3E	3D	3C	3B	3A	39	38
28H	47	46	45	44	43	42	41	40
29H	4F	4E	4D	4C	4B	4A	49	48
2AH	57	56	55	54	53	52	51	50
2BH	5F	5E	5D	5C	5B	5A	59	58
2CH	67	66	65	64	63	62	61	60
2DH	6F	6E	6D	6C	6B	6A	69	68
2EH	77	76	75	74	73	72	71	70
2FH	7F	7E	7D	7C	7B	7A	79	78

　　位寻址区的每一个单元既可作为普通的 RAM 单元使用，对其进行字节操作，也可对单元中的每一位进行位操作。但究竟是对字节操作还是对位操作，要根据具体的指令区分。

　　(3) 用户 RAM 区。

　　片内 RAM 地址为 30H～7FH，共 80 个单元。这些单元可以作为数据缓冲器使用，也可作为堆栈以保存子程序调用或响应中断时的断点和现场。

　　2) 内部数据存储器的高 128 单元

　　内部数据存储器的高 128 单元是为特殊功能寄存器(special functional register，SFR，又称专用寄存器)提供的，因此称为特殊功能寄存器区。MCS-51 子系列单片机共有 21 个 8 位特殊功能寄存器，它们离散地分布在内部 RAM 的高 128 个单元中。特殊功能寄存器分布见表 2-5，其中字节地址能被 8 整除的 11 个 SFR 具有位寻址的功能。

表 2-5 51 子系列单片机中特殊功能寄存器的符号、名称和地址表(十六进制)

符　号	名　　称	字节地址	位地址与位名称								备注
			D7	D6	D5	D4	D3	D2	D1	D0	位　序
P0	P0 口	80H									
			87H	86H	85H	84H	83H	82H	81H	80H	位地址
SP	堆栈指针	81H									
DPL	数据指针低 8 位	82H									
DPH	数据指针低字节	83H									
PCON	电源控制寄存器	87H	SMOD	—	—	—	GF1	GF0	PD	IDL	位名称
TCON	定时/计数器控制字	88H	TF1	TR1	TF0	TR0	IE1	IT1	IE0	IT0	位名称
			8FH	8EH	8DH	8CH	8BH	8AH	89H	88H	位地址
TMOD	定时/计数器方式控制字	89H	GATE	C/$\overline{\text{T}}$	M1	M0	GATE	C/$\overline{\text{T}}$	M1	M0	位名称
TL0	定时/计数器 0 低 8 位	8AH									
TL1	定时/计数器 1 低 8 位	8BH									
TH0	定时/计数器 0 高 8 位	8CH									
TH1	定时/计数器 1 高 8 位	8DH									
P1	P1 口	90H									
			97H	96H	95H	94H	93H	92H	91H	90H	位地址
SCON	串口控制寄存器	98H	SM0	SM1	SM2	REN	TB8	RB8	TI	RI	位名称
			9FH	9EH	9DH	9CH	9BH	9AH	99H	98H	位地址
SBUF	串口数据缓冲寄存器	99H									
P2	P2 口	A0H									
			A7H	A6H	A5H	A4H	A3H	A2H	A1H	A0H	位地址
IE	中断允许控制寄存器	A8H	EA	—	—	ES	ET1	EX1	ET0	EX0	位名称
			AFH	AEH	ADH	ACH	ABH	AAH	A9H	A8H	位地址
P3	P3 口	B0H									
			B7H	B6H	B5H	B4H	B3H	B2H	B1H	B0H	位地址
IP	中断优先级控制寄存器	B8H	—	—	—	PS	PT1	PX1	PT0	PX0	位名称
			BFH	BEH	BDH	BCH	BBH	BAH	B9H	B8H	位地址
PSW	程序状态字	D0H	CY	AC	F0	RS1	RS0	OV	—	P	位名称
			D7H	D6H	D5H	D4H	D3H	D2H	D1H	D0H	位地址
ACC	累加器	E0H									
			E7H	E6H	E5H	E4H	E3H	E2H	E1H	E0H	位地址
B	B 寄存器	F0H									
			F7H	F6H	F5H	F4H	F3H	F2H	F1H	F0H	位地址

下面先对部分 SFR 进行说明，后面将陆续介绍其他的 SFR。

（1）累加器（accumulator，A 或 ACC）。

A 是一个 8 位的寄存器，是 CPU 中最重要、最繁忙的寄存器，许多运算中的原始数据和结果都要经过累加器。

（2）B 寄存器。

B 寄存器主要是与累加器配合完成乘法和除法运算的。当 B 寄存器不用于乘、除运算时，可作为普通的 RAM 单元使用。

（3）程序状态字（program status word，PSW）。

PSW 是一个 8 位的寄存器，用于存放程序运行的状态信息及运算结果的标志，所以又称标志寄存器。该寄存器的有些位由用户设置，有些位则由硬件自动设置。寄存器中的各位定义见表 2-6，其中 PSW.1 是保留位，未使用。

表 2-6　程序状态字各位的定义

位　序	PSW.7	PSW.6	PSW.5	PSW.4	PSW.3	PSW.2	PSW.1	PSW.0
位 地 址	0D7H	0D6H	0D5H	0D4H	0D3H	0D2H	0D1H	0D0H
位 标 志	CY	AC	F0	RS1	RS0	OV	—	P

下面介绍 PSW 中的各个位。

- CY（carry）：进位标志位，此位有两个功能。一个功能是在执行无符号数的加、减法运算时，如果运算结果的最高位（即第 7 位）有进位或借位，则置 CY 为 1；如果无进位或借位，则清 CY 位为 0。CY 位的置 1 或清 0 是由硬件自动完成的。另一个功能是在位操作中作为累加位使用。
- AC（auxiliary carry）：辅助进位标志位。当执行加、减运算时，如果低 4 位向高 4 位有进位或借位，AC 由硬件自动置 1，否则 AC 被清 0。AC 位也常用于 BCD 码调整。
- F0：用户标志位。用户可以根据自己的需要用软件使 F0 置 1 或清 0，也可用软件测试它，以控制程序的流向。
- RS1 和 RS0（register status）：通用寄存器组选择位。用软件改变 RS1 和 RS0 位的值，就可决定选哪一组通用寄存器为当前通用寄存器组，组合关系见表 2-7。单片机复位后 RS1、RS0 的值均为 0，系统自动选择第 0 组为当前通用寄存器组。

表 2-7　MCS-51 单片机通用寄存器的选择及其地址

RS1	RS0	寄 存 器 组	通用寄存器							
			R0	R1	R2	R3	R4	R5	R6	R7
0	0	第 0 组	00H	01H	02H	03H	04H	05H	06H	07H
0	1	第 1 组	08H	09H	0AH	0BH	0CH	0DH	0EH	0FH
1	0	第 2 组	10H	11H	12H	13H	14H	15H	16H	17H
1	1	第 3 组	18H	19H	1AH	1BH	1CH	1DH	1EH	1FH

- OV（overflow）：溢出标志位。在有符号数的加、减运算中，如果运算结果超出了累加器所能表示的有符号数的有效范围（−128～+127），即产生溢出，此时 OV 由硬件自动置 1；否则 OV 被清 0，表明无溢出。在乘法运算中，若乘积超过 255，则（OV）= 1，否则（OV）= 0。在除法运算中，若除数为 0，运算不能被执行，此时（OV）= 1，否则

(OV) = 0，表示除数不为 0，除法可以进行。

● P(parity)：奇偶校验位。用于表明累加器(A)中 1 的个数的奇偶性。每条指令执行完后，由硬件判断累加器(A)中 1 的个数，如果 A 中有奇数个"1"，则 P 为 1，否则 P 为 0。该位常用于校验串行通信中数据传送是否出错。

例 2-1 分析执行 0A9H + 84H 后 PSW 中各位的状态。

解：
```
   1  0  1  0  1  0  0  1 B
+  1  0  0  0  0  1  0  0 B
   1  0  0  1  0  1  1  0  1 B
```

由于第 7 位朝前有进位，即 $(C_7) = 1$，则 $(CY) = 1$；$(C_3) = 0$，则 $(AC) = 0$；运算结果中有偶数个 1(不含进位位)，则 $(P) = 0$。

由于被加数和加数都是负数，但相减的结果却是正数，说明结果出错，则 $(OV) = 1$。

故上述指令执行后，$(CY) = 1$，$(AC) = 0$，$(OV) = 1$，$(P) = 0$，则(PSW)=84H，而 $(A) = 2DH$。

在使用汇编语言编程时，PSW 非常有用，可以根据里面标志位的值控制程序的流向等。但在用 C51 语言编程时，编译器会自动控制 PSW，编程者很少去操作它。

(4) 数据指针(data pointer，DPTR)。

DPTR 是由两个 8 位寄存器 DPH 和 DPL 合并而成的，它是 MCS-51 中唯一一个可寻址的 16 位寄存器。在访问外部数据存储器时，DPTR 作为地址指针使用；在访问程序存储器时，DPTR 作为基址寄存器用。

(5) 堆栈指针(stack pointer，SP)。

堆栈是在内部 RAM 中开辟的一个特殊区域，是为子程序调用和中断操作而设立的，其主要功能是暂时存放数据(现场)和地址(断点)。它的特点是按照"先进后出"的原则存取数据，这里的"进"与"出"是指进栈与出栈操作。如图 2-8 所示，第一个进栈的数据所在的存储单元称为栈底，然后逐次进栈，最后进栈的数据所在的存储单元称为栈顶。随着存放数据的增减，栈顶是变化的。从栈中取数，总是先取栈顶的数据，即最后进栈的数据先取出。为了知道栈顶的位置，设置了堆栈指针 SP，其内容是栈顶存储单元的地址。图 2-8 中，(SP) = 40H。

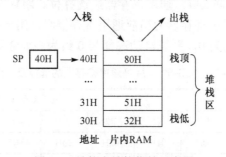

图 2-8　堆栈和堆栈指针示意图

在 MCS-51 单片机中，每给堆栈中存入 1 字节数据，SP 就自动加 1；反之，每取走一字节数据，SP 就自动减 1。

堆栈的操作方式有两种。一种是自动方式，即在调用子程序或产生中断时，CPU 自动将断点地址压入堆栈；程序返回时，断点地址再自动弹回给 PC。这种堆栈操作不需要用户干预，而且保存的是地址。另一种是指令方式，即用进栈(或入栈)指令 PUSH、出栈指令 POP 完成入栈和出栈的任务。一般采用指令方式保存的是数据。

系统复位后，SP 的值被置为 07H，堆栈操作的数据将从 08H 开始存放。这样一来，通用寄存器第 1 组～第 3 组就无法用了。为了解决这一问题，在程序初始化时，应该先设置 SP 的值。例如，将 SP 设置为 30H，进入堆栈的数据就从 31H 开始存放。由于堆栈开辟在用户 RAM 区(30H～7FH)，其最高地址单元是 7FH。假设初始化 SP 为 70H，则该堆栈区只能保存 15 字节的数据，称该堆栈区的容量或深度为 15 字节。如果程序中有多重子程序或中断服务程序嵌套，那么需要保存的数据就更多，这就要求堆栈有足够的容量，否则会造成堆栈溢出，丢失应备份的数据，轻则使运算和执行结果错误，重则使整个程序紊乱。

(6) 程序计数器(PC)。

PC 是一个 16 位的计数器，专门用于存放 CPU 将要执行的指令地址(即下一条指令的地址)，寻址范围为 64 KB。PC 有自动加 1 功能，但不可寻址，即用户无法采用指令对其赋值或读写，但是可以通过转移、调用、返回等指令改变其内容，以控制程序执行的顺序。

2.3 并行 I/O 口 P0～P3 的结构

MCS-51 单片机有 4 个 8 位的并行 I/O 口(P0、P1、P2 和 P3)和一个串行 I/O 口。并行 I/O 口一次能传送 8 位二进制信息，而串行 I/O 口一次只能传送 1 位二进制信息。关于串行 I/O 口的结构、使用方法等内容将在第 7 章专门介绍，此处仅介绍 4 个并行 I/O 口的结构及使用中的注意问题。

MCS-51 单片机 4 个并行 I/O 口的第一功能都是数据的输入/输出功能，第二功能则各不相同，因此其电路结构基本相同，但又各具特点。

2.3.1 P0 口

P0 口的字节地址为 80H，位地址为 80H～87H。P0 口的各位口线具有完全相同但又相互独立的逻辑电路。图 2-9 中的实线所示部分是 P0 口某一位 P0.X(X = 0～7)口线的逻辑电路。

P0.X 口线的逻辑电路中主要包括：

● 一个数据输出锁存器，用于锁存数据位。当对 P0 口进行写操作时，由锁存器和驱动电路构成数据输出通路。由于通路中已有锁存器，因此数据输出时可以与外设直接相连，而不需要再加数据锁存电路。

● 两个三态输入缓冲器，分别用于锁存器的数据输出和引脚数据的输入缓冲。

● 一个多路转换开关 MUX，其一路输入来自锁存器，另一路输入为"地址/数据"，输入转换由"控制"信号控制。之所以设置 MUX 是因为 P0 口既可以作为通用的 I/O 口进行数据的输入/输出，又可以作为单片机系统的地址/数据线使用。在控制信号的作用下，MUX 分别接通锁存器输出和地址/数据线。

● 数据输出的驱动和控制电路，由两只场效应管(FET)T1 和 T2 组成，T2 构成上拉电路。

1) 作为 I/O 口使用

当 P0 口作为 I/O 口使用时，CPU 发出的"控制"信号为低电平，封锁了与门，并使输出驱动电路的上拉场效应管 T2 截止，同时使 MUX 接至锁存器的 $\overline{Q}$ 端。

当 P0 口作为输出口(写)使用时，来自 CPU 的写脉冲加在 D 触发器的 CP 端，数据写入锁存器，内部总线上的信息就会经锁存器和输出驱动电路送到 P0 口输出。但要注意，由于输出电路是漏极开路电路，必须外接上拉电阻才能有高电平输出，如图 2-9 中虚线所示部分。

一般上拉电阻选择为 10 kΩ。

当 P0 口作为输入口(读)使用时,应区分读引脚和读端口(或称为读锁存器)两种情况。在 P0 口电路中有两个用于读入的三态缓冲器。所谓读引脚就是读芯片引脚上的数据,即直接读取外部数据,这时使用 G1 缓冲器。由读引脚信号把缓冲器打开,引脚上的数据经缓冲器通过内部总线读进来;而读端口则是通过 G2 缓冲器把锁存器 Q 端的状态读进来。有时端口已处于输出状态,CPU 的某些操作是先将端口(锁存器)原始数据读入,经过运算修改后,再写到端口(锁存器)输出,这类指令读入的数据是锁存器的内容,可以先改变其值然后重新写入端口锁存器,称这类指令为"读—修改—写"指令。例如,执行"ANL P0,A"指令时,读锁存器脉冲打开三态缓冲器,CPU 先读取 P0 口锁存器的内容,然后与累加器(A)中的内容进行逻辑与运算,结果送回 P0 口(锁存器)中。8051 的 4 个端口 P0~P3 都采用两套输入缓冲器的电路结构,因此,对 P0~P3 都可以进行读引脚操作和"读—修改—写"操作。

需要注意的是,P0 作为输入口时,必须先向锁存器写入高电平"1",使输出驱动电路中的 T1 截止,P0 口引脚处于悬空状态(高阻态),具有高阻抗输入特性。由于 P0 口有低电平、高电平和高阻抗三种输出,因而 P0 口是一个准双向三态口。

2) 作为地址/数据线使用

实际应用中,P0 口在绝大多数情况下作为单片机系统的地址/数据线使用。当传送地址或数据时,CPU 发出高电平"控制"信号,打开上面的与门,并使 MUX 处于内部地址/数据线与驱动场效应管栅极反相接通状态。这时的输出驱动电路中 T1 和 T2 处于反相,形成推拉式电路结构,大大地提高了负载能力。而当输入数据时,数据信号则直接从引脚通过输入缓冲器进入内部总线。

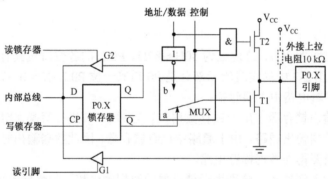

图 2-9　P0.X 口线的逻辑电路图

2.3.2　P1 口

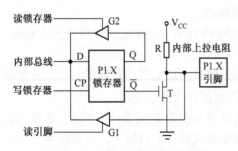

图 2-10　P1.X 口线的逻辑电路图

P1 口的字节地址为 90H,位地址为 90H~97H。由于 P1 口只作为通用的 I/O 口使用,所以 P1 口线中没有多路转换开关和相应的辅助控制电路。P1 口的某一位 P1.X 口线的逻辑电路如图 2-10 所示,其输出驱动电路中的场效应管 T 接有上拉电阻,与 T 共同组成输出驱动电路。为此,当 P1 口用作输出口使用时,能向外提供推拉电流负载,不需要再外接上拉电阻。

当 P1 口作为输入口使用时，必须先向对应的锁存器写入"1"，使场效应管 T 截止。由于口内部有上拉电阻从而使引脚被拉到高电平，确保输入的高、低电平信号能正确地进入数据总线。如果 T1 不处于截止状态，也就是处于饱和状态，当 P1.X 输入高电平信号"1"时，则点上电平与的功能(点与)使得送入数据总线的是"0"，而不是"1"。因此，在 P1 口作为输入口之前，必须先向其锁存器写入"1"，使 T 截止，故作为 I/O 口的 P1 口是一个准双向口。

2.3.3 P2 口

P2 口的字节地址为 0A0H，位地址为 0A0H～0A7H，其某位口线的逻辑电路如图 2-11 所示。由于 P2 口具有输出高 8 位地址的第二功能，因此同 P0 口一样，在口电路中有一个多路转换开关 MUX。但 MUX 的一个输入端不再是"地址/数据"，而是单一的"地址"。由于只作为地址线使用，因此 P2 口的输出用不着是三态的。

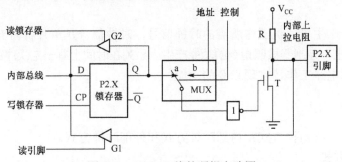

图 2-11 P2.X 口线的逻辑电路图

当 P2 口作为 I/O 口使用时，控制信号使多路转换开关 MUX 倒向锁存器 Q 端；当作为高位地址线使用时，使 MUX 倒向"地址"端，从而在 P2 口的引脚上输出高 8 位地址(A8～A15)。同 P1 口一样，当 P2 口作为输入口时，应先给口线输出高电平，确保 T 截止，所以 P2 口也是一个准双向口。

对于 8031 单片机，由于内部没有 ROM，因此 P2 口只作为地址总线使用，而不作为 I/O 口使用。

2.3.4 P3 口

P3 口的字节地址为 0B0H，位地址为 0B0H～0B7H，其某位口线的逻辑电路图如图 2-12 所示。由于 P3 口有很重要的第二功能，为此在口电路中增加了第二功能控制逻辑。而第二功能信号有输入和输出两类，因此分两种情况说明。

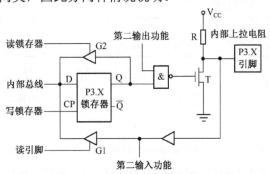

图 2-12 P3 口某位口线的逻辑电路图

对于第二功能为输出的信号引脚，当作为 I/O 口使用时，"第二输出功能"信号线应保持高电平，使与非门开通，以维持从锁存器到输出端数据输出通路的畅通。当输出第二功能信号时，锁存器应先置 1，使与非门对第二功能信号的输出是畅通的，从而实现第二功能信号的输出。

对于第二功能为输入信号的引脚，在口线的输入通路上增加了一个缓冲器，输入的信号就从这个缓冲器的输出端取得。而作为 I/O 口使用的数据输入，仍取自三态缓冲器 G1 的输出端。

不管是作为输入口，还是作为第二功能信号的输入，输出电路中的锁存器输出和"第二功能输出"线都应保持高电平，使 T 截止。同 P1 口和 P2 口一样，P3 口也是准双向口。

综上所述，P0、P1、P2 和 P3 口既有相同之处，又根据其完成任务的不同各具特色。

2.4　时钟电路与时序

时钟电路用于产生单片机工作所需的时钟信号，时钟信号是单片机内部各种微操作的时间基准。在此基础上，控制器按照指令的功能产生一系列在时间上有一定次序的信号(即时序)进而控制相关的逻辑电路工作，实现指令的功能。

2.4.1　时钟电路

时钟信号的产生有两种方式：内部时钟方式和外部时钟方式。

1）内部时钟方式

内部时钟方式经常用于只有一个单片机工作的系统中。MCS-51 单片机内部有一个由反相放大器构成的振荡电路，XTAL1 和 XTAL2 分别为振荡电路的输入端和输出端，时钟可以由内部方式或外部方式产生。内部方式时钟振荡电路如图 2-13(a)所示。在 XTAL1 和 XTAL2 引脚外接石英晶体振荡器和微调电容，从而组成一个稳定的自激振荡器。为了减小寄生电容，保证振荡器工作稳定、可靠，石英晶体振荡器和电容应尽可能地与单片机引脚 XTAL1 和 XTAL2 靠近。由于内部时钟方式的外部电路接线比较简单，而且很多情况下为单机工作，因此单片机应用系统中大多采用这种方式。

内部时钟方式下由 XTAL1 送给单片机的是振荡脉冲。振荡脉冲经单片机内部的触发器二分频后，才能成为单片机的时钟脉冲。因此，时钟脉冲和振荡脉冲是二分频的关系。

振荡脉冲的频率就是晶振的固有频率，常用 f_{osc} 表示。石英晶体频率的范围为 1.2～12 MHz，常用 6 MHz、11.0592 MHz 或 12 MHz。通常，电容 C1 和 C2 的值在 5～30 pF 之间选择，电容的大小可起微调频率的作用。

(a) 内部时钟电路　　(b) HMOS型外部时钟接法　　(c) CHMOS型外部时钟接法

图 2-13　内部时钟电路与 HMOS 和 CHMOS 型单片机的外部时钟电路接法

2）外部时钟方式

外部时钟方式常用于多单片机组成的系统中，以便各个单片机具有统一的时钟信号，此时应当引入唯一的公用外部脉冲作为各单片机的振荡脉冲。对于 HMOS 型单片机（如 8051），XTAL1 引脚应接地，XTAL2 接外部时钟源信号输出端，如图 2-13（b）所示。对于 CHMOS 型单片机（如 80C51），XTAL1 引脚接外部时钟源信号输出端，而 XTAL2 引脚悬空，如图 2-13（c）所示。

在外部时钟方式下，要求外接脉冲信号应当是高低电平持续时间大于 20 ns 的方波，且脉冲频率低于 12 MHz。

2.4.2 时序定时单位

CPU 在执行指令时都是按照一定顺序进行的。指令不同，执行指令的时间也就不相同。MCS-51 单片机的时序定时单位共有 4 个，分别是晶振周期（拍节）、时钟周期（状态）、机器周期和指令周期。

1）晶振周期

把晶体振荡器输出信号的周期称为晶振周期，是晶振频率的倒数，也称为振荡周期或拍节，用 P（Pulse）表示，它是最小的时序单位。

2）时钟周期

振荡信号经过二分频后就是单片机的时钟信号。把时钟信号的周期称为时钟周期或状态，用 S（State）表示。一个状态包含两个拍节，其前半周期对应的拍节叫拍节1（P1），后半周期对应的拍节叫拍节 2（P2）。

3）机器周期

MCS-51 采用定时控制方式，因此它有固定的机器周期。规定一个机器周期的宽度为 6 个状态，并依次表示为 $S_1 \sim S_6$。由于一个状态又包含两个拍节，因此，一个机器周期共有 12 个拍节，分别记为 S1P1、S1P2、S2P1、S2P2、…、S6P2。机器周期信号就是振荡脉冲的十二分频。当 $f_{OSC} = 12$ MHz 时，机器周期为 1 μs；当 $f_{OSC} = 6$ MHz 时，机器周期为 2 μs。

4）指令周期

指令周期是时序中最大的时间单位，定义为执行一条汇编语言指令所需的时间。指令不同，执行指令的时间也不同。MCS-51 单片机的指令周期包含有一、二、四个机器周期，其中四个机器周期的指令只有乘法和除法指令。MCS-51 单片机各条汇编语言指令执行时间见附录 B。

2.4.3 MCS-51 典型指令时序

指令的集合称为程序，执行程序的过程就是执行指令的过程。任何一条指令的执行都可以分为取指令和执行指令两个阶段。在取指令阶段，CPU 从程序存储器中取出指令操作码，送指令寄存器，再经指令译码器进行译码，产生一系列控制信号来执行本条指令规定的操作。根据汇编语言指令翻译成机器语言后所占字节的长度分类，可分为单字节指令、双字节指令和三字节指令。从指令执行所需机器周期来分类，可分为单周期指令、双周期指令、四周期指令。

图 2-14 所示的是单字节单周期、双字节单周期、单字节双周期的取指令时序图。从图中可以看出，ALE 信号是周期性的信号，它以振荡脉冲六分之一的频率出现，因此在每个机器周期中，ALE 信号二次有效，第一次在 S1P2 和 S2P1 期间，第二次在 S4P2 和 S5P1 期间。

ALE 信号的有效宽度为一个状态,每有效一次,CPU 就进行一次取指令操作。当指令为多字节或多周期指令时,只有第一个 ALE 信号进行读指令操作,其余的 ALE 信号为无效操作。

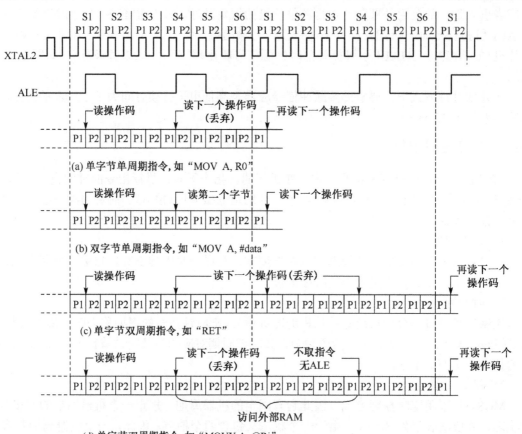

图 2-14　MCS-51 单片机典型指令的时序

1) 单字节单周期指令

如图 2-14(a)所示,以"MOV　A,R0"为例。由于是单字节指令,因此只需进行一次读指令操作。当第二个 ALE 有效时,由于 PC 没有加 1,所以读出的还是原指令,属于一次无效的操作。

2) 双字节单周期指令

如图 2-14(b)所示,以"MOV　A,#data"为例。该指令的第一字节是操作码,第二字节是操作数 data,而需要的时间只是一个机器周期。此时一个机器周期内 ALE 的两次读操作都是有效的,第一次是读指令操作码,第二次是读操作数。

3) 单字节双周期指令

如图 2-14(c)所示,以"RET"指令为例。执行该指令时,在两个机器周期内有 4 次 ALE 有效,则共进行 4 次读指令操作,但其中的后三次是无效的,

如图 2-14(d)所示,以"MOVX　A,@Ri"为例。本指令的功能是将 Ri 所指的外部 RAM 单元的内容送给 A,虽然同"RET"的字节数和周期数是相同的,但具体执行时还有一些差异。当访问外部 RAM 时,先从 ROM 中取指令,然后对外部 RAM 进行读/写操作。第一机器周期内的第一次读指令(操作码)有效,第二次读指令操作无效。在第二机器周期内,访问

外部 RAM，此时与 ALE 信号无关，故不产生读指令操作。

值得说明的是，图 2-14 的时序图只表现了取指令操作有关时序，而没有表现出执行指令的过程。实际上，每条指令都有具体的数据操作，如算术和逻辑操作在拍节 1 进行，片内寄存器对寄存器传送操作在拍节 2 进行等。由于数据操作种类繁多，不宜也没有必要逐一介绍。

2.5 复位电路和低功耗工作方式

2.5.1 复位电路

1）复位操作的功能

复位是使单片机处于初始化状态。除了进入系统的正常初始化之外，有时由于程序运行出错或操作错误使系统处于死锁状态，也需用复位使单片机摆脱困境。当 MCS-51 单片机的 RST 引脚出现两个机器周期（即 24 个晶振周期）以上的高电平时，就完成了复位操作。单片机复位后，(PC) = 0，使得 CPU 从程序存储器的 0 单元开始取指令执行程序。此外，复位操作影响一些特殊功能寄存器的值，见表 2-8。

表 2-8　单片机复位后特殊功能寄存器的初始状态

SFR 名称	初始状态	SFR 名称	初始状态
ACC	00H	TMOD	00H
B	00H	TCON	00H
PSW	00H	TH0	00H
SP	07H	TL0	00H
DPL	00H	TH1	00H
DPH	00H	TL1	00H
P0~P3	0FFH	SBUF	不确定
IP	XXX00000B	SCON	00H
IE	0XX00000B	PCON	0XXX0000B

注：表中"X"表示该位值是随机的，是 0 或 1 对该寄存器的功能没有影响。

2）复位电路

复位有两种方式：一种是上电复位，一种是按键复位。上电复位即接通电源便实现了单片机的复位。按键复位是在电源接通的情况下，在单片机运行期间，操作按键实现单片机的手动复位。二者分别相当于使用 PC 时按"Power"键和"Reset"键复位。

（1）上电复位电路。

最简单的上电复位电路由电容和电阻串联构成，如图 2-15(a)所示。 上电瞬间，由于电容两端电压不能突变，RST 引脚电压端 V_R 为 V_{CC}，随着对电容的充电， RST 引脚的电压呈指数规律下降，到 t_1 时刻，V_R 降为 3.6 V（输入高电平的下限），随着对电容充电的进行，V_R 最后将接近 0 V。RST 引脚的电压变化如图 2-15(b)所示。为了确保单片机复位，t_1 必须大于两个机器周期的时间。图 2-15(a)中，t_1 与 RC 电路的时间常数有关，由晶振频率和 R 可以算出 C 的取值。图中给出了 R 和 C 的参考值，一般 R 的值不能取得太小。

（2）按键复位电路。

图 2-16 是按键复位电路，R1 的阻值一般比 R2 小得多。当按下"Reset"键后 $V_{R2} = (R_2 \times$

$V_{CC})/(R_1+R_2)$。当 $R_2 \gg R_1$ 时，V_{R2} 非常接近 V_{CC}，使 RST 引脚出现高电平。其实，图 2-16 中的 C 和 R2 构成的就是图 2-15 的上电复位电路，因此图 2-16 既有上电复位，也有按键复位，因此是首选的单片机复位电路。

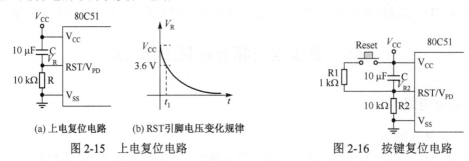

图 2-15 上电复位电路　　　　　　　　　图 2-16 按键复位电路

2.5.2 掉电保护方式

单片机系统在运行过程中，若发生掉电故障，将会丢失 RAM 和寄存器中的程序和数据，其后果有时是非常严重的。为此，MCS-51 单片机设置有掉电保护措施，以进行掉电保护处理。其具体做法是，先把有用的数据转存到片内 RAM 中，然后再启用备用电源维持供电。

1）数据转存

所谓数据转存是指当电源出现故障时，应立即将有用数据转存到内部 RAM 中。数据转存是通过中断服务程序完成的，即通常所说的"掉电中断"。为此，应在单片机系统中设置一个电压检测电路，一旦检测到电源电压下降，立即通过 $\overline{INT0}$ 或 $\overline{INT1}$ 产生外部中断请求。中断响应后执行中断服务程序，把有用数据送到内部 RAM 中保护起来。由于单片机电源端都接有滤波电容，掉电后电容蓄存的电能尚能维持有效电压达几毫秒之久，足以完成一次掉电中断操作。

2）接通备用电源

数据转存后还应维持内部 RAM 的供电，才能保护数据不被破坏。为此，系统应预先装有备用电源，并在掉电后立即接通备用电源。备用电源由单片机的 RST/V$_{PD}$ 引脚接入。为了在掉电时能及时接通备用电源，系统中具有备用电源与电源电压的自动切换电路。当电源电压高于备用电源电压时，由电源电压供电，反之由备用电源供电。

由于备用电源容量有限，为减小消耗，掉电后时钟电路和 CPU 皆停止工作，只有内部 RAM 单元和特殊功能寄存器继续工作，以保持其内容。为此，有人把备用电源提供的仅供维持单片机 RAM 工作的最低消耗电流形象地称为"饥饿电流"。

当电源恢复时，RST/V$_{PD}$ 端备用电压还应继续维持一段时间(约 10 ms)，以留出足够的时间供其他电路从启动到稳定工作，然后才结束掉电保护状态，单片机开始正常工作。

2.5.3 低功耗工作方式

对于电池供电系统来说，功耗是首要考虑的问题。对于 HMOS 型单片机，如 8051，在掉电保护模式下由备用电源给单片机低功耗供电，因此掉电保护模式实际是低功耗方式。同 HMOS 型单片机相比，CHMOS 型(如 80C51)除了具有掉电保护模式外，还具有空闲模式。

掉电保护模式和空闲模式都是由特殊功能寄存器 PCON(电源控制寄存器，87H，不可位寻址)的有关位控制的。PCON 中各位的定义见表 2-9，说明如下。

表 2-9　PCON 电源控制寄存器控制字

位　序	D7	D6	D5	D4	D3	D2	D1	D0
名　称	SMOD	(SMOD0)	(LVDF)	(P0F)	GF1	GF0	PD	IDL

- SMOD：串行口波特率的倍率控制位(详细说明见第 7 章)。
- (SMOD0)、(LVDF)、(P0F)：这三位是 STC 单片机特有的功能，请查看相关手册。对于其他单片机，该三位保留未用。
- GF1、GF0：通用标志位，用户可以自由使用。
- PD(power down)：掉电保护模式(也称为休眠模式)设定位。

  PD = 0，单片机处于正常工作状态。

  PD = 1，单片机进入掉电保护模式，可由外部中断低电平触发，或由下降沿触发或者通过硬件复位模式唤醒。当单片机进入掉电保护模式后，外部晶振停振，CPU、定时器、串行口全部停止工作，只有外部中断继续工作。

- IDL(idle)：空闲模式(也称为待机模式)设定位。

  IDL = 0：单片机处于正常工作状态。

  IDL = 1：单片机进入空闲模式。除 CPU 不工作外，其余仍继续工作。在空闲模式下可由任一个中断或硬件复位唤醒。

要想使单片机进入空闲或掉电工作模式，只要执行一条使 IDL 或 PD 位为 1 的指令即可。

1) 空闲模式(待机模式)

如果使用指令"MOV　PCON,#1"使 PCON 中的 IDL 为 1，则 CHMOS 型单片机进入空闲模式。进入空闲模式后，振荡器仍然运行，并向中断逻辑、串行口和定时/计数器电路提供时钟，但向 CPU 提供时钟的电路被阻断，因此除 CPU 处于休眠状态外，其余硬件全部处于活动状态。程序未涉及的数据存储器和特殊功能寄存器中的数据在空闲模式期间都将保持原值。如果定时/计数器正在运行，那么计数寄存器中的值还将会增加。

单片机在空闲模式下可由任一个中断或硬件复位唤醒，但使用中断唤醒单片机时，程序从原来停止处继续运行，而当使用硬件复位唤醒单片机时，程序将从头开始执行。例如，要定时采集和发送数据时，可在不采集和不发送期间使单片机处于空闲模式；当定时时间到、有中断到来时，再使单片机处于工作模式完成数据采集和发送。当采用外部中断退出空闲模式时，可引入外部中断请求信号，在单片机响应外部中断的同时，PCON.0 被硬件自动清 0，单片机就退出空闲模式而进入正常工作状态。对于外部中断源的中断服务程序，只要有一条中断返回指令 RETI 就可使单片机恢复正常工作。

2) 掉电保护模式(休眠模式)

PCON 寄存器中 PD 位控制单片机进入掉电保护模式，因此对于 CHMOS 型单片机，如80C51，当检测到电源故障时，除进行信息保护外，还应把 PD 位置 1，使之进入掉电保护模式。此时，外部晶振停振，CPU、定时器、串行口全部停止工作，只有外部中断继续工作。进入掉电保护模式后，芯片中程序未涉及的数据存储器和特殊功能寄存器中的数据都将保持原值。可由外部中断低电平触发，或由下降沿触发中断或者通过硬件复位模式唤醒单片机。需要注意的是，使用中断唤醒单片机时，程序从原来停止处继续运行，当使用硬件复位唤醒单片机时，程序将从头开始执行。

让 CHMOS 型单片机进入空闲模式或掉电保护模式的目的通常是降低系统的功耗。例如手机、计算器、数字万用表等在正常使用时，其内部的单片机处于正常工作模式；当不用、又忘记了关掉电源时，大多数仪器或仪表在等待数分钟后若没有人为操作，便会自动关闭显示器，以降低系统功耗。类似这种功能的实现就是使用了单片机的空闲模式或掉电保护模式。

以 STC89 系列单片机为例，正常工作时的电流为 4～7 mA，进入空闲模式后的电流降至 2 mA，进入掉电保护模式后的电流可降至 0.1 μA 以下。

正确地使用空闲和掉电保护模式对于降低系统的功耗有着重要的作用，但如果还想降低单片机工作期间的功耗，则应使用低功耗的单片机，如 MSP430 型单片机。

本 章 小 结

本章主要介绍 MCS-51 单片机芯片的基本组成、引脚功能、存储器配置、时钟及复位电路、掉电保护及低功耗工作方式等。

MCS-51 单片机有 40 个引脚，有些引脚的功能是复用的。在单片机内部采用三总线结构实现 CPU 和各个单元之间数据的传递。80C51 单片机的存储器在物理结构上有 4 个存储空间，分别是 4 KB 的片内 ROM、最大扩展容量为 64 KB 的片外 ROM、256 字节的片内 RAM 和最大扩展容量为 64 KB 的片外 RAM。在片内 RAM 中有 21 个特殊功能寄存器。MCS-51 单片机有 4 个并行 I/O 口，分别是 P0、P1、P2 和 P3 口，其中 P0 口是准双向三态口，其他三个口是准双向口。此外还有一个串行端口，可以用于传递串行数据。

时钟信号的产生有两种方式：内部方式和外部方式。时序单位有拍节、状态、机器周期、指令周期等。1 个机器周期= 6 个状态= 12 拍节。

复位操作使单片机进入初始化状态。复位操作有上电复位和按键复位两种方式。复位后，程序计数器 PC 为 0，P0～P3 为 0FFH，SP 为 07H，SBUF 不定，IP、IE 和 PCON 的有效位为 0，其余特殊功能寄存器的状态均为 0。CHMOS 单片机有两种低功耗工作方式：空闲模式和掉电保护模式，而 HMOS 型单片机只有掉电保护模式。

学习完本章内容后，应了解 MCS-51 系列单片机的硬件结构、各部分的工作原理、各引脚的功能、指令时序和特殊工作方式等，掌握存储器的结构、主要特殊功能寄存器的功能和用法、时钟电路和复位电路的组成。本章内容是学习单片机的基础，是设计单片机系统必须具备的知识。

思考题与习题

2-1　MCS-51 单片机在片内集成了哪些主要逻辑功能部件？各个逻辑部件的主要功能是什么？

2-2　说明 MCS-51 单片机的引脚 $\overline{EA}$ 的作用，该引脚接高电平和接低电平时各有何功能？

2-3　MCS-51 单片机的引脚中有多少根 I/O 线？它们与单片机对外的地址总线和数据总线之间有什么关系？其地址总线和数据总线各有多少位？对外可寻址的地址空间有多大？

2-4　8051 单片机的控制总线信号有哪些？各有何作用？

2-5　MCS-51 单片机的 I/O 口有什么特点？

2-6　8051 单片机的 PSW 寄存器各位标志的意义是什么？分析执行 78＋119 后 PSW 中各标志位的值。

2-7　开机复位后,CPU 使用的是哪组通用寄存器？它们的地址是什么？CPU 如何确定和改变当前通用寄存器组？

2-8　MCS-51 系列单片机的存储器可划分为几个空间？各自的地址范围和容量是多少？在使用上有什么区别？

2-9　8051 片内 RAM 低 128 单元划分为哪 3 个主要部分？各部分的主要功能是什么？

2-10　单片机的内部 RAM 中有哪些单元有位地址？哪些单位没有位地址？

2-11　8051 单片机的复位方法有几种？复位后，A、PSW、P0~P3 和 SP 的值分别是多少？

2-12　当计算机复位后，通用寄存器 R0~R7 的地址分别是多少？若 PSW=18H，则 R0~R7 的地址又是多少？

2-13　程序存储器从 0 开始的一些单元有什么作用？请写出 MCS-51 子系列单片机中 5 个中断源的中断入口地址。

2-14　如果手中仅有一台示波器，可通过观察哪个引脚的状态来大致判断 MCS-51 单片机是否正在工作？为什么？

2-15　MCS-51 单片机的振荡周期、机器周期、指令周期是如何定义的？当主频为 11.059 2 MHz 时，一个机器周期是多长时间？执行一条最长的指令需要多长时间？

第3章 MCS-51单片机指令概述、寻址方式和指令系统

一台计算机只有硬件(称为裸机)是不能工作的。只有硬件和软件相互配合才能完成一定的任务,实现预期的功能。要让计算机完成一定的工作,必须给其发布一系列的命令,而这些命令是由指令构成的,因此指令是程序的单元,而掌握指令就是编写程序的基础。不同类型计算机的指令系统是不同的。本章将详细介绍 MCS-51 单片机的指令系统。

3.1 概　　述

3.1.1 指令和程序设计语言

计算机的指令是指使计算机硬件执行各种操作的命令,是计算机的控制信息。一台计算机所能执行的全部指令的集合称为这台计算机的指令系统,它体现了计算机的主要功能。指令系统的功能强弱在很大程度上决定了这类计算机"智商"的高低。要使计算机按照人的意图工作,就必须让 CPU 按照顺序执行各条指令。这些按照人的要求编写的指令序列被称为程序,编排程序的过程即程序设计。程序设计语言是实现人机交换信息的最基本工具,可分为机器语言、汇编语言和高级语言。由于单片机中主要使用机器语言和汇编语言,因此指令系统对单片机用户来说就格外重要。

机器语言用二进制编码表示每条指令,它是能被计算机直接识别和直接执行的语言。例如,"把数字 40 送给累加器(A),把数字 30 送给寄存器(B),然后实现两数相乘"的 MCS-51 单片机的二进制代码为"0111 0100,0010 1000,0111 0101,1111 0000,0001 1110,1010 0100B"。其中,前面 2 字节表示把数字 40 送给累加器(A),中间 3 字节表示把数字 30 送给寄存器(B),最后 1 字节表示 40 乘以 30(相乘结果的高 8 位在 B,低 8 位在 A)。为了便于书写和记忆,常采用十六进制表示指令码,因此可写成"74 28 75 F0 1E A4H"。用机器语言编写的程序被称为机器语言程序、机器码程序或目标程序。MCS-51 单片机是 8 位单片机,其机器语言以 8 位二进制数为 1 字节。

显然,用机器语言编写程序直观性差、不易记忆且容易出错。为了克服此缺点,可采用具有一定含义的符号,即指令助记符,表示指令完成的操作。一般采用与这些操作相关的英文单词的缩写表示,例如用"MOV"(move)表示送数,用"ADD"(add)表示加法,用"MUL"(multiply)表示乘法等。把这种用助记符、符号和数字等表示指令的程序语言称为汇编语言。汇编语言指令与机器语言指令一一对应,且更容易理解和记忆。同高级语言相比,用汇编语言编写的目标程序占用的内存空间小,运行快,但其缺点是编程灵活性较差,使用比较烦琐,另外,汇编语言缺乏通用性,即不同计算机的汇编语言是不同的。但掌握一种计算机的汇编语言有助于学习其他类型计算机的汇编语言。

用汇编语言编写的程序称为汇编语言源程序,常简称为汇编语言程序。把汇编语言程序翻译成机器语言程序的过程称为汇编过程,简称汇编。完成汇编有 2 种方法,即手工汇编和机器汇编。

1）手工汇编

手工汇编是程序设计人员根据机器语言指令与汇编语言指令对照表，把编好的汇编语言程序翻译成机器语言程序，如上述 40×30 的例子可写成：

汇编语言程序　　　　　 MCS-51 单片机的机器语言程序(十六进制)
MOV　A, #40　　　　　74　28
MOV　B, #30　　　　　75　F0　1E
MUL　AB　　　　　　　0A4

手工汇编的工作效率非常低，而且手工汇编按绝对地址进行定位。因此，当程序中有转移指令时，必须根据转移的目标地址及地址差计算转移指令的偏移量，不但麻烦，而且稍有疏忽就很容易出错。此外，如果需要增加、删除或修改指令，就会引起其后各条指令地址的变化。

2）机器汇编

机器汇编就是在计算机上通过汇编程序完成对源程序的汇编工作(即生成目标程序)。一般来说，在微型计算机上使用的汇编语言都是采用机器汇编的。单片机的资源有限，无法直接运行汇编程序。这样一来，MCS-51 单片机的汇编程序就要借助其他机器运行。在一种机器上运行另一种机器的汇编程序去汇编其汇编语言程序的方法称为交叉汇编。通常是在 PC 上采用交叉汇编的方法生成单片机汇编语言程序的目标程序，再由 PC 通过串行口把生成的目标程序传送给单片机。目前，国内在 PC 上汇编 MCS-51 源程序使用的典型交叉汇编程序是 MASM51 或 ASM51。MASM51 的功能较强，能支持宏汇编，即在编写源程序时可以使用宏指令。目前，具有汇编功能的主要软件有 Keil μVision、wave6000 等。

把机器语言程序翻译成汇编语言程序的过程称为反汇编。反汇编也有手工反汇编和机器反汇编两种。反汇编主要用于分析 ROM/EPROM/E^{2}PROM 芯片中固化的程序。

3.1.2　汇编语言程序语句格式

汇编语言程序的语句是由汇编语言指令、必要的注释和标号组成的，而汇编语言指令由操作码或伪操作码和操作数构成。汇编语言程序的标准语句格式如下：

[标号:]　　操作码/伪操作码　[操作数]　[；注释]

各项说明如下：

- [　]：表示该项为可选项。
- 标号：又称为指令地址符号。它是用户设定的符号，代表着该条指令所在的地址。标号必须以字母开头，其后跟一些字母或数字(不同的汇编软件对所跟字母或数字的量要求不同)，并以“：”结尾。标号不能为指令系统中的指令助记符、伪指令及单片机中的寄存器名等，且同一程序内标号必须互不相同。
- 操作码/伪操作码：用英文缩写的指令助记符。操作码规定了指令的操作功能，它所对应的汇编语句称为指令性语句。而伪操作码说明汇编程序如何完成汇编工作，它所对应的语句称为指示性语句。在汇编后，操作码有具体的目标代码，而伪操作码没有目标代码。任何一条指令都必须有该项，不得省略。
- 操作数：指参加操作的数据或数据所在的地址。操作数的数量完全由指令规定。MCS-51 系列单片机指令系统中，大多数指令的操作数是 2 个，但也有一些指令的操作数是 1 个或 3 个，甚至 0 个。当有多个操作数时，操作数与操作数之间必须用逗号分开。例如：

```
NOP                          ; 空操作指令, 没有操作数
INC    A                     ; 只有 1 个操作数, 为累加器 A
MOV    A, #40                ; 有 2 个操作数, 分别是累加器 A 和数据 40
CJNE   A, #20, LOOP          ; 有 3 个操作数, 分别是累加器 A、数据 20 和标号 LOOP (代表相对地址)
```

当有 2 个操作数时，写在左面的称为目的操作数（表示操作结果的存放位置），写在右面的称为源操作数（指出操作数的来源）。例如"MOV A, #40"中，数据 40 是源操作数，A 是目的操作数，其含义是将数据 40 赋给 A，相当于 C 语言中的 A = 40。另外，操作码/伪操作码和操作数之间必须用空格分开。

● 注释：指用户对该条指令所加的说明。在 MCS-51 系列单片机汇编语言中，注释以";"号开头，而文字形式不限。

3.1.3 操作数的类型

在 MCS-51 系列单片机中，按照操作数存放的地方不同，操作数可以是立即数、寄存器操作数和存储器操作数 3 种。

1）立即数

立即数作为指令及其代码的一部分，存放在 ROM 的指令中。它在汇编语言指令中，可以是二进制数（后加 B）、十进制数（后加 D 或省略不加）和十六进制数（后加 H），而且在数据的前面必须加"#"。例如"MOV A，#40"中的 40 就是一个立即数。立即数 40 也可以写成 0010 1000B 或 28H。

2）寄存器操作数

寄存器操作数指该操作数是一个寄存器。在汇编语言指令中，通过给出寄存器的名称表示该数是寄存器操作数。例如"MOV 20H，A"中的 A 就是寄存器操作数，通过寄存器 A 找到给内部单元 20H 要赋的值。

3）存储器操作数

存储器操作数是指该操作数是存储器中的一个单元，在汇编语言指令中可以直接或间接地给出存储器的单元地址。例如"MOV A，20H"中的 20H 就是一个存储器单元，该指令的功能是把内部 RAM 20H 单元中存放的数据赋给 A。给 A 所赋的值是通过存储器找到的，因此该操作数称为存储器操作数。

3.1.4 机器语言语句格式

机器语言是能被计算机识别且能直接被执行的语言。汇编语言和高级语言都必须翻译成机器语言才能被执行，因此机器语言与汇编语言和高级语言是对应的。在 8 位的 MCS-51 单片机中，每条汇编语言翻译成机器语言后占用 1~3 字节。指令长度不同，指令的格式也就不同。

1）单字节指令

单字节指令有两种编码格式。

（1）8 位编码全部是操作码，操作数隐含在其中。如加 1 指令"INC A"，其功能是将 A 中的内容加 1，相当于 C 语言中的加 1 指令，即 (A) = (A) + 1。在 MCS-51 单片机中其机器语言为"0000 0100B（04H）"。该 8 位信息表示对 A 加 1，累加器 A 隐含在了操作码中。

（2）8 位编码中含有操作码和操作数，而该操作数通常是通用寄存器 R0~R7。

格式为

位序　7 6 5 4 3　2 1 0

字节	操作码	rrr

这类指令的高 5 位为操作码；低 3 位为寄存器编码，用 rrr 表示，其值为 000～111，分别表示 R0～R7。如加法指令"ADD　A, R7"的编码为"0010 1111B（2FH）"。该指令的功能是将累加器 A 的内容与 R7 的内容相加，将其和存于累加器 A 中，即（A）=（A）+（R7）。

2）双字节指令

双字节指令由两字节组成，其中第一字节为操作码，第二字节为参与操作的数据或数据存放的地址。如加法指令"ADD　A, #60H"的十六进制编码为"24H, 60H"。其中 24H 是操作码，其含义是给累加器 A 的值加上一个立即数，且和仍存于 A 中。编码中的 60H 即要加的立即数。该双字节指令的功能是（A）=（A）+ 60H。

3）三字节指令

三字节指令由三字节组成，其中操作码占一字节，操作数占两字节。操作数既可以是数据，也可以是地址。如数据传送指令"MOV　40H, #20H"的三字节机器代码为"75H, 40H, 20H"。其中，75H 是操作码，40H 和 20H 是操作数。该指令的功能是将立即数 20H 送给内部 RAM 的 40H 单元，相当于给 40H 单元赋值，即（40H）= 20H。

各类指令的字节数及机器代码格式见附录 B。

3.1.5　伪指令

1）ORG（origin）：汇编起始地址命令

格式：[标号:]　ORG　　16 位地址

功能：用于规定该伪指令后面程序的汇编地址，即汇编后生成的目标程序在 ROM 中存放的起始地址。

例如，将（10H + 20H）- 15 的运算结果存于内部 RAM 40H 单元的 MCS-51 汇编语言程序中，每条语句对应的机器码和含义如下所示。

	操作码/伪操作码	操作数	机器码（H）	含义
	ORG	0100H		; 规定汇编起始地址
START:	MOV	A, #10H	74, 10	; 把 10H 送给 A
	ADD	A, #20H	24, 20	; A 中的数据与 20H 相加，和送 A
	SUBB	A, #15	94, 0F	; A 中的数据减去 15，差送 A
	MOV	40H, A	0F5, 40	; 将 A 中的数据存放到内部 RAM 40H 单元
	NOP		00	; 空操作
	END			; 结束汇编

当对此段程序汇编后，在 ROM 中从 100H 单元开始存放本段程序的机器码，其存放示意图如图 3-1 所示。

值得说明的是，"MOV　A, #10H"语句的标号是 START。语句的标号代表了其所对应语句的起始地址，则标号 START 代表地址 100H。

一个汇编语言程序中，可多次使用 ORG 指令。当它再次出现时，其后的指令在 ROM 中的存放地址就重新定位。但要求后面的地址大于前面的地址，且保证给前面程序留有足够的存储空间，否则会导致后面的程序覆盖前面的程序。如果源程序的起始地址没有用 ORG 规定，则默认目标程序的起始地址是 0。

在用 Keil 软件对 MCS-51 单片机的汇编语言程序进行编译时，由于复位后的 PC 值为 0，因此总是默认从 0 单元开始执行程序。如果程序中的第一个 ORG 不是从 0（即 0000H）开始的，而是从其他地址开始的（假设 100H），则需要在程序开始时设置一条 ORG 0 语句，且在其后放置一条跳转语言，使其跳转到真正的目标地址处。例如：

单元地址	ROM 中的内容
0FFH	...
100H	74H
101H	10H
102H	24H
103H	20H
104H	94H
105H	0FH
106H	0F5H
107H	40H
108H	00H
109H	...

图 3-1　数据存放示意图

```
            ORG     0
            LJMP    START       ; 长跳转语句
            ORG     0100H
START:      MOV     A, #10H      ; 程序真正开始处
            ADD     A, #20H
            SUBB    A, #15
            MOV     40H, A
            NOP
            END
```

在 Keil μVision4 中对以上的汇编语言程序编译后，单击调试按钮 @，然后在存储器窗口中输入"C：0x100"（C 表示显示 ROM 单元中的值），便可看到 ROM 中从 0100H 开始存放着本段程序的机器代码，如图 3-2 所示。

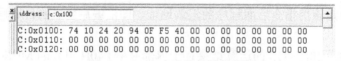

图 3-2　ROM 中存放的机器代码

但在用有些编译软件（如 wave6000）时，不需要程序的起始地址必须从 0 开始。

2）END（end of assembly）：汇编终止命令

格式：[标号:]　　END　　[表达式]

功能：用于终止程序的汇编工作。END 是汇编语言程序的结束标志，其后的所有汇编语言指令均不予处理。

一个汇编语言程序中只能有一个 END 命令。只有主程序模块才有"表达式"项，且"表达式"的值等于该程序模块的入口地址，其他程序模块没有"表达式"项。一般省略"表达式"项。

3）DB（define byte）：定义字节型数据命令

格式：[标号:]　　DB　　项或项表

项或项表可以是一个数据、多个用逗号隔开的数据或在" "中的字符串。

功能：用于通知汇编程序从当前的 ROM 地址单元开始，将 DB 后的每个数据或每个字符的 ASCII 码存放到 ROM 单元中，且每个数据或字符只占 1 字节。因此，DB 的作用是定义一个字符型数组或字符串，相当于 C 语言中定义 char 型数组，而 DB 前的标号就是数组的名字。

例 3-1 分别从 ROM 的 1000H 和 1020H 单元开始，按顺序存放 0～9 中每个整数的平方值和字符串 "An apple!"。

解： 实现此功能的汇编语言程序如下：

```
            ORG     0
            NOP
            ORG     1000H
DATA1:      DB      0, 1, 4, 9, 16, 25, 36, 49, 64, 81
            ORG     1020H
DATA2:      DB      "An apple!"
            END
```

汇编后，数据存放示意图如图 3-3 所示。

单元地址	ROM 中的内容	单元地址	ROM 中的内容
0FFFH	...	101FH	...
1000H	00H	1020H	41H（A）
1001H	01H	1021H	6EH（n）
1002H	04H	1022H	20H（空格）
1003H	09H	1023H	61H（a）
1004H	10H	1024H	70H（p）
1005H	19H	1025H	70H（p）
1006H	24H	1026H	6CH（l）
1007H	31H	1027H	65H（e）
1008H	40H	1028H	21H（!）
1009H	51H	1029H	...
100AH	...		

图 3-3 例 3-1 的数据存放示意图

同样，在 Keil μVision4 中对以上汇编语言程序编译后，单击调试按钮 🔍，在存储器窗口中输入 "C：0x1000"，便可看到在 ROM 中从 1000H 开始存放的是 0～9 中每个整数的平方值，而从 1020H 开始存放的是 "An apple!" 中每个字符的 ASCII 码，如图 3-4 所示。

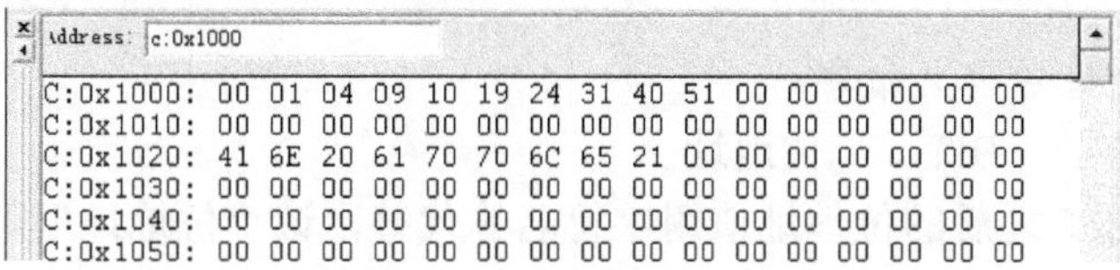

```
Address  c:0x1000
C:0x1000: 00 01 04 09 10 19 24 31 40 51 00 00 00 00 00 00
C:0x1010: 00 00 00 00 00 00 00 00 00 00 00 00 00 00 00 00
C:0x1020: 41 6E 20 61 70 70 6C 65 21 00 00 00 00 00 00 00
C:0x1030: 00 00 00 00 00 00 00 00 00 00 00 00 00 00 00 00
C:0x1040: 00 00 00 00 00 00 00 00 00 00 00 00 00 00 00 00
C:0x1050: 00 00 00 00 00 00 00 00 00 00 00 00 00 00 00 00
```

图 3-4 例 3-1 中 DB 定义数据的存放结果

4）DW（define word）：定义字型数据命令

格式：[标号:]   DW   16 位数据项或项表

项或项表可以是一个数据或多个用逗号隔开的 16 位数据。

功能：用于通知汇编程序从当前的 ROM 地址单元开始，将定义的每个 16 位数据存放到 ROM 单元中，每个数据占 2 字节。每个数据的高 8 位存于低单元，低 8 位存于高单元。DW 的作用相当于 C 语言中定义 int 型数组。例如：

```
            ORG     1100H
DATA2:      DW      3478H, 10H, -1
```

汇编后，数据存放示意图如图 3-5 所示。对于负数，计算机中均

单元地址	ROM 中的内容
10FFH	...
1100H	34H
1101H	78H
1102H	00H
1103H	10H
1104H	0FFH
1105H	0FFH
1106H	...

图 3-5 数据存放示意图

采用补码。16 位数据–1 的补码是 0FFFFH。

5）DS（define storage）：定义存储区命令

格式：[标号:]　　　DS　　表达式

功能：在汇编时，用于从指定地址开始，在 ROM 中保留一定数量的存储单元以备后用，该存储单元的数量等于表达式的值。例如：

```
ORG  200H
DS   08H
DB   41H，42H
```

汇编之后，保留 200H～207H 共 8 个单元，从 208H 单元开始存放 DB 定义的数据，即 (208H)＝41H，(209H)＝42H。

6）EQU（equate）：赋值命令

格式：字符名称　　　EQU　　项

功能：用于把"项"赋给"字符名称"，相当于 C 语言中的 define 命令。此处的"项"可以是常数、地址、标号或表达式。赋值后其值在整个程序中有效。例如：

```
X  EQU 20
Y  EQU 30
Z  EQU X+Y
AA EQU R1
```

在此后的程序中 X 代表 20，Y 代表 30，Z 代表 50，AA 代表通用寄存器 R1。

7）DATA：数据地址赋值命令

格式：字符名称　　　DATA　　项

功能：与 EQU 基本类似，但有以下差别。

（1）EQU 定义的字符名称必须先定义后使用，而 DATA 定义的字符名称可以先使用后定义。

（2）用 EQU 可以把一个汇编符号赋给字符名称，如上例中的 R1，而 DATA 只能把数据赋给字符名称。

8）BIT：位地址符号定义命令

格式：字符名称　　　BIT　　位地址

功能：用于把 BIT 之后的位地址值用字符名称代替，该"位地址"可以是绝对地址，也可以是符号地址。例如：

```
A1  BIT  40H
B1  BIT  P1.0
```

在定义之后，A1 代表绝对位地址 40H，B1 代表位地址 P1.0。

以上 EQU、DATA 和 BIT 伪指令中的字符名称，不能为 MCS-51 汇编语言中的指令和伪指令、系统中已经定义了的寄存器名等。

3.2　符号注释与寻址方式

如果要实现前面的(10H＋20H)–15 的运算，用 C 语言编写的源程序如下：

```
main ()
{ char  a, b, c;
   a＝0x10;
```

```
        b = 0x20;
        c = a + b -15;
    }
```

在用高级语言设计程序时，只需知道给哪个变量赋了怎样的值，运算的结果用哪个变量表示，从不考虑这些变量究竟存放在什么地方。但在用汇编语言设计程序时，程序设计人员必须清楚数据存放在什么地方，通过怎样的指令取出需要的数据，运算结果又将保存到何处，因此要求程序设计人员十分清楚系统的硬件环境。显然，如何找到操作数存放的地址，并把操作数取出来就非常重要。

寻址就是寻找操作数或操作数所在的地址，寻址方式就是寻找操作数所在地址的方法。MCS-51 单片机中有 7 种寻址方式，分别是立即寻址、直接寻址、寄存器寻址、寄存器间接寻址、变址寻址、相对寻址和位寻址。本节将详细介绍这 7 种寻址方式。

3.2.1 符号注释

在描述 MCS-51 单片机指令系统功能时，经常使用下面的符号，其含义说明如下：
- Rn(n = 0~7)：当前通用寄存器组的 8 个通用寄存器 R0~R7 之一。由 PSW 中的 RS1 和 RS0 位决定使用哪一组通用寄存器。
- Ri(i = 0, 1)：可作为地址指针使用的通用寄存器 R0 和 R1。同样由 PSW 中的 RS1 和 RS0 位决定使用哪一组通用寄存器。
- #data：8 位立即数，即包含在指令中的 8 位数据。
- #data16：16 位立即数，即包含在指令中的 16 位数据。
- direct：8 位片内 RAM 单元(包括 SFR)的直接地址。
- addr11：11 位目的地址，只能用于 ACALL 和 AJMP 指令。目的地址必须在与 ACALL 或 AJMP 的下一条指令第一字节的地址相同的 2 KB 的 ROM 空间内。
- addr16：16 位目的地址，只能用于 LCALL 和 LJMP 指令。目的地址必须在 64 KB 的 ROM 空间中。
- rel：以补码形式出现的 8 位相对地址偏移量，用于相对转移指令中。偏移量以下一条指令第一字节的地址为基值，偏移范围在 –128~+127 之间。
- bit：片内 RAM 或 SFR 中直接寻址位的地址。
- @：在间接寻址方式中，为间址寄存器的前缀标志。
- /：在位操作类指令中，加在位地址的前面，表示对该位状态取反。
- (X)：在直接地址或寄存器寻址方式中，表示直接地址 X 或寄存器 X 中的内容。
- ((X))：在寄存器间接寻址方式中，表示寄存器 X 中的内容为单元地址，以该单元的值为操作数。
- ←：指令操作流程，将箭头右边的内容送给箭头左边的单元或寄存器。
- ←→：将箭头两边的数据进行交换。

3.2.2 寻址方式

1) 立即寻址

指令中直接给出操作数的寻址方式称为立即寻址。该操作数紧跟在操作码的后面，作为指令的一部分与操作码一起存放在 ROM 中，可以被立即得到并执行，不需要再去寄存器或存储器中寻找数和取数，故称为立即寻址。将该操作数称为立即数，在其前面加"#"以示其与地址的区别。例如：

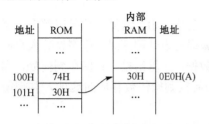

图3-6　指令 MOV A, #30H 的执行示意图

ORG　100H
MOV　A, #30H　　　; A←30H。

该MOV指令的功能是将立即数30H传送给累加器(A)，则指令执行后(A)=30H。本条指令的机器码为74H，30H。其存放及操作示意图如图3-6所示，其中101H单元中的30H就是指令中给出的立即数。

除8位立即数外，MCS-51单片机指令系统中还有一条16位立即数寻址指令，即

MOV　DPTR, #data16　　; DPTR←data16

其功能是把 16 位立即数送给数据指针 DPTR。其中，立即数的高 8 位送入 DPH，低 8 位送入 DPL。例如，执行指令"MOV　DPTR, #1122H"后，(DPH) = 11H，(DPL) = 22H。

立即寻址方式主要用于给寄存器或存储单元赋值。由于立即数是一个常数，不是物理空间，因此立即数在寻址操作中只能作为源操作数。

2) 直接寻址

指令中直接给出操作数内部 RAM 单元地址的寻址方式称为直接寻址。例如：

MOV　A, 30H　　　　; A←(30H)，机器码为 0E5H, 30H

其功能是把内部 RAM 30H 单元中的数据送给累加器(A)，指令执行后(A) = (30H)。若执行前(30H) =34H，则指令执行后(A) =34H。

直接寻址方式的寻址范围只限于内部 RAM，具体包括：

● 片内 RAM 低 128 单元(0~7FH)。

● 大部分特殊功能寄存器。通常特殊功能寄存器用寄存器符号表示，例如 P1、SP 等。

例如，"MOV　A，P1"与"MOV　A，90H"是相同的，因为 P1 仅是 90H 单元的代号，其值仍然是 90H。

应当指出，除部分特殊功能寄存器(详见下面的寄存器寻址)外，直接寻址是访问特殊功能寄存器的唯一途径。

3) 寄存器寻址

通过寄存器找到操作数的寻址方式称为寄存器寻址。能用于寄存器寻址的寄存器包括通用寄存器 R0~R7 和若干特殊功能寄存器，即累加器(A)、寄存器(B)(乘除指令中)和数据指针 DPTR。当 A 写成 ACC 时，属于直接寻址。例如：

MOV　R0, A　　; R0←(A)，R0 和 A 均为寄存器寻址
MUL　AB　　　; BA←(A)×(B)，A、B 均为寄存器寻址
MOV　B, R0　　; B←(R0)，R0 为寄存器寻址，B 为直接寻址

直接寻址和寄存器寻址的差别在于直接寻址是操作数所在的单元地址(占 1 字节)出现在指令码中，而寄存器寻址是寄存器编码出现在指令码中。由于可用作寄存器寻址的寄存器少，编码位数少(少于三位二进制数)，通常操作码和寄存器编码合用 1 字节，因此寄存器寻址的指令机器码短，执行快。大家可以上机对"MOV　R0，A"和"MOV　R0，ACC"进行编译，分析其机器代码，看能发现什么问题。

4）寄存器间接寻址

以寄存器中的内容为地址，以该地址中的内容为操作数的寻址方式称为寄存器间接寻址。能够用于寄存器间接寻址的寄存器（简称间址寄存器）有 R0、R1 和 DPTR。通常也将间接寻址寄存器称为指针。由于指针的值只能是数据存储器的地址，因此又称为数据指针。为了同寄存器寻址方式相区别，在间接寻址寄存器的名称前加标志"@"。例如：

    MOV A,@R0 ;A←((R0))

若(R0)=34H，（34H)=56H，则指令的功能是以 R0 寄存器的内容 34H 为内部 RAM 单元地址，把该单元的内容 56H 送给累加器 A。若 R0 为第 0 组的 R0，则其在内部 RAM 中的单元地址为 00H，操作示意图如图 3-7 所示。

寄存器间接寻址的寻址范围为片内 RAM 和片外 RAM。当寻址片内 RAM 时，使用 R0 或 R1 作为间址寄存器，其通用形式为@Ri(i=0 或 1)（堆栈操作时采用 SP）。由于片外 RAM 最大可达到 64 KB，仅用 R0 和 R1 无法寻址整个空间。此时，间接寻址寄存器有两种选择：一是采用 R0 或 R1 作为间址寄存器，而 R0 或 R1 提供低 8 位地址，高 8 位地址由 P2 口提供；二是采用 16 位的 DPTR 作为间址寄存器。通常采用 DPTR 作为间址寄存器。

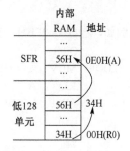

图 3-7　指令 MOV A, @R0
的操作示意图

若片外 RAM 的寻址范围为低 256 单元，同样可以用 R0 或 R1 作为间址寄存器。根据指令助记符（MOV 和 MOVX）的不同，区分是对片内 RAM 还是对片外 RAM 寻址。对片内 RAM 的传送用 MOV，而对片外 RAM 的传送用 MOVX。

同样都是从 RAM 中取数据，为什么不使用直接寻址方式，而采用寄存器间接寻址方式呢？在应用系统编程时，常常需要处理一批数据，这些数据又连续地存放在 RAM 中。如果逐个记忆数据的地址，不仅麻烦而且不切实际，此外程序也会变得冗长。为此，设计一个指针，让指针指向这一批数据的首地址，通过对指针的加减就可以改变被访问单元。例如，若一批数据的首地址是 30H，安排指针 R0 指向 30H。当指针 R0 加 1 后就指向了 31H 单元。

5）变址寻址

在变址寻址方式中，以 DPTR 或 PC 为基址寄存器，累加器 A 作为变址寄存器，并以两者内容相加形成的 16 位地址为操作数地址的寻址方式称为变址寻址或基址加变址寻址方式。DPTR、PC 和 A 中的数据均为无符号数。

变址寻址的寻址空间为 ROM。由于 ROM 是只读存储器，因此变址寻址操作只有读操作而无写操作，在指令上采用"MOVC"助记符。例如：

    ORG   200H
    MOVC A, @A + DPTR   ;A←((A)+(DPTR))，机器码为 93H

该指令段中的 ORG 指令规定后续程序在 ROM 中存放的起始地址为 200H，则机器码 93H 存放在 200H 单元。假设指令执行前(DPTR)=1234H，(A)=10H，则(A) + (DPTR)=1244H。若 ROM 中 1244H 单元的内容为 78H，即(1244H)=78H。执行该指令时，首先将 DPTR 的内容与 A 的内容相加，得到地址 1244H，以该地址为 ROM 地址，到 ROM 的 1244H 单元取出操作数 78H，并传送给累加器 A，这时，A 中的内容就变成了 78H。其操作示意图如图 3-8 所示。

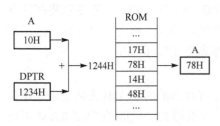

图 3-8　变址寻址方式操作示意图

与寄存器间接寻址相同的是，变址寻址也是用于对一组数据进行处理的，不同的是变址寻址处理的是一些由 DB 或 DW 定义的常数数据表，且该数据表在 ROM 中。

6）相对寻址

在编写程序时，经常要实现程序的跳转，而此时目标地址是根据其相对于 PC 当前值的差计算的，把这种寻址方式称为相对寻址。下面通过事例说明相对寻址。

例如，若(A)=0FEH，使 A 中的数据循环左移，且每次只移 1 位数据的汇编语言程序如下：

```
          ORG   0
LOOP: MOV   A, #0FEH   ; 2 字节(74H，01H)，起始地址为 00H
          RL    A        ; 循环左移指令，1 字节(23H)，起始地址为 02H
          SJMP  LOOP     ; 短跳转指令，2 字节(80H，0FBH)，起始地址为 03H
          NOP            ; 1 字节(00H)，起始地址为 05H
          END
```

该程序中 SJMP 是一条相对寻址的跳转指令，其含义是让程序跳到 LOOP 标号所在的语句处执行程序，其功能相当于 C 语言中的 go to 语句。SJMP LOOP 语句的机器代码是 80H，0FBH。其中 80H 表示 SJMP 跳转指令，而 0FBH 表示相对于当前 PC 值(05H)，LOOP 标号处的地址与 05H 的差值。在汇编程序中，若跳转的目标地址大于 PC 的当前值，则该值是一正值；若跳转的目标地址小于 PC 的当前值，则该值是一负值。在本程序中，LOOP 所在的地址为 00H，小于 PC 的当前值 05H，其差值为-5。由于计算机中的所有数皆以补码的形式出现，而-5 的补码是 0FBH，因此 SJMP LOOP 的机器代码是 80H，0FBH。上段程序的操作示意图如图 3-9 所示。

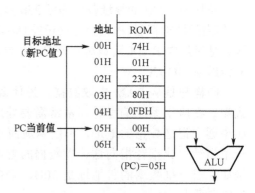

图 3-9　相对寻址操作示意图

由上可以看出，真正的目标地址是以 PC 的当前值为基值(此处为 05H)，加上机器指令中给出的相对偏移量 rel(此处为 0FBH)，所形成的新 PC 值，即：

$$目标地址 = PC 当前值 + rel$$
$$= 跳转指令所在地址 + 跳转指令字节数 + rel$$

rel 为 1 字节的补码数，取值范围为-128～+127。为了同其他的寻址方式相区别，在指令中用 rel 表示该指令是相对寻址。例如上面的 SJMP LOOP，经常写成 SJMP rel，表示这是相对寻址。

7）位寻址

在位寻址方式中，操作数是内部 RAM 20H～2FH 单元中的位(00～7FH)或者 SFR 中具有位地址的位。例如：

```
MOV   C, 20H    ; 将 20H 位的值送给进位位 CY, 20H 为位地址
CLR   AC        ; 将 AC 位清零
```

对于特殊功能寄存器中具有位地址和位名称的位，可以采用以下四种方法表示。以对 PSW 寄存器的第 7 位 C(或 CY)清零为例，则

(1) 位名称表示方法：CLR   C。

(2) 位地址表示方法：CLR   0D7H。

(3) 单元地址加位的表示方法：CLR   0D0H.7   (PSW 的单元地址为 0D0H)。

(4) 专用寄存器符号加位的表示方法：CLR   PSW.7。

位地址中的位地址与直接寻址的字节地址形式完全一样，是位寻址还是直接寻址要看另一个操作数的性质或者容量。例如：

```
MOV   C, 20H
MOV   A, 20H
```

两条指令的源操作数都是 20H，但是前者是位地址，后者是单元地址。原因很简单，因为前者的目的操作数 C 是一个位，而后者的目的操作数 A 是一个 8 位寄存器，可以接收 1 字节的信息量。

上面介绍了 MCS-51 单片机中的 7 种寻址方式。虽然以上的举例基本是针对源操作数的，但实际上目的操作数也有寻址的问题。例如，指令"MOV   50H, R1"的源操作数是寄存器寻址方式，而目的操作数是直接寻址方式，其功能是把按寄存器寻址取出的 R1 的内容存放于以直接寻址方式访问的内部 RAM 50H 单元中。

指令中的源操作数可以使用 7 种寻址方式中的任何一种，但是目的操作数只能使用寄存器寻址、寄存器间接寻址、直接寻址和位寻址四种方式。表 3-1 概括了各种寻址方式下所涉及的寻址空间。

表 3-1   操作数寻址方式和寻址空间

寻 址 方 式	寻 址 空 间
立即寻址	ROM(汇编后数据直接存放在 ROM 中)
直接寻址	片内低 128 B 和 SFR
寄存器寻址	通用寄存器 R0～R7 及某些 SFR，如 A、B(乘除指令中)、DPTR
寄存器间接寻址	片内 RAM 低 128 B[@Ri, SP(仅 PUSH 和 POP)], 52 系列的片内高 128 B 片外 RAM (@Ri, @DPTR)
变址寻址(基址+变址寻址)	ROM(@A + PC, @A + DPTR)
相对寻址	ROM 256 B 范围
位寻址	片内 RAM 20H～2FH 单元的位(128 位) 部分 SFR 中的可寻址位

3.3   指 令 系 统

MCS-51 单片机的指令系统共有 111 条指令。从指令执行时间上看，单机器周期指令 64 条，双机器周期指令 45 条，四机器周期指令 2 条(乘法和除法指令)；从指令机器码的长度上看，单字节指令 49 条，双字节指令 45 条，三字节指令 17 条。通常，根据指令的功能不同，将 MCS-51 指令系统分为 5 大类，即数据传送类指令(29 条)、算术运算类指令(24 条)、逻辑

运算及移位类指令(24 条)、控制转移类指令(17 条)和位操作类指令(17 条)。

3.3.1　数据传送类指令

数的传送是最基本、最重要，也是编程时使用最频繁的一种操作。所谓"传送"，即把源操作数的内容传送给目的操作数，而源操作数的内容不变，或源、目的操作数的内容互换。传送类指令一般不影响标志位，只有堆栈指令(PUSH 和 POP)可以直接修改状态字 PSW。另外，在执行以 A 为目的操作数的指令时，将影响奇偶标志位 P。数据传送类指令用到的助记符有 MOV、MOVX、MOVC、XCH、XCHD、SWAP、POP、PUSH 等 8 种，共 29 条。

1) 内部 RAM 数据传送指令组 MOV(move)

该类指令的源操作数和目的操作数都在单片机内部 RAM 中，因此，其功能是在通用寄存器、累加器、RAM 单元及特殊功能寄存器之间相互传送数据。内部 RAM 是数据传送最为频繁的部分。

（1）以累加器 A 为目的操作数的指令。

```
MOV   A, #data      ; A←data
MOV   A, Rn         ; A←(Rn), Rn=R0～R7
MOV   A, @Ri        ; A←((Ri)), Ri=R0 或 R1
MOV   A, direct     ; A←(direct)
```

该组指令的功能是将源操作数所指定的内容送入累加器 A。

（2）以通用寄存器 Rn 为目的操作数的指令。

```
MOV   Rn, #data     ; Rn←data, Rn = R0～R7
MOV   Rn, A         ; Rn←(A)
MOV   Rn, direct    ; Rn←(direct)
```

该组指令的功能是将源操作数所指定的内容送到当前通用寄存器组 R0～R7 中的某个寄存器中。

注意，MCS-51 单片机指令系统中源操作数和目的操作数不能同时为通用寄存器，即无指令"MOV　Rn，Rn"。

（3）以直接地址为目的操作数的指令。

```
MOV   direct, #data     ; direct←data
MOV   direct, A         ; direct←(A)
MOV   direct, Rn        ; direct←(Rn)
MOV   direct, @Ri       ; direct←((Ri))
MOV   direct, direct    ; direct←(direct)
```

该组指令的功能是将源操作数所指定的内容送入由直接地址 direct 所指定的片内 RAM 中。

（4）以间址寄存器为目的操作数的指令。

```
MOV   @Ri, #data     ; (Ri) ← data
MOV   @Ri, A         ; (Ri) ← (A)
MOV   @Ri, direct    ; (Ri) ← (direct)
```

该组指令的功能是将源操作数所指定的内容送入以 R0 或 R1 间接寻址的片内 RAM 单元中。

例如，若(R0) = 40H，(40H) = 34H，(30H) = 81H，执行"MOV　@R0，30H"后，(40H) = 81H，30H 单元和 R0 中的内容不变。

(5) 十六位数据传送指令。

```
MOV    DPTR, #data16        ; DPTR ← data16
```

其功能是将 16 位立即数的高 8 位送给 DPH，低 8 位送给 DPL。这是一条三字节指令，也是唯一的 16 位数据传送指令。这个 16 位数据是外部 RAM 单元的地址。

例如，执行指令"MOV　DPTR, #2568H"后(DPH) = 25H，(DPL) = 68H。也可以分别给 DPH 和 DPL 赋值，即

```
MOV    DPH, #25H
MOV    DPL, #68H
```

2) 外部 RAM 数据传送指令组 MOVX(move external)

对外部 RAM 的操作只能使用寄存器间接寻址方式，此时以 DPTR 或 Ri 为间址寄存器，因此就有两组指令。

(1) 使用 DPTR 进行间接寻址。

```
MOVX   A, @DPTR      ; A ← ((DPTR))，将片外 RAM 的值读出，读指令
MOVX   @DPTR, A      ; (DPTR) ← (A)，将数据写入片外 RAM，写指令
```

由于 DPTR 的值作为地址使用，因此 DPTR 是 16 位的地址指针，该指令的寻址范围为 64 KB。两条指令中，前者是将 DPTR 所指外部 RAM 单元的值读出后送给 A，因此是外部 RAM 的读指令；后者是将 A 的值写给 DPTR 所指的外部 RAM 单元，因此是外部 RAM 的写指令。当执行指令时，DPH 中存放的高 8 位地址由 P2 口输出，DPL 中存放的低 8 位地址由 P0 口分时输出，并且当 ALE 变成高电平时，将该地址信号锁存到地址锁存器中。

在硬件时序上，当执行读片外 RAM 的 MOVX 操作时，P3.7 引脚的 $\overline{RD}$ 信号变为低电平，选通片外 RAM 单元，相应单元的数据从 P0 口读入 A 中。当执行写片外 RAM 的 MOVX 操作时，P3.6 引脚的 $\overline{WR}$ 信号有效，A 的内容从 P0 口输出并写入选通的片外 RAM 单元中。

例 3-2 编写汇编语言程序，将外部 RAM 1000H 单元的内容置为 1。

解：将单元的内容置为 1，即将 1 写入该单元。实现该功能的汇编语言程序如下：

```
         ORG   0
START:   MOV   DPTR, #1000H    ; (DPTR) = 1000H
         MOV   A, #1
         MOVX  @DPTR, A        ; 给 1000H 单元写入 1
         END
```

(2) 使用 Ri 进行间接寻址。

```
MOVX   A, @Ri        ; A ← ((Ri))，将片外 RAM 的值读出，读指令
MOVX   @Ri, A        ; (Ri) ← (A)，将数据写入片外 RAM，写指令
```

当只定义了 R0 或 R1，而没有定义 P2 时，低 8 位地址在 R0 或 R1 中，而高 8 位地址默认为 0FFH(单片机复位时(P2)=0FFH)。低 8 位地址由 P0 口分时输出，并由 ALE 信号锁存到地址锁存器中。由于高 8 位地址为 0FFH，则此时寻址外部 RAM 中第 0FFH 页的 00~0FFH 单元。但当定义了 P2 时，就可以读或写整个 64 KB 的片外 RAM 空间。

3) 程序存储器数据传送指令组 MOVC(move code)

对程序存储器只能读而不能写，因此其数据传送是单向的。在 MCS-51 单片机中，读 ROM

操作使用指令助记符 MOVC，且只能采用变址寻址方式将数据传送至累加器 A。该类传送指令仅有两条，即

```
MOVC  A, @A + DPTR  ; A←((A) + (DPTR))，远程查表
MOVC  A, @A + PC    ; PC←(PC) + 1，A←((A) + (PC))，近程查表
```

这两条指令均是单字节指令，通常用于查表操作，因此可以看成查表专用指令，但在使用上稍有差异。前者以 DPTR 为基址，由于可以通过赋值指令给 DPTR 赋一个 16 位的数据，因此其查表范围是整个 ROM 的 64 KB 空间。后者中的 PC 是不能通过指令赋值的，其值是下一条将要执行指令的地址。对于固定的程序，PC 的值是固定的，因此 (A) + (PC) 的值就取决于 A。由于 A 的值是 8 位无符号数据，所以后者只能在当前指令后面的 256 个地址单元内进行查表。故将前者称为远程查表指令，而将后者称为近程查表指令。

例 3-3 从 ROM 的 3000H 单元开始存放了一个字节型数组，该数组中的数据依次是 0～9 之间整数的平方，编程采用查表的方法求出 5 的平方。

解：求平方的运算其实是乘法运算。为了说明查表指令的用法，在此将 0～9 之间各整数的平方设计成一个数据表，其排列顺序按照所查数据从 0 至 9 依次排列。根据要求编写的汇编语言程序如下：

```
        ORG   0
START:  MOV   DPTR, #3000H    ; 将 DPTR 指向数组起始位置, 机器码为 903000H
        MOV   A, #5           ; 将偏移地址赋给 A, 机器码为 7405H
        MOVC  A, @A+DPTR      ; 从数据表格中读取数据, 机器码为 93H
        NOP                   ; 空操作, 机器码为 0
        ORG   3000H
        DB    0, 1, 4, 9, 16, 25, 36, 49, 64, 81   ; 平方数数组
        END
```

程序执行时就从 ROM 的 3005H 单元中取出数据 25 送给 A，A 中的结果就是 25(19H)。上段程序中的 NOP 可以没有，此处加入 NOP 是为了便于在 Keil 中采用单步运行时能更好地看到每条语句的运行结果。也可以将上例中的 NOP 改为 SJMP $，SJMP $ 是一条 "原地踏步走" 的指令，相当于 C 语言中的 "while(1)；"。

由于本程序用了两个 ORG，则在 ROM 中从 0 开始存放目标程序 (90 00 07 74 05 93 00H)，而从 3000H 单元开始存放定义的数据表，这样使得 ROM 空间使用不连续，造成了 ROM 空间的严重浪费。为了节省 ROM 空间，经常不使用 ORG 指令规定数据表的起始地址，而使定义的数据表紧接前面的程序存放。由于每条语句机器码的长度不同，如果还采用给 DPTR 赋具体数值的方法，势必使程序的灵活性大大降低。因为语句的标号就代表语句的首地址，故常用赋标号的方法给 DPTR 赋值。可将上面的程序改写为

```
        ORG   0
START:  MOV   DPTR, #TABLE       ; 将 DPTR 指向数组开始位置
        MOV   A, #5              ; 将偏移地址赋给 A
        MOVC  A, @A+DPTR         ; 从数据表格中读取数据
        SJMP
TABLE:  DB    0, 1, 4, 9, 16, 25, 36, 49, 64, 81   ; 平方数数组
        END
```

此时，TABLE 就相当于数据表或数组的名。程序汇编后，在 ROM 中从 0 单元开始存放

机器代码 90 00 07 74 05 93 00H，然后紧接着从 07H 单元存放数据表。

例 3-4 以近程查表指令实现例 3-3 的功能。

解： 同使用远程查表指令不同的是，近程查表指令"MOVC A，@A+PC"中的 PC 值是不能通过指令赋给的，它永远是下一条将要执行指令的地址。采用近程查表指令所设计的汇编语言程序如下：

```
        ORG   0
START:  MOV   A, #5              ; 将偏移地址赋给 A，机器码为 7405H
        MOVC  A, @A+PC           ; 从数据表中读取数据，机器码 83H
TABLE:  DB    0, 1, 4, 9, 16, 25, 36, 49, 64, 81
        END
```

本程序中，数据表紧跟在"MOVC A，@A + PC"指令之后，汇编后的机器码和数据表的存放示意图如图 3-10 所示。

如果在 DB 伪指令之前插入一条单字节的 NOP 语句，则"MOVC A，@A + PC"与数据表首地址之间就相差一个单元，此时应在使用查表指令前对 A 加 1，以保证能找到正确的数据，此时的程序应为

```
        ORG   0
START:  MOV   A, #5
        INC   A               ; A ← (A) + 1
        MOVC  A, @A+PC
        SJMP  $
TABLE:  DB    0, 1, 4, 9, 16, 25, 36, 49, 64, 81
        END
```

单元地址	ROM 中的内容
00H	74H
01H	05H
02H	83H
03H	0H
04H	1H
05H	4H
06H	9H
07H	10H
08H	19H
09H	24H
0AH	31H
0BH	40H
0CH	51H
0DH	...

图 3-10 数据表存放示意图

至此所讲的 MOV、MOVX 和 MOVC 指令都用来实现数据的单向输送，即将源操作数传送（即复制）到目的操作数中，而源操作数不变。但在执行有些指令时，源操作数会发生变化。

4）数据交换指令组

数据交换主要在内部 RAM 单元与累加器 A 之间进行，有整字节交换和半字节交换两种指令类型。

（1）整字节交换指令 XCH（exchange）。

```
XCH   A, Rn          ; (A) ←→ (Rn)
XCH   A, direct      ; (A) ←→ (direct)
XCH   A, @Ri         ; (A) ←→ ((Ri))
```

其功能是交换源操作数与目的操作数 A 中的内容。

（2）半字节交换指令 XCHD（exchange low-order digital）。

```
XCHD   A, @Ri        ; (A)_{3~0} ←→ ((Ri))_{3~0}
```

XCHD 的功能是交换 Ri 间接寻址单元内容的低 4 位与累加器 A 内容的低 4 位，而高 4 位保持不变。

（3）累加器高低半字节交换指令。

```
SWAP   A             ; (A)_{3~0} ←→ (A)_{7~4}
```

SWAP 的功能是交换累加器内容的高低半字节。

5）堆栈操作指令组

堆栈操作主要用于临时保存一些寄存器或单元的内容（称为现场）。其操作有进栈和出栈两种，因此相应地有两条指令。

```
PUSH   direct              ; SP←(SP)＋1，(SP)←(direct)
POP    direct              ; direct←((SP))，SP←(SP)－1
```

前一条指令是进栈（或入栈、压栈）指令，其功能是先把堆栈指针 SP 的内容加 1，然后将直接寻址单元中的数传送给 SP 所指的单元。若数据已经被压入堆栈，则 SP 指向最后压入数据所在的存储单元，即栈顶。

后一条指令是出栈（或弹出）指令，其功能是先将 SP 所指单元的内容送入直接寻址的单元中，然后将 SP 的内容减 1，此时 SP 指向新的栈顶。

堆栈操作实际上是通过 SP 进行的读写操作，是以 SP 为间址寄存器的间接寻址方式。但因为 SP 是唯一的，所以在指令中隐含了通过 SP 间接寻址的操作数项，只指出直接寻址的操作数项。系统复位时，SP 的内容为 07H。在使用堆栈时，一般需要重新设定 SP 的初始值，将堆栈开辟在内部 RAM 低 128 B 的用户 RAM 区（30H～7FH）。

通常使用堆栈操作是为了保护现场和断点，因此在使用时一定要遵循"先进后出"或"后进先出"的原则，而且每次操作都是对栈顶的操作，否则就无法达到保护的目的。例如：

```
PUSH   A
PUSH   PSW
       ...
POP    PSW
POP    A
```

当执行完该程序段后，A 和 PSW 的内容不变，即得到了保存。大家可以分析一下如果不遵循"先进后出"的原则，将会出现怎样的问题。

不管是入栈还是出栈，堆栈的每次操作都是对栈顶进行的。

3.3.2 算术运算类指令

MCS-51 单片机指令系统中共有 24 条算术运算类指令，主要完成加、减、乘、除等算术运算。但单片机系统里的算术/逻辑单元（ALU）仅执行无符号二进制整数的算术和逻辑运算。在双操作数的加、带进位加和带进位减的操作里，累加器 A 的内容为第一操作数，且存放操作的中间结果。借助溢出标志位 OV 可对带符号数进行补码运算；借助进位标志位 CY 可对无符号数进行多精度加、减运算；也可对压缩型 BCD 数（即 4 位二进制对应 1 位十进制数的 BCD 码）进行运算。大部分算术运算指令影响 PSW 中的进位标志位 CY、辅助进位标志位 AC、溢出标志位 OV 和奇偶标志位 P。

1）加法指令组 ADD（add）

```
ADD    A, #data            ; A←(A)＋data
ADD    A, Rn               ; A←(A)＋(Rn)
ADD    A, @Ri              ; A←(A)＋((Ri))
ADD    A, direct           ; A←(A)＋(direct)
```

8位二进制数加法运算指令的一个加数总是累加器 A 的内容，而另一个加数可通过不同寻址方式得到，其相加结果再送回累加器 A。

上述指令的执行将影响 PSW 中的 CY、AC、OV 和 P。当然，只有在带符号数据运算时 OV 才有用。

2) 带进位加法指令组 ADDC(add with carry)

```
ADDC  A, #data        ; A←(A) + data + (CY)
ADDC  A, Rn           ; A←(A) + (Rn) + (CY)
ADDC  A, @Ri          ; A←(A) + ((Ri)) + (CY)
ADDC  A, direct       ; A←(A) + (direct) + (CY)
```

该组指令的功能是把源操作数和进位标志 CY 都加到累加器 A 中，结果存入 A。本组指令的操作也影响 PSW 中的 CY、AC、OV 和 P。该组指令常用于多字节数的加法运算。

例 3-5 利用 ADDC 指令编写计算 9878H + 8934H 的汇编语言程序。

解： 假设所有运算的数据均存放在内部 RAM 中，具体是：被加数存于 31H 和 32H(低字节在 31H)，加数存于 33H 和 34H(低字节在 33H)，结果存于 35H 和 36H，进位位存于 37H 单元，则参考程序如下：

```
          ORG   0
START:    MOV   31H, #78H    ; 被加数低字节存于 31H 单元
          MOV   32H, #98H    ; 被加数高字节存于 32H 单元
          MOV   33H, #34H    ; 加数低字节存于 33H 单元
          MOV   34H, #89H    ; 加数高字节存于 34H 单元
          MOV   A, 33H       ; 加数低字节存于 A
          ADD   A, 31H       ; 低字节相加
          MOV   35H, A       ; 低字节相加结果存于 35H
          MOV   A, 34H       ; 加数高字节存于 A
          ADDC  A, 32H       ; 高字节带进位相加
          MOV   36H, A       ; 高字节相加结果存于 36H
          MOV   A, #0        ; A 清零
          ADDC  A, #0        ; 加进位位
          MOV   37H, A       ; 存进位位于 37H 单元
          END
```

由于程序要求将进位位存于 37H 单元，因此不能写成 MOV 37H, CY，因为其功能是将 CY 的值存到了 37H 位，而不是 37H 单元。为了实现将 CY 存于 37H 单元，上述程序通过给 A 赋值 0，再采用 ADDC 指令加 0 和加 CY 的方法，实现将 CY 位的值加给一个 8 位的数据 0，从而实现了位到字节的转变。

3) 带借位减法指令组 SUBB(substract with borrow)

同带进位加法指令相同，带借位减法指令也有 4 条：

```
SUBB  A, #data        ; A←(A) – data – (CY)
SUBB  A, Rn           ; A←(A) – (Rn) – (CY)
SUBB  A, @Ri          ; A←(A) – ((Ri)) – (CY)
SUBB  A, direct       ; A←(A) – (direct) – (CY)
```

这组指令的功能是从累加器 A 中减去源操作数及标志位 CY(减法中称为借位标志)，其

差再送回累加器 A。本组指令的操作也影响 PSW 中的 CY、AC、OV 和 P。

同加法运算不同的是，减法运算只有带借位减法指令，而没有不带借位的减法指令。若要完成不带借位的减法运算，只需在 SUBB 指令之前，先用 "CLR　C" 把 CY 清 0 即可。

例 3-6　分析下列指令执行后 CY、AC、OV 和 P 标志位及 A 的值。

```
CLR   C
MOV   A, #94H
SUBB  A, #0A9H
```

解：

$$
\begin{array}{r}
1\,0\,0\,1,0\,1\,0\,0\,\text{B} \\
-\ 1\,0\,1\,0,1\,0\,0\,1\,\text{B} \\
\hline
1,\,1\,1\,1\,0,\,1\,0\,1\,1\,\text{B}
\end{array}
$$

若用双高位法判断 OV，由于 $(C_6)=1$，$(C_7)=1$，所以 $(OV)=C_7 \oplus C_6 = 0$。也可根据数的性质判断 OV，对于有符号数，94H 和 0A9H 都是负数，负数减负数不会发生溢出，因此 $(OV)=0$。运算结果中有偶数个 1（不含借位位），则 $(P)=0$。

故上述指令执行后，$(CY)=1$，$(AC)=1$，$(OV)=0$，$(P)=0$，$(A)=0EBH$。

4）加 1（增 1）指令组 INC（increment 或 increase）

```
INC   A          ; A←(A)＋1
INC   Rn         ; Rn←(Rn)＋1
INC   @Ri        ; (Ri)←((Ri))＋1
INC   direct     ; direct←(direct)＋1
INC   DPTR       ; DPTR←(DPTR)＋1
```

这组指令的功能是把源操作数的内容加 1，结果再送回原处。其中 "INC A" 影响 P 标志位，其余 INC 指令皆对标志位不产生影响。例如，当 $(A)=0FFH$ 时，执行 INC A 后 A 的值为 0，但对 CY、AC 和 OV 不产生影响，仅使 $(P)=0$。因此 "INC A" 和 "ADD A，#1" 的执行结果是有差异的，这种差异体现在对标志位的影响上。

5）减 1 指令组 DEC（decrement 或 decrease）

减 1 指令可对累加器、通用寄存器及内部 RAM 单元执行减 1 操作，减后结果仍存于原单元。该类指令有

```
DEC   A          ; A←(A)－1
DEC   Rn         ; Rn←(Rn)－1
DEC   @Ri        ; (Ri)←((Ri))－1
DEC   direct     ; direct←(direct)－1
```

其中，"DEC　A" 影响 P 标志，其余指令均不影响标志位的状态。其他情况与加 1 指令类同。另外，在 MCS-51 单片机指令系统中，有对数据指针 DPTR 的加 1 指令，但没有减 1 指令，这也就意味着 DPTR 只能增，不能减。

6）乘除指令组

（1）乘法指令 MUL（multiply）：

```
MUL   AB         ; BA ←(A)×(B)，结果高位在 B，低位在 A
```

本条指令的功能是把累加器 A 和寄存器 B 中两个 8 位无符号整数相乘，并把 16 位乘积的高 8 位放于 B，而低 8 位放于 A。该指令的执行将影响 CY、OV 和 P 标志位。其中，CY

总被清 0；P 仍由累加器 A 中 1 的奇偶性确定；OV 用以反映乘积的大小，若乘积超过 255（即 B≠0），则（OV）=1，否则（OV）=0。

(2) 除法指令 DIV（divide）。

```
DIV   AB              ; A←(A)/(B)的商, B←(A)/(B)的余数
```

DIV 的功能是进行 A 除以 B 的运算，A 和 B 的内容均为 8 位无符号整数。指令执行后，整数商存于 A，余数存于 B。

除法指令执行过程中对 CY 和 P 的影响与乘法指令相同，只是对 OV 不一样。在除法指令执行过程中，若 CPU 发现寄存器 B 中的除数为 0，则 OV 自动被置 1，表示除数为 0 的除法没有意义；其余情况下，OV 均被复位成 0，表示除法操作是合理的。

7) 十进制调整指令 DA（decimal adjustment）

```
DA   A                ; 调整累加器内容为 BCD 码
```

该指令紧跟在 ADD 或 ADDC 指令后，对相加后存放在累加器 A 中的结果进行 BCD 码的十进制调整，完成十进制的加法运算。

例 3-7　分析下段程序执行后 A 的结果。

```
        ORG   0
START:  MOV   A, #48H
        ADD   A, #79H
        DA    A
        NOP
        END
```

解：由于程序中出现了"DA　A"指令，因此 ADD 指令中参加运算的数据应该为 BCD 码，即本段程序完成 48 + 79 的运算。48 + 79=127，127 的 BCD 码为 0001 0010 0111。由于 A 是 8 位寄存器，因此只能保存数据的低 8 位，所以(A)=27H。百位上的 1 保存在了进位位 CY 中，即(CY)=1。

"DA　A"指令对 OV 不产生影响，对 CY、AC 和 P 的影响规律同 ADD 指令。

例 3-8　编写一程序，实现将累加器 A 中的无符号十六进制数转换为 3 位 BCD 码，并将 BCD 码的百位、十位和个位分别存放在内部 RAM 的 30H、31H 和 32H 单元。

解：经常需要利用计算机采集外部信息，对信息分析后输出结果。计算机处理的结果都是以十六进制数形式给出的，而人们熟悉的是十进制数，因此需要将其转换成十进制数，以十进制数形式输出。该种转换经常用在需要显示输出结果的场合。

假设累加器 A 存放的是无符号数 0BDH，即十进制的 189，如何分离出百位、十位和个位呢？方法很简单，如果对该数除以 100，则商就是其百位数，再对其余数部分除以 10，此时的商和余数就分别为十位数和个位数。参考程序如下：

```
        ORG   0
START:  MOV   A, #0BDH      ; 送被分离的数
        MOV   B, #100       ; 除数送 B
        DIV   AB            ; 相除，分离出百位
        MOV   30H, A        ; 保存百位
        MOV   A, B          ; 余数送 A
        MOV   B, #10        ; 除数送 B
```

```
        DIV    AB              ; 分离十位和个位
        MOV    31H, A          ; 保存商，即十位数
        MOV    32H, B          ; 保存余数，即个位数
        END
```

3.3.3 逻辑运算及移位类指令

逻辑运算指令包括与、或、异或、清零和取反等操作，均是按位进行的；移位类指令是对累加器 A 的左移和右移。MCS-51 单片机指令系统中的逻辑运算及移位类指令共有 24 条，操作数都是 8 位的。

1) 逻辑与运算指令组 ANL（and logic）

逻辑与运算用符号"∧"表示，6 条逻辑与运算指令如下：

```
    ANL    A, #data         ; A←(A)∧ data
    ANL    A, Rn            ; A←(A)∧(Rn)
    ANL    A, @Ri           ; A←(A)∧((Ri))
    ANL    A, direct        ; A←(A)∧(direct)
    ANL    direct, A        ; direct←(direct)∧(A)
    ANL    direct, #data    ; direct←(direct)∧data
```

逻辑与指令常用于屏蔽字节中的某些位。对于欲清除的位，让其与"0"相与；对于欲保留的位，让其与"1"相与。

2) 逻辑或运算指令组 ORL（or logic）

逻辑或运算用符号"∨"表示，6 条逻辑或运算指令如下：

```
    ORL    A, #data         ; A←(A)∨data
    ORL    A, Rn            ; A←(A)∨(Rn)
    ORL    A, @Ri           ; A←(A)∨((Ri))
    ORL    A, direct        ; A←(A)∨(direct)
    ORL    direct, A        ; direct←(direct)∨(A)
    ORL    direct, #data    ; direct←(direct)∨data
```

逻辑或指令常用于使字节中的某些位置"1"。对于欲保留不变的位，让其与"0"相或；对于欲置位为"1"的位，让其与"1"相或。

3) 逻辑异或运算指令组 XRL（exclusive or logic）

逻辑异或运算用符号"⊕"表示，其规则是 $0 \oplus 0 = 0$，$0 \oplus 1 = 1$，$1 \oplus 0 = 1$，$1 \oplus 1 = 0$，即"相同为 0，相异为 1"。6 条异或运算指令如下：

```
    XRL    A, #data         ; A←(A)⊕data
    XRL    A, Rn            ; A←(A)⊕(Rn)
    XRL    A, @Ri           ; A←(A)⊕((Ri))
    XRL    A, direct        ; A←(A)⊕(direct)
    XRL    direct, A        ; direct←(direct)⊕(A)
    XRL    direct, #data    ; direct←(direct)⊕data
```

逻辑异或指令可用于将累加器 A 或 direct 单元中的某些位求反。方法是欲求反的位与"1"相异或，欲保留的位与"0"相异或。

以累加器 A 为目的操作数的与、或、异或指令均只影响 PSW 中的 P 标志位，而不影响其他标志位。

4）累加器清零取反指令组

MCS-51 系列单片机设计了 2 条专门用于对累加器进行清零和取反的指令。

（1）累加器清零指令 CLR（clear）：

   CLR A   ;A←0，只影响 P，不影响其他标志位

（2）累加器取反指令 CPL（complement）：

   CPL A   ;A←($\overline{A}$)，不影响标志位

5）移位指令组

MCS-51 系列单片机的移位指令只能对累加器 A 的内容进行移位，有不带进位和带进位的循环左移和右移 4 条指令。

（1）累加器 A 循环左移指令 RL（rotate left）：

   RL A   ;$A_{n+1}←A_n$，$A_0←A_7$

（2）累加器 A 循环右移指令 RR（rotate right）：

   RR A   ;$A_n←A_{n+1}$，$A_7←A_0$

（3）累加器 A 带进位循环左移指令 RLC（rotate left with carry）：

   RLC A   ;$A_{n+1}←A_n$，$CY←A_7$，$A_0←CY$

（4）累加器 A 带进位循环右移指令 RRC（rotate right with carry）：

   RRC A   ;$A_n←A_{n+1}$，$A_7←CY$，$CY←A_0$

每条指令对应的操作示意图如图 3-11 所示。

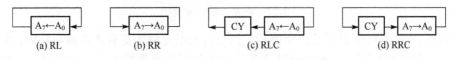

图 3-11　累加器 A 逻辑移位操作示意图

例 3-9　在图 3-12 所示的流水灯控制系统中，如果使与 P1 口相连的共阳极发光二极管从 LED0 到 LED7 依次点亮，每次只亮 1 个，编写汇编语言程序实现该功能。

解：这是典型的流水灯系统。由于 LED 是共阳极接法，因此当 P1.x（$x = 0 \sim 7$）输出高电平 1 时，LED 灭；反之，当输出低电平 0 时，LED 亮。可用移位指令实现点亮灯的循环。程序如下：

```
        ORG    0
START:  MOV    A, #0FEH     ;循环时的初始数据
        MOV    P1, A        ;点亮 LED0
        RL     A
        MOV    P1, A        ;(P1) = 0FDH
        RL     A
        MOV    P1, A        ;(P1) = 0FBH
        RL     A
        MOV    P1, A        ;(P1) = 0F7H
        RL     A
```

```
MOV   P1, A        ; (P1) = 0EFH
RL    A
MOV   P1, A        ; (P1) = 0CFH
RL    A
MOV   P1, A        ; (P1) = 0BFH
RL    A
MOV   P1, A        ; (P1) = 7FH
END
```

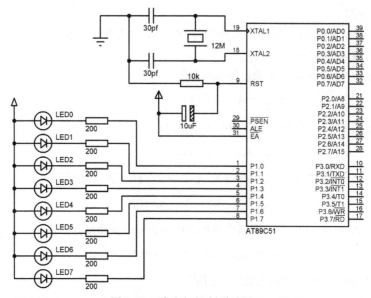

图 3-12   流水灯控制系统图

说明如下：① 本程序原理上是正确的，但是当采用此程序仿真或实际运行时，会有两种不同情况：一种是灯全亮，另一种是灯全灭。原因如下：若系统的 $f_{OSC}=12\,MHz$，则机器周期是 $1\,\mu s$，"RL A" 和 "MOV P1，A" 均为单机器周期指令，则执行这 2 条指令共需 $2\,\mu s$，而人的视觉暂留是 $0.1\,s$，远大于 $2\,\mu s$，因此眼睛看不到灯的轮换点亮，而全亮或全灭与元器件的参数有一定的关系。② 本段程序运行时间很短，因此，很难看到运行结果。③ 本程序中 "RL A 和 MOV P1，A" 重复操作了 7 次，为了节省 ROM 空间，可采用循环结构，以简化程序（见例 3-10）。

3.3.4 控制转移类指令

程序是由一条条指令构成的，而程序的执行是由程序计数器 PC 决定的。PC 的内容是下一条将要执行指令的地址，它具有自动加 1 的功能，从而控制程序的顺序执行。事实上单纯顺序结构的程序很少，很多任务的完成需要根据条件是否满足而控制程序跳转到不同的地方，这就应强迫改变 PC 值以实现程序的跳转。控制转移指令就是用来完成这一特殊使命的，它具有修改 PC 值的功能，从而控制程序的转移。MCS-51 单片机有 17 条转移指令，包括无条件转移指令、条件转移指令、子程序调用和返回指令组，以及空操作指令。

1）无条件转移指令

无条件转移指令是指当程序执行到该指令时，程序无条件地转移到指令所提供的地址处执行。MCS-51 系列单片机指令系统中共有 4 条无条件转移指令。

(1) 长转移指令 LJMP（long jump）：

　　LJMP　addr16　　　　　　　　　　; PC←addr16, 三字节指令

指令执行结果是将 16 位地址（addr16）赋给 PC，程序从新的 PC 处执行，从而实现程序转移。由于 LJMP 指令提供的是 16 位地址，因此程序可以转向 64 KB ROM 的任何单元，故称之为"长转移"。

由于新的目标地址很难用手工计算，因此编写汇编语言程序时通常用目标地址处的语句标号代替其地址值，而在机器汇编时又将标号换成了目标地址。

例 3-10　用 LJMP 编写汇编语言程序，使图 3-12 中的共阳极 LED 从 LED0 到 LED7 依次单个点亮，且如此循环。

解：汇编语言程序如下：

```
            ORG    0
START:      MOV    A, #0FEH      ; 循环时的初始数据, 2 字节指令, 首地址为 0
NEXT:       MOV    P1, A         ; 数据送至 P1, 2 字节指令, 首地址为 2H
            RL     A             ; 循环左移一次
            LJMP   NEXT          ; 控制转移语句, 跳转到 NEXT 处
            END
```

经机器汇编时，将"LJMP　NEXT"中的 NEXT 用 NEXT 标号处语句"MOV　P1, A"的首地址代替，即为"LJMP 2H"。

(2) 绝对转移指令 AJMP（absolutely jump）：

　　AJMP　addr11　　; PC←(PC)+2, $PC_{10\sim0}$←addr11, $PC_{15\sim11}$ 不变, 双字节指令

该指令提供 11 位地址，可在 2KB 的范围内无条件地转移。指令执行时，先使本条指令所在的 PC 值加 2（因为本指令是 2 字节指令），以使 PC 指向 AJMP 的下一条语句，然后用指令中给出的 11 位地址码替换 PC 的低 11 位地址，而高 5 位保持不变，形成的新 PC 值即为跳转的目标地址。

(3) 短转移（相对转移）指令 SJMP（short jump）：

　　SJMP　rel　　; PC←(PC)+2, PC←(PC)+rel, 双字节指令

值得注意的是，此处的 rel 都是指机器语言中的值，而在汇编语言中跳转指令后紧跟的是目标地址或目标地址处的标号。本教材中凡是相对转移指令中出现 rel 的地方均表示相对寻址。

指令执行时先使本条指令处的 PC 值加 2，以指向下一条指令，然后再加上相对地址 rel，就得到了转移的目标地址。rel 是一个带符号的 8 位二进制补码数，其范围为−128～+127（00H～7FH 对应表示 0～+127, 80H～FFH 对应表示−128～−1）。rel 是负数时表示反向（向后）转移，正数时表示正向（向前）转移。

由于目前皆用汇编程序对汇编语言程序进行编译，因此同使用 LJMP 一样，AJMP 中的 addr11 和 SJMP 中的 rel 通常用一个转移目标地址的标号代替，在编译过程中由汇编程序自动计算地址，并填入指令代码中。

（4）间接转移指令 JMP（jump）：

    JMP   @A+DPTR   ; PC←(A)+(DPTR)，单字节指令

该指令的转移地址由 DPTR 和 A 中的 8 位无符号数相加形成，并直接送给 PC。只要把 DPTR 的值固定，而给 A 赋以不同的值，就可实现程序的多分支转移，具有散转功能，因此本指令又称为散转指令。该条指令的用法类似于 C 语言中的 case 语句。

2）条件转移指令组

该类指令在转移前先进行条件判断，若满足指令中规定的条件，则跳转；否则程序顺序执行。条件转移类指令又分为累加器判零转移指令、数值比较转移指令和循环转移指令三类，共 8 条。

（1）累加器判零转移指令 JZ（jump if A is zero）和 JNZ（jump if A is not zero）：

    JZ   rel   ; 若(A)=0，则 PC←(PC)+2+rel，即跳转
                          若(A)≠0，则 PC←(PC)+2，即顺序执行
    JNZ   rel   ; 若(A)≠0，则 PC←(PC)+2+rel，即跳转
                          若(A)=0，则 PC←(PC)+2，即顺序执行

这两条指令都是双字节相对转移指令，它们均以累加器 A 的内容是否为 0 作为转移的判定条件。此处 rel 同相对寻址方式中的 rel，为有符号的 8 位数（-128～+127）。

（2）数值比较转移指令 CJNE（compare, then jump if not equal）：

数值比较转移指令的功能是对指定的两个操作数的值进行比较，以比较结果为条件控制程序的转移。共有 4 条指令，每条指令都是三字节指令。

    CJNE   A, #data, rel
    CJNE   A, direct, rel
    CJNE   Rn, #data, rel
    CJNE   @Ri, #data, rel

这 4 条指令功能说明如下：

若目的操作数 ≠ 源操作数，则 PC←(PC)+3+rel，即程序跳转，此外根据两数大小修改 CY。

当目的操作数 > 源操作数时，使(CY)=0;
当目的操作数 < 源操作数时，使(CY)=1。

若目的操作数 = 源操作数，则 PC←(PC)+3，即顺序执行，且使(CY)=0。

使用 CJNE 时注意问题说明：

① 两个操作数的比较实际上是通过相减实现的，并且会影响 CY，但同 SUBB 指令不同的是不会保存相减的结果，即对两个操作数本身无影响；

② 参与比较的两个操作数均为无符号数；

③ MCS-51 单片机中没有专门的比较指令。当需要比较数据的大小时，通常在 CJNE 指令后再根据 CY 的值判断两个操作数的大小。

例 3-11 某温室内的温度要求控制在 15～30℃ 之间，采集的温度值 T 放在累加器 A 中。若采集到的温度 $T>30℃$，则程序转向 JW（降温处理程序）；若 $T<15℃$，则程序转向 SW（升温处理程序）；若 $15℃≤T≤30℃$，则程序转向 FH（返回主程序）。设计一个子程序段实现该功能。

解： 汇编语言程序段如下：

```
            CJNE   A, #30, LOOP1       ; 和温度上限 30 进行比较, 不相等, 跳转
            AJMP   FH                  ; 相等, 则跳转到 FH
    LOOP1:  JNC    JW                  ; 若大于 30, 则跳转到 JW
            CJNE   A, #15, LOOP2       ; 小于 30 时, 再与下限 15 比较, 不等则跳转
            AJMP   FH                  ; 相等, 则跳转到 FH
    LOOP2:  JC     SW                  ; 若小于 15, 则跳转到 SW
            AJMP   FH                  ; 否则大于 15, 则跳转到 FH
    JW:     …
    SW:     …
    FH:     RET
```

JC 和 JNC 是两条以 CY 值为条件的转移指令, 其中 JC 是当(CY)=1 时程序跳转, 而 JNC 是当(CY)=0 时程序跳转。指令的详细说明见 3.3.5 节。RET 表示该段程序是一个子程序。

(3) 循环转移指令 DJNZ(decrease, then jump if not zero):

该类指令共有两条, 分别是:

```
    DJNZ   Rn, rel           ; 两字节指令
                             ; Rn←(Rn) – 1
                             ; 若(Rn)≠0, 则 PC←(PC) +2+rel, 否则 PC←(PC) +2
    DJNZ   direct, rel       ; 三字节指令
                             ; direct←(direct) – 1
                             ; 若(direct) ≠0, 则 PC←(PC) +3+rel, 否则 PC←(PC) +3
```

指令的操作是先将操作数(Rn 或 direct)内容减 1, 并保存减 1 后的结果。如果减 1 后操作数不为 0, 则转移; 如果结果为 0, 则顺序执行。由此可以看出, 这是一组把减 1 与条件转移两种功能结合在一起的指令, 因此又称为减 1 非零转移指令或减 1 条件转移指令。同 DEC 指令一样, DJNZ 指令也不影响 PSW 的标志位。

这两条指令主要用于控制程序的循环。如预先将循环次数赋值给 Rn 或 direct, 该指令每执行一次, 循环次数减 1, 以减 1 后是否为零作为循环结束或程序转移的条件, 故该组指令称为循环转移指令。

例 3-12 把内部 RAM 50H～6FH 单元置为 10H。

解: 这是一个典型的循环程序。汇编语言程序如下:

```
            ORG    0
    START:  MOV    R0, #50H          ; 循环初始化, 设置指针 R0 指向起始地址
            MOV    R1, #20H          ; 给 R1 装载循环次数
            MOV    A, #10H
    LOOP:   MOV    @R0, A            ; 赋值 10H
            INC    R0                ; 修改指针, 指向下一个单元
            DJNZ   R1, LOOP          ; 循环控制
            END
```

注意, 在运行本程序前, 应该知道内部 RAM 中 50～6FH 单元的值, 然后再运行程序, 就可以看出 50~6FH 单元的值是否变为 10H。

3) 子程序调用与返回指令组

(1) 子程序的概念。

在实际应用中, 有时需要多次执行同一段程序。如果多次书写这样的程序段, 就使程序

变得冗长杂乱。为此，可将多次执行的程序段独立出来作为一个子程序，在需要执行时调用该子程序，而当该子程序结束后再返回原来的调用程序。通常，把这种能够完成一定功能，可以被其他程序调用，并能返回调用程序的程序段称为子程序，而调用该子程序的程序称为主程序。

主程序和子程序之间的调用关系如图 3-13 所示。当 CPU 执行主程序到 A 处遇到调用子程序的指令时，CPU 自动把 B 处，即下一条指令第一字节的地址(称为断点)压入堆栈中，堆栈指针(SP)+2，并将子程序的起始地址送入 PC，于是 CPU 就转去执行子程序。当执行子程序遇到返回指令时，CPU 自动把断点 B 的地址从堆栈中弹回到 PC，于是 CPU 又回到主程序继续向下执行。当主程序执行到 C 处又遇到调用子程序的指令时，再次重复上述过程。

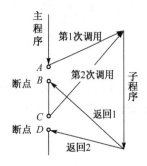

图 3-13　主程序调用子程序与从子程序返回示意图

从图 3-13 中可以看出，调用和返回构成了子程序调用的完整过程。为了实现这一过程，必须有子程序调用指令和返回指令。调用指令在主程序中使用，而返回指令则是子程序的最后一条指令。

MCS-51 单片机指令系统中的子程序调用指令和返回指令各有两条。

(2) 调用指令。

① 长调用指令 LCALL (long call)：

```
LCALL   addr16          ; PC←(PC)+3,
                        ; SP←(SP)+1, (SP)←(PC)_{7~0}
                        ; SP←(SP)+1, (SP)←(PC)_{15~8}
                        ; PC←addr16
```

② 绝对调用指令 ACALL (absolutely call)：

```
ACALL   addr11          ; PC←(PC)+2
                        ; SP←(SP)+1, (SP)←(PC)_{7~0}
                        ; SP←(SP)+1, (SP)←(PC)_{15~8}
                        ; PC←addr11
```

LCALL 和 ACALL 分别是三字节指令和双字节指令，可以实现子程序的长调用和绝对调用，指令的执行不影响任何标志。目标地址的形成方式分别与 LJMP 和 AJMP 相似。

使用 LCALL 指令时，被调用子程序的入口地址(即首地址)可以设在 64 KB ROM 中的任何位置；而使用 ACALL 指令时，被调用子程序的入口地址必须与调用指令 ACALL 下一条指令的第一字节在 2 KB 的 ROM 区内。

例 3-13　已知标号 DELAY 所在命令行的地址为 1234H，试问 MCS-51 单片机执行下列指令后，堆栈中数据如何变化，PC 中的内容是什么。

```
        MOV     SP, #40H
DELAY： LCALL   4560H
        MOV     A, #20H
```

解：由于 DELAY 所在命令行的地址为 1234H，而 LCALL 指令是 3 字节指令，当执行"LCALL 2356H"时，PC 已经指向指令"MOV　A, #20H"。"MOV　A, #20H"的地址为 1237H，因此将 1237H 压入堆栈。故该段程序执行后(SP)=42H，(41H)=37H，(42H)=12H，(PC)=4560H。

（3）返回指令。

① 子程序返回指令 RET（return）：

RET   ; $PC_{15\sim8}\leftarrow((SP))$，$SP\leftarrow(SP)-1$
                        ; $PC_{7\sim0}\leftarrow((SP))$，$SP\leftarrow(SP)-1$

② 中断服务子程序返回指令 RETI（return from interrupt）：

RETI   ; $PC_{15\sim8}\leftarrow((SP))$，$SP\leftarrow(SP)-1$
                        ; $PC_{7\sim0}\leftarrow((SP))$，$SP\leftarrow(SP)-1$

RET 指令的功能是从堆栈中自动弹出由调用指令压入堆栈中受保护的断点地址，并送入 PC，从而结束子程序的执行，使程序从主程序断点处继续执行。

RETI 指令是专用于中断服务子程序返回的指令，除具有 RET 指令所具有的全部功能之外，还有清除内部相应中断状态寄存器的功能。

4）空操作指令

NOP   ; $PC\leftarrow(PC)+1$，机器码为 0

这是一条单字节指令。执行此语句时 CPU 不进行任何操作（即空操作，相当于 C 语言中的";")，仅消耗一个机器周期。该指令常用于产生一个机器周期的延迟，以精确控制某段程序的执行时间，或上机修改程序时作为填充指令。

3.3.5 位操作类指令

MCS-51 单片机中有一个布尔处理器，它是以位（bit）为单位进行运算和操作的。它有自己的累加器 C（即进位标志 CY），自己的位存储区（即内部 RAM 和特殊功能寄存器中的可寻址位），也有完成位操作的运算器等。因此，设有一个专门处理布尔变量的布尔变量操作指令集，又称为位操作指令集。该指令集共有 17 条指令，可以完成以位为对象的传送、运算、控制转移等操作。

1）位传送指令（共 2 条）

MOV C, bit   ; $CY\leftarrow(bit)$
MOV bit, C   ; $bit\leftarrow(CY)$

该类指令可实现进位位 CY 与所有可寻址位间的相互传送。由于两个寻址位间不能直接传送，因此，它们之间的传送必须使用 CY 作为桥梁。

例如，将内部 RAM 中 30H 位的值传送给 20H 位，则应该用以下指令实现，即

MOV C, 30H
MOV 20H, C

如果直接写成"MOV 20H, 30H"，指令本身没有错误，但表示的含义是将内部 RAM 30H 单元的值传送给 20H 单元。

2）位置位清零指令（共 4 条）

CLR   bit   ; $bit\leftarrow0$
CLR   C   ; $CY\leftarrow0$
SETB bit   ; $bit\leftarrow1$
SETB C   ; $CY\leftarrow1$

3) 位逻辑操作指令(共 6 条)

位逻辑操作包括逻辑与、逻辑或、逻辑非三种，共 6 条指令。

```
ANL   C, bit          ; CY←(CY)∧(bit)
ANL   C, /bit         ; CY←(CY)∧(bit上划线)
ORL   C, bit          ; CY←(CY)∨(bit)
ORL   C, / bit        ; CY←(CY)∨(bit上划线)
CPL   bit             ; bit←(bit上划线)
CPL   C               ; CY←(CY上划线)
```

其中，/bit 表示对 bit 位取反后再参与运算，指令的执行并不影响 bit 位原来的内容。

MCS-51 单片机指令系统中没有位异或指令，但可以通过上述指令的组合实现位的异或操作。另外，利用位逻辑运算指令，还可以很方便地实现硬件逻辑电路的功能。

例 3-14　某系统具有三人表决器的功能，如图 3-14 所示。当某人同意时，将开关闭合。当两人及三人同意时表示通过，此时与 P1.7 相连的 LED 被点亮。编程实现此功能。

解：当输入为 X、Y 和 Z，输出为 F 时，三人表决器的正逻辑函数关系式为 $F = XY + XZ + YZ$。本题中，当同意时输入为负，相当于采用了负逻辑，因此本题对应的逻辑函数关系式为 $F = \overline{XY} + \overline{XZ} + \overline{YZ}$。据此编写的能实现该功能的汇编语言程序如下：

```
          ORG   0
START:    NOP
          X       BIT  P1.0    ; 定义位
          Y       BIT  P1.1
          Z       BIT  P1.2
          F       BIT  P1.7
          MOV   C, X          ; 实现 XY(上划线)
          CPL   C
          ANL   C, /Y
          MOV   F, C
          MOV   C, X          ; 实现 XZ(上划线)
          CPL   C
          ANL   C, /Z
          ORL   C, F
          MOV   F, C
          MOV   C, Y          ; 实现 YZ(上划线)
          CPL   C
          ANL   C, /Z
          ORL   C, F
          MOV   F, C
          END
```

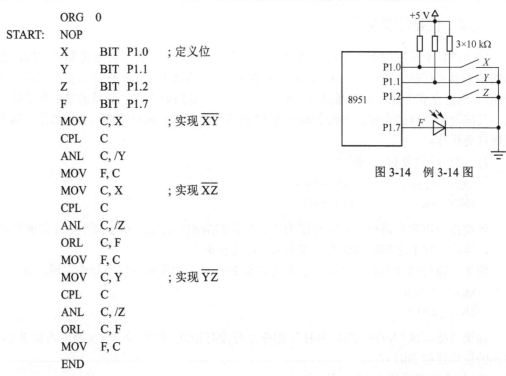

图 3-14　例 3-14 图

4) 位条件转移指令

位条件转移指令包括以 CY 为转移条件的转移指令和以位地址 bit 为转移条件的转移指令，共 5 条。

（1）以 CY 内容为条件的转移指令(2 字节指令)：

```
JC    rel             ; 若(CY)=1, 则(PC)←(PC)+2+rel, 即转移;
```

否则，(PC)←(PC)+2，即顺序执行

JNC rel   ；若(CY)=0，则(PC)←(PC)+2+rel，即转移；

否则(PC)←(PC)+2，即顺序执行

这两条指令一般与比较条件转移指令 CJNE 一起使用，用于精确地判断不相等情况下的"大于"或"小于"。

（2）以位地址内容为条件的转移指令（3 字节指令）：

JB   bit, rel   ；若(bit)=1，则(PC)←(PC)+3+rel，即转移；

否则，(PC)←(PC)+3，即顺序执行

JNB bit, rel   ；若(bit)=0，则(PC)←(PC)+3+rel，即转移；

否则，(PC)←(PC)+3，即顺序执行

JBC bit, rel   ；若(bit)=1，则(PC)←(PC)+3+rel，bit←0;

否则，(PC)←(PC)+3，即顺序执行

上述指令通过对可寻址位 bit 的测试，以决定程序是否转移。

例 3-15　统计从内部 RAM 30H 开始的 20 个数据中正数（包括 0）和负数的个数，并将统计的正数和负数结果分别存放在内部 RAM 的 50H 和 51H 单元。

解：对于有符号数字来说，正数和负数区分的标志是最高位的值。若最高位为 0，则表明是正数；若最高位为 1，则表明是负数，因此可以用 JB 或 JNB 指令判断数的正负。汇编语言程序如下：

```
        ORG    0
START:  MOV    R0, #30H     ；设置地址指针
        MOV    R1, #20      ；初始化循环次数
        MOV    50H, #0      ；统计次数清 0
        MOV    51H, #0
REP:    MOV    A, @R0       ；取数据
        JB     ACC.7, NEG   ；判断最高位是否为 1
        INC    50H          ；正数次数加 1
        SJMP   QUIT
NEG:    INC    51H          ；负数次数加 1
QUIT:   INC    R0           ；地址加 1
        DJNZ   R1, REP      ；次数未到，则从 REP 处循环
        END
```

本 章 小 结

本章介绍了 MCS-51 系列单片机的汇编语言指令格式、机器语言格式、伪指令、寻址方式和指令系统。指令由操作码和操作数组成，操作码用于规定要执行操作的性质，操作数用于给指令的操作提供数据和地址。伪指令是不能被执行的指令，即在汇编过程中不能产生可执行的目标代码（机器代码），其作用是向汇编程序发出指示信息，告诉汇编程序如何完成汇编工作。寻址方式是寻找存放操作数的地址并将其提取出来的方法。MCS-51 单片机有 7 种寻址方式：立即寻址、直接寻址、寄存器寻址、寄存器间接寻址、变址寻址（或基址加变址寻址）、相对寻址和位寻址。

数据传送类指令的特点是执行的结果基本不影响标志位的状态；算术运算类指令的特点

是执行的结果通常影响标志位的状态；逻辑运算及移位类指令的执行结果一般不影响标志位CY、AC 和 OV，仅在涉及累加器 A 时才对 P 标志位产生影响；控制程序的转移要利用转移类指令，转移类指令有无条件转移、条件转移及子程序调用与返回等；位操作具有较强的位处理能力，在进行位操作时，以进位标志 CY 为位累加器。

本章的重点是掌握 MCS-51 单片机的寻址方式、指令系统中的各条指令及伪指令的应用，并能够编写简单的程序。

思考题与习题

3-1 特殊功能寄存器 PSW 的作用是什么？它能反映指令的哪些运行状态？

3-2 什么是伪指令？伪指令与指令系统中的汇编指令有什么区别？

3-3 指出下列指令中源操作数和目的操作数的寻址方式。

(1) MOV A, #10H

(2) MOV @R1, A

(3) MOVC A, @A + DPTR

(4) PUSH ACC

(5) MOV C, 20H

(6) MOV A, 20H

(7) MOV R0, P1

(8) JC LOOP

3-4 判断下列指令的正误，正确的标"√"，错误的标"×"。

(1) MOV A, DPTR （ ）   (8) MOV C, 20H （ ）

(2) CPL R0 （ ）   (9) MOV 20H, @DPTR （ ）

(3) PUSH DPTR （ ）   (10) MOVX @DPTR, #50H （ ）

(4) POP 40H （ ）   (11) MOV DPTR, #1000H （ ）

(5) MOV 30H, 31H （ ）   (12) MOVC A, @A + PC （ ）

(6) RLC R0 （ ）   (13) SETB R7.0 （ ）

(7) MOV B, C （ ）   (14) XRL A, #30H （ ）

3-5 已知 (SP)=26H，(PC) = 2345H，(24H) = 12H，(25H) = 34H，(26H) = 56H，问此时执行 "RET" 指令后，(SP) = _____，(PC) = _____。

3-6 试比较下列各组指令的异同，说明原因。

(1) MOV A, R0   与   MOV A, @R0

(2) MOV @R1, A   与   MOVX @R1, A

(3) MOV C, 20H   与   MOV A, 20H

(4) MOVX A, @DPTR   与   MOVC A, @A + DPTR   (若 (A) = 0)

3-7 将下段程序翻译成机器语言，指出该机器语言是存放在 ROM 中，还是存放在外部 RAM 中。在 Keil μVision4 下运行此段程序，给出机器语言的数据存放结果。

```
ORG    0
LJMP   START
ORG    1000H
```

```
START:MOV    A, #54H
      ADDC   A, #62H
      NOP
      ORG    1050H
      DB     −3H, 60H, "Aa"
      END
```

3-8 指出下列程序段每一条指令执行后累加器 A 中的值，已知(R0) = 30H，(CY) = 1。

```
MOV    A, #0AAH
CPL    A
RL     A
RLC    A
CLR    C
ADDC   A, R0
```

3-9 分析下面各程序段中每条指令的执行结果。

```
(1)   MOV    A, #45H
      MOV    R5, #78H
      ADD    A, R5
      DA     A
      MOV    30H,  A
(2)   MOV    SP, #50H
      MOV    A, #12H
      MOV    B, #78H
      PUSH   ACC
      PUSH   B
      POP    ACC
      POP    B
```

3-10 分析下段程序的功能。

```
        ORG    0
START:  MOV    R0, #30H
        MOV    R2, #0AH
        DEC    R2
        MOV    A, @R0
LOOP:   INC    R0
        MOV    20H, @R0
        CJNE   A, 20H, NEXT1
NEXT1:  JNC    NEXT2
        MOV    A, @R0
NEXT2:  DJNZ   R2, LOOP
        MOV    R7, A
        END
```

3-11 编写程序将外部 RAM 100H 单元的高 4 位置"1"，低 4 位清"0"。在 Keil 下运行程序，观察执行结果。

3-12 编写程序将内部 RAM 40H 单元的第 0 位和第 7 位置"1"，其余位取反。在 Keil 下运行程序，观察执行结果。（提示：在程序执行前，首先给 40H 单元赋一个值。）

第4章 MCS-51单片机的汇编语言程序设计

用汇编语言进行程序设计与使用其他高级语言进行程序设计的过程基本相似,但汇编语言程序设计与系统的硬件结构还有很大的关系,因此要求程序设计者必须合理安排数据对寄存器和存储单元的使用。同时必须对所用计算机的硬件结构,例如各类寄存器、端口、定时/计数器和中断等内容有较为详细的了解。因而,汇编语言程序的编写比高级语言复杂。汇编语言程序的编写步骤基本包括分析问题、确定算法、资源分配、画流程图、写源程序和上机调试 6 个部分,其中资源分配在高级语言编程中较少涉及。

同高级语言一样,汇编语言程序的基本结构有顺序结构、循环结构、分支(选择)结构和子程序结构 4 种。本章举例说明这 4 种汇编语言程序结构的设计方法。

4.1 顺序程序设计

顺序结构的程序是一种最简单、最基本的程序,因此也称为简单程序。其特点是在执行程序时,完全按照指令的书写顺序逐条执行,直到最后一条指令结束。顺序程序是所有复杂程序的基础或组成部分,该类程序的设计相对比较容易。前面的很多例子都是采用顺序结构实现的。

例 4-1 已知内部 RAM 40H 单元存放着一个压缩的 BCD 码,试编程将其变成非压缩的 BCD 码,并将其低位和高位分别存于内部 RAM 的 41H 和 42H 单元。

解: 如前所述,压缩 BCD 码是用 4 位二进制数表示 1 位十进制数,而非压缩 BCD 码是用 8 位二进制数表示 1 位十进制数,其中高 4 位为 0。该程序经常用于显示 BCD 码的场合。例如,假设 40H 单元存放的是"89"的压缩型 BCD 码,当用数码管显示"89"时需要用 2 个数码管,即一个数码管显示 1 位数字。因此,就需要将"8"和"9"分离开,并分别送给各自对应的数码管。对此任务,可用逻辑与指令实现高位和低位的分离,参考程序如下:

```
ORG    0
MOV    A, 40H
ANL    A, #0FH        ; 屏蔽高 4 位, 保留低 4 位
MOV    41H, A         ; 保存 40H 中的低半字节
MOV    A, 40H         ; 重新取数
SWAP   A              ; 高低半字节交换
ANL    A, #0FH
MOV    42H, A         ; 保存 40H 中的高半字节
NOP
END
```

例 4-2 若内部 RAM 30H 中存放的是 1 位 BCD 码,通过查表将其转换成相应的共阳极七段字形代码,并存入内部 RAM 的 31H 中。

解: 例 3-8 实现了将十六进制数转换成 3 位 BCD 码的功能,而转换的结果通常需要显示出来。七段数码管是显示数字的首选器件,它有共阴极和共阳极两种接法(详见 9.4

节）。共阴极接法中高电平为有效输入，共阳极接法中低电平为有效输入。当数码管为共阳极接法时，数字 0～9 的共阳极字形代码分别为 0C0H、0F9H、0A4H、0B0H、99H、92H、82H、0F8H、80H、90H。由于代码没有规律，可用查表指令实现该功能。参考程序如下：

```
        ORG    0
        MOV    A, 30H
        MOV    DPTR, #TAB              ; 取表首地址
        MOVC   A, @A+DPTR
        MOV    31H, A
TAB:    DB     0C0H, 0F9H, 0A4H, 0B0H, 99H, 92H, 82H, 0F8H, 80H, 90H  ;字形代码表
        END
```

4.2　循环程序设计

在系统设计中，经常会碰到反复执行某一操作的现象。此时就用指令控制该段程序重复执行，然后根据重复次数的要求或某一条件决定是否停止该重复过程，这种程序就是循环程序。循环的使用不但使程序结构变得简单、清晰，而且节省了内存空间，因此循环结构是系统程序设计中不可缺少的部分。

循环程序一般由三部分组成，即循环初始化、循环体和循环控制部分。循环初始化用来设置循环过程中工作单元的初始值，如循环次数、地址指针初值等。循环体是被重复执行的程序段。该部分完成主要的计算或操作任务，同时也包括对地址指针的修改。循环控制部分用于控制循环的执行和结束。当循环结束条件不满足时，修改地址指针和控制变量，继续循环；当条件满足时，停止循环。在汇编语言程序中，程序循环是通过条件转移指令（如 CJNE、DJNZ）和一些位条件转移指令（如 JZ、JC 等）控制程序循环的。图 4-1 是单片机中常用的循环结构。

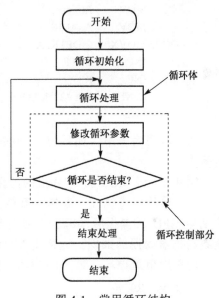

图 4-1　常用循环结构

若循环程序的循环体中不再包含循环程序，则称之为单重循环程序。如果在循环体中还有循环程序，即循环嵌套，这样的程序称为多重循环（二重以上）程序。在多重循环程序中，只允许外重循环嵌套内重循环程序，而不允许循环体互相交叉。另外，也不允许从循环程序的外部跳入循环程序的内部。

例 4-3　已知两个十进制数的 BCD 码分别从内部 RAM 30H 和 40H 单元开始存放（低位在前），其字节长度存放在 50H 单元。编程实现两个十进制数的求和，并把求和结果存放在从 30H 开始的单元中。

解：很显然，这是一个单重循环，参考程序如下：

```
        ORG    0
        MOV    R0, #30H                ; 设置指针
        MOV    R1, #40H
```

```
           MOV    R2, 50H           ; 取字节长度, 即循环次数
           CLR    C                 ; 进位位清零
    REP:   MOV    A, @R0            ; 取一个加数
           ADDC   A, @R1           ; 相加
           DA     A                ; 十进制数的 BCD 码调整
           MOV    @R0, A           ; 保存和
           INC    R0
           INC    R1
           DJNZ   R2, REP          ; 若 (R2)-1 ≠ 0, 则重复
           MOV    A, #0            ; 处理最高字节相加后的进位位
           ADDC   A, #0
           MOV    @R0, A
           END
```

例 4-4 以 CJNE 指令为循环控制条件, 实现将外部 RAM 的 2000H～201FH 单元置为 10H。

解: 参考程序如下:

```
           ORG    0
           MOV    DPTR, #2000H     ; 循环初始化
           MOV    R0, #0           ; 初始化为 0
           MOV    A, #10H          ; 循环次数
    LOOP:  MOVX   @DPTR, A         ; 循环体
           INC    DPTR
           INC    R0
           CJNE   R0, #20H, LOOP   ; 循环控制
           END
```

请大家思考一下, 如果将 2000H～20FFH 单元的内容置为 10H, 则 R0 的初始值应该是多少?

例 4-5 设 MCS-51 单片机的晶振频率为 f_{osc} =12 MHz, 试设计 0.1 s 的延时程序。

解: 单片机每执行一条指令都需要占用一定的时间, 该时间与机器周期有关, 而机器周期与 CPU 的晶振频率有关。延时程序所花费的时间就是该段程序所有指令的总机器周期数与机器周期的乘积。通常用 MOV 和 DJNZ 指令编写延时程序。

若采用单重循环, 最大的循环次数为 256, 则程序段为

```
    MOV    R0, #0                  ; 机器周期数为 1
    DJNZ   R0, $                   ; 机器周期数为 2
```

当使用 12 MHz 的晶振时, 一个机器周期为 1 μs, 则一次循环 (DJNZ 指令) 为 2 μs, 单片机执行上述程序段的时间为 (1 + 256 × 2) × 1 μs, 即 513 μs, 与要求的 0.1 s 相差甚远, 故需要采用多重循环。由于 0.1 s = 2 μs × 250 × 200, 因此可用双重循环的方法实现 0.1 s 的延时。程序段如下:

```
              MOV    R6, #200      ; 本语句执行 1 次, 耗时 1 μs
    DELAY1:   MOV    R7, #250      ; 本语句执行 200 次, 耗时 200 μs
    DELAY2:   DJNZ   R7, DELAY2    ; 本语句执行 250×200 次, 耗时 2 μs × 250 × 200 = 0.1 s
              DJNZ   R6, DELAY1    ; 本语句共执行 200 次, 耗时 2 μs × 200 = 400 μs
```

由上可见, 如果考虑每条指令的执行时间, 则执行该段程序的总时间是 0.100 601 s。

在对时间要求不精确的情况下，可只考虑执行主要的循环指令"DJNZ　R7，DELAY2"所花费的时间。此时可认为该段程序的延时时间为 0.1 s。如果需要 1 s 的延时，只需将本段程序重复 10 次即可，这样就变成了三重循环。

例 4-6 在图 3-12 所示的流水灯控制系统中，如果使与 P1 口相连的发光二极管从 LED0 到 LED7 依次循环点亮，每次只亮 1 个，且亮的时间是 1 s，编写汇编语言程序实现该功能(f_{OSC} =12 MHz)。

解：很显然，可用循环左移指令 RL 控制灯的移位，用无条件转移指令控制灯的循环。汇编语言程序如下：

```
            ORG    0
            MOV    A, #0FEH      ; 共阳极接法中循环时的初始数据
LOOP:       MOV    P1, A         ; 点亮 LED
            MOV    R5, #10       ; 1 s 延时程序，fosc = 12 MHz
DELAY0:     MOV    R6, #200
DELAY1:     MOV    R7, #250
DELAY2:     DJNZ   R7, DELAY2
            DJNZ   R6, DELAY1
            DJNZ   R5, DELAY0
            RL     A
            SJMP   LOOP          ; 控制程序的循环
            END
```

如果该系统的 f_{OSC} =11.0592 MHz，则此时机器周期是 1.085 μs。对于该例，只需要将 R7 的初始值修改为 230 即可。

4.3　分支程序设计

分支结构又称为选择结构，其基本结构有单分支和多分支两种。单分支结构的特点是某条件只有两种情况发生，非此即彼，因此程序有一个入口，两个出口，如图 4-2(a)所示。多分支结构的特点是条件有多种可能性出现，不同条件下执行不同的任务，因此程序有一个入口，多个出口，如图 4-2(b)所示。

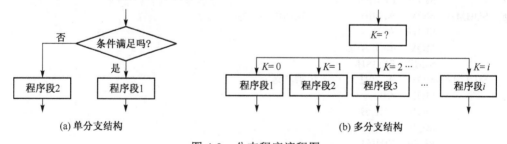

(a) 单分支结构　　　　　　　　　　　　　　(b) 多分支结构

图 4-2　分支程序流程图

在 MCS-51 指令系统中，通过条件判断实现单分支程序转移的指令有 JZ、JNZ、CJNE 和 DJNZ 等。此外，还有以位状态为条件控制程序分支转移的指令，如 JC、JNC、JB、JNB 和 JBC 等。使用这些指令可以完成数值是 0 或 1、正数或负数、相等或不相等、大于或小于等判断。前面已经有很多单分支程序的例子，故不再进行详细说明。在此，主要介绍多分支程序的结构、指令和用法。

MCS-51 指令系统中，通常使用"JMP @A+DPTR"指令实现多分支的转移。下面介绍利用"JMP @A＋DPTR"实现多分支程序设计的常用方法。

许多应用中，常根据某标志单元或寄存器的内容（输入值或计算结果）0、1、2、…、n，分别执行不同的任务。针对这种情况，可以先用无条件转移指令 AJMP 或 LJMP 按照顺序组成一个转移表（又称为散转表），再将转移表的首地址装入 DPTR，然后将标志单元或寄存器的值送入 A，将 A＋DPTR 运算后的值作为变址，最后执行"JMP @A＋DPTR"，就实现了程序的散转。

例 4-7 在内部 RAM 20H 和 21H 单元中有两个无符号数，由 22H 中的值决定对该数完成加、减、乘或除运算（20H 单元中的数为被减数或被除数），运算规则及结果保存处见表 4-1。

解：参考程序如下：

表 4-1 例 4-7 说明

(22H)	操作	结果保存处
0	加	30H(低字节)，31H(高字节)
1	减	40H
2	乘	50H(低字节)，51H(高字节)
3	除	60H(余数)，61H(商)

```
        ORG     0
        LJMP    START
START:  ORG     100H
        MOV     A, 22H
        MOV     B, 21H
        RL      A           ; 乘以 2
        MOV     DPTR, #TAB
        JMP     @A+DPTR
        NOP
TAB:    AJMP    ADDM        ; 散转表
        AJMP    SUBM
        AJMP    MULM
        AJMP    DIVM
ADDM:   MOV     A, 20H      ; 加法运算
        ADD     A, B
        MOV     30H, A
        MOV     A, #0
        ADDC    A, #0
        MOV     31H, A
        SJMP    FINISH
SUBM:   MOV     A, 20H      ; 减法运算
        SUBB    A, B
        MOV     40H, A
        SJMP    FINISH
MULM:   MOV     A, 20H      ; 乘法运算
        MUL     AB
        MOV     51H, B
        MOV     50H, A
        SJMP    FINISH
DIVM:   MOV     A, 20H      ; 除法运算
        DIV     AB
        MOV     61H, A
        MOV     60H, B
FINISH: END
```

程序中，转移表 TAB 是由双字节指令 AJMP 组成的，因此，各转移指令的地址依次相差 2 字节，故用"RL A"对分支序号乘以 2 进行地址修正。如果使用 LJMP 指令，则

应乘以 3。分支实现的过程是根据分支序号值(本程序中是 A 的值),通过 JMP 指令转向 TAB 表中的某一条 AJMP,然后再执行 AJMP 指令,从而使程序转移到指定分支的入口。因此,这种分支实际上是通过两次跳转实现的。

在使用"JMP @A+DPTR"构成多分支程序时,需要注意以下几点:

(1) 由于 A 是 8 位寄存器,如果分支程序的个数大于 128,则地址修正值大于 256。为了获得正确的地址,需要对数据指针的高 8 位 DPH 进行修正。

(2) 散转点数不得超过 256,这是由 A 的容量确定的。

(3) AJMP 指令的跳转范围为 2 KB,这就限制了各分支程序的入口地址和转移表首地址 TAB 位于同一个 2 KB 的空间范围内。为了克服这种局限,可以采用 LJMP 指令。

MCS-51 汇编语言中的"JMP @A + DPTR"指令实现的散转功能与 C 语言中 switch… case 语句的功能是相似的。

4.4　子程序设计

1) 子程序设计中需注意的问题

子程序在结构上与一般程序的主要区别是在程序末尾有一条子程序返回指令 RET(对于中断服务子程序,其最后一条语句是 RETI)。使用调用指令 LCALL 或 ACALL 实现对子程序的调用。在编写子程序时应该注意以下几点。

(1) 给每个子程序赋一个名字。子程序的第一条指令的地址称为子程序的地址或入口地址,该指令前的标号就是子程序的名字。

(2) 注意保护现场和恢复现场。在执行子程序时,可能要使用累加器、某些通用寄存器或单元,而这些寄存器或单元中存放有主程序的中间结果,且这些结果又不允许被破坏,则在子程序使用这些寄存器和单元前必须使用 PUSH 指令保存现场,在子程序返回主程序前用 POP 指令弹出现场。

(3) 在子程序的末尾必须有子程序返回指令 RET 或 RETI,以便取出保存的断点送给 PC。

(4) 应能正确地传递参数。在主程序调用子程序时,经常把一些参数传递给子程序,称其为子程序的入口参数。同样,当子程序调用结束时,也经常把一些结果带回主程序,称其为子程序的出口参数。为了确保主程序能正确地传递参数给子程序,子程序能正确地返回主程序所需的参数,一般在子程序中开辟一些临时变量用于专门接收和返回这些参数,通常以通用寄存器或者存储单元为临时变量。

(5) 保证子程序有一定的通用性。子程序中的操作对象应尽量用地址或寄存器形式,而不用立即数形式。

在子程序执行的过程中还可以调用另一个子程序,即子程序嵌套。嵌套的次数从理论上说是无限的,但实际上由于堆栈容量有限,嵌套次数也是有限的。

2) 子程序设计举例

例 4-8　在图 3-12 所示的流水灯控制系统中,若使 LED0~LED7 的偶数灯亮 1 s,再使奇数灯亮 1 s,如此循环,使用子程序结构实现该功能。

解:由于 1 s 的延时程序反复使用,为此将 1 s 的延时程序编写成子程序。假设 f_{OSC} =11.059 2 MHz,则参考程序如下:

```
            ORG    0
MAIN:       MOV    P1, #0AAH
            LCALL  DELAY1S
            MOV    P1, #55H
            LCALL  DELAY1S
            AJMP   MAIN
DELAY1S:    MOV    R5, #10          ; 1 s 延时子程序
DELAY0:     MOV    R6, #200
DELAY1:     MOV    R7, #230
DELAY2:     DJNZ   R7, DELAY2
            DJNZ   R6, DELAY1
            DJNZ   R5, DELAY0
            RET
            END
```

例 4-9 某 8 路温度采集系统中，每一路采集到的温度值是 1 字节的十六进制数，且存放在从 40H 单元开始的内部 RAM 中，欲以十进制数的形式用共阳极数码管显示温度，则首先要将十六进制数转换成与其对应的非压缩型 BCD 码。现要求编程将各路采集数值的非压缩型 BCD 码存放到内部 RAM 从 50H 开始的单元中，且从高位到低位依次存放。

解： 温度值是 1 字节的十六进制数，则对应为 1 个 3 位的 BCD 码，例如 0FEH = 254_{BCD}。由于每个数码管只能显示 1 位十进制数，即 1 位 BCD 码，因此，需要先将采集到的十六进制的温度值转换成非压缩型 BCD 码，分离出其百位、十位和个位，转换方法参考例 3-8。由于每路都需要转换，故将此部分设计成一个子程序。参考程序如下：

```
            ORG    0
MAIN:       MOV    R0, #40H         ; 置 8 路温度数据存放的起始地址
            MOV    R1, #50H         ; 置非压缩型 BCD 码存放的起始地址
            MOV    R2, #8           ; 循环初始值
REP:        MOV    A, @R0           ; 取要转换的数据
            LCALL  CHANGE
            INC    R0
            DJNZ   R2, REP
CHANGE:     MOV    B, #100          ; 除数送 B
            DIV    AB               ; 相除，分离出百位
            MOV    @R1, A           ; 保存百位
            MOV    A, B             ; 余数送 A
            MOV    B, #10           ; 除数送 B
            DIV    AB               ; 分离十位和个位
            INC    R1
            MOV    @R1, A           ; 保存商，即十位数
            INC    R1
            MOV    @R1, B           ; 保存余数，即个位数
            INC    R1
            RET
            END
```

此处仅介绍了用 RET 设计的子程序，关于 RETI 的用法将在第 6 章详细介绍。

本 章 小 结

本章通过举例说明了 MCS-51 汇编语言程序中的顺序结构、循环结构、分支结构和子程序结构的设计方法。顺序结构是最简单的结构，它是所有程序结构的基础。MCS-51 中控制循环结束的指令通常是 CJNE 和 DJNZ 指令，其特点是先执行循环体，再判断循环结束条件是否满足。分支结构主要由一些条件转移指令和以位为条件的转移指令构成，利用"JMP @A + DPTR"指令可构成多分支程序。子程序结构中，子程序必须有名字，且子程序的最后一条指令是 RET 或 RETI，它们是子程序的标志。

本章的重点是掌握各种程序结构的特点和常用的控制程序循环、跳转、返回的指令，要求能灵活运用 MCS-51 的指令编写难度适中的汇编语言程序。

思考题与习题

4-1 编写程序把 ROM 中从 1000H 开始 20 个单元内容读出，并存放在内部 RAM 从 30H 开始的地方。

4-2 编写程序把 ROM 中从 1000H 开始 20 个单元内容读出，并存放在外部 RAM 从 30H 开始的地方。

4-3 以 DJNZ 指令为循环控制条件，实现将外部 RAM 的 2000H～20FFH 单元置为 12H。

4-4 完成 $Z = X \odot Y$ 的同或运算(其运算规则是"相同为 0，相异为 1")，其中 X、Y、Z 表示位地址。

4-5 两个字符串分别存放在首地址为 42H 和 52H 的内部 RAM 中，字符串长度存放在 41H 单元，请编程比较两个字符串。若相等，则把数字 0 送 40H 单元，否则把–1 送 40H 单元。

4-6 若内部 RAM 40H 存放着数据 X，并根据下式给 Y 赋值。设函数值 Y 保存于内部 RAM 50H 单元，编程实现此功能。

$$Y = \begin{cases} 1 & X > 0 \\ 0 & X = 0 \\ -1 & X < 0 \end{cases}$$

(提示：在习题 4-1 至习题 4-6 中，在 Keil 中运行程序前，应知道原来单元中的值，必要时可修改相关单元的值。)

4-7 分析图 4-3，如果使 D1～D8 亮，则 P3.7 应为低电平还是高电平？编写程序使 D1 至 D8 逐个点亮(每次只亮 1 个)，然后又从 D8 至 D1 点亮，如此循环。每个灯亮时间为 1 s，假设 $f_{OSC} = 11.0592$ MHz。

4-8 图 4-3 中，若使 D1 至 D8 逐个点亮，每个灯亮的时间分别为 1 s、2 s、…、8 s，D8 点亮之后又从 D1 开始循环，编写程序实现该功能 ($f_{OSC} = 11.0592$ MHz)。

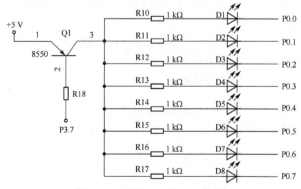

图 4-3 习题 4-7 及 4-8 的图

第 5 章 单片机的 C51 语言编程基础

汇编语言虽然是面向机器的语言，其目标代码段占用存储器空间少、运行快，有着高级语言无法替代的优点，但是其指令助记符多，编程灵活性差。在高级语言中，C 语言具有面向机器和面向用户的特点，因而具有良好的可读性、易维护性和可移植性，而且对硬件的控制能力也很强，这使得 C 语言成为程序开发的首选语言。同汇编语言相比，其缺点是代码效率稍低，在程序较大时需要使用大量外部程序存储器，而新一代单片机内部嵌入了大容量的 Flash ROM，有效地弥补了这个缺陷。此外，C 语言的数据类型及运算符丰富，并具有良好的程序结构，适用于各种应用程序的设计，是目前应用较广的单片机编程语言。

Keil 中的 C51 语言是美国 Keil Software 公司推出的兼容 51 系列单片机的 C 语言软件开发系统。与汇编语言相比，C51 语言在功能、结构性、可读性及可维护性上均有明显优势。采用 Keil 中的 C51 语言编程的优点是：

(1) 不需要对单片机的汇编语言指令系统有深入的了解；

(2) 寄存器的分配、不同存储器的寻址及数据类型等完全由编译器自动管理，不需要用户考虑；

(3) 程序由一个主函数和不同功能的子函数组成，结构规范；

(4) 自带的库中包含许多标准子函数，具有较强的数据处理能力，方便使用；

(5) C 语言和汇编语言可以联合使用。可用汇编语言编写与硬件有关的程序，用 C 语言编写与硬件无关的运算部分。充分发挥汇编语言程序代码短、运行速度快和 C 语言编程数据处理能力强、程序结构化的优点。

5.1 C51 程序的基本结构和常用的头文件

5.1.1 C51 程序的基本结构

C51 语言程序的结构与标准 C 语言基本一致，文件的扩展名为 ".c"。一个 C51 程序基本上是一个函数定义的集合，在这个集合中有且只有一个名为 main() 的函数，也称为程序的主函数。程序从 main() 函数处开始执行，在调用其他子函数后又返回主函数处继续执行。

C51 程序的基本结构如下所示：

```
预处理命令            //库函数加载和子函数声明等
全局变量说明          //可被各函数引用
main()               //主函数
{
  局部变量说明        //只能被本函数引用
  执行语句(包括子函数的调用语句)
}
func1(形式参数及说明)  //子函数 1
{
  局部变量说明
```

```
    执行语句(包括调用其他子函数语句)
}
……
funcn(形式参数及说明)              //子函数 n
{
    局部变量说明
    执行语句
}
```

C51 程序的开始部分通常是预处理命令，如#include 命令。这个预处理命令通知编译器在对程序进行编译时，将所需的头文件读入后再一起进行编译。"头文件"包含程序在编译时所必需的信息，通常 C 语言编译器都会提供若干个不同用途的头文件。

采用 C51 语言编程时应注意以下问题。

(1) C51 程序是由函数组成的。一个 C51 程序由一个 main 函数和若干个子函数组成。被调用的函数可以是编译器提供的库函数，也可以是用户根据需要自己编写的函数。

(2) 一个函数由两部分组成，分别是函数说明部分和函数体。

函数说明部分包括函数名、函数类型、函数属性、函数参数(形参)名、形式参数类型。函数名后面必须跟一对圆括号，函数参数可以没有，如 main()。

函数体，即函数说明部分下面大括号{…}内的部分。大括号"{}"必须成对出现，书写位置随意，可以紧跟在函数名后，也可以另起一行。多个大括号可以同行书写，也可以逐行书写，一般为了层次分明，同一层的大括号对齐，并逐层缩进。

(3) 可以在一行书写多条 C51 语句，但每个语句必须以";"结尾。

(4) 可以用"/*……*/"或"//"对程序中的任何部分进行注释。一个好的程序应当加上必要的注释，以增加程序的可读性。

(5) 每个语句和数据定义的最后必须有分号。

5.1.2　C51 中常用的头文件

C51 中常用的头文件有 reg51.h、reg52.h、math.h、ctype.h、stdio.h、stdlib.h、absacc.h 和 intrins.h。最常用的是 reg51.h 或 reg52.h。

1) reg51.h 和 reg52.h

二者分别是 51 子系列和 52 子系列单片机的头文件，用于定义 51 或 52 子系列单片机中的特殊功能寄存器和特殊功能寄存器中可寻址的位。这两个头文件的内容基本一样，只是 52 子系列单片机比 51 子系列单片机多了一个定时器 T2，因此，reg52.h 中多了几行定义 T2 寄存器的内容。

在该头文件中分别用 sfr 和 sfr16 定义 8 位和 16 位的特殊功能寄存器，用 sbit 定义特殊功能寄存器中可寻址的位。例如：

```
sfr   P1 = 0x90;        /*定义 P1 口的地址为 90H, 可字节寻址*/
sfr   TCON = 0x88;      /*定义 TCON 的地址为 88H*/
sfr   TMOD = 0x89;      /*定义 TMOD 的地址为 89H*/
sfr   TL0 = 0x8A;       /*定义 T0 的低 8 位地址为 8AH*/
sfr16 T2 = 0xCC;        /*指定 16 位寄存器 Timer2 口地址 TL2 = 0CCH, TH2 = 0CDH*/
sbit  ET0 = IE^1;       /*指定 ET0 为中断允许控制寄存器 IE 的第 1 位*/
sbit  ET0 = 0xa9;       /*指定 ET0 为可寻址位 0A9H, 即 IE^1。结果同上*/
```

定义以后，在程序中就可以直接引用这些特殊功能寄存器和特殊位的名，如 P1、ET0 等。但一定要注意，所有的特殊功能寄存器和特殊位的名称必须大写，应与 reg51.h 或 reg52.h 中的定义统一。

2）absacc.h

absacc.h 是访问绝对地址头文件。当用绝对地址访问内部 RAM（data）、外部 RAM 的一页（pdata）、整个外部 RAM（xdata）和 ROM（code）时，需要包含此文件。该头文件的函数有：

CBYTE、CWORD（以字节型、字型访问 ROM）；

DBYTE、DWORD（以字节型、字型访问内部 RAM）；

PBYTE、PWORD（以字节型、字型访问外部 RAM 的一页空间（256B））；

XBYTE、XWORD（以字节型、字型访问外部 RAM）。

例如：

```
#include <absacc.h>
main()
{
  DBYTE[0x30] = 0xff;          /*给内部 RAM 的 30H 单元赋值 0FFH*/
  XBYTE[0x1000] = 0x12;        /*给外部 RAM 的 1000H 单元赋值 12H*/
}
```

由于单片机的 I/O 口和外部 RAM 统一编址，因此可用 XBYTE 或 PBYTE 访问 I/O 口。假设某输入口地址为 6FFFH，将从该口读入的数据输出给 7FFFH 端口和内部 RAM 的 30H 单元，程序如下：

```
#include <absacc.h>
main()
{
  char  a;
  a = XBYTE[0x6fff];          /*从 6FFFH 口读入数据*/
  XBYTE[0x7fff] = a;          /*输出给 7FFFH 口*/
  DBYTE[0x30] = a;            /*将 a 赋给内部 RAM 30H 单元*/
}
```

由于字符型数据的长度是 1 字节、整型数据的长度是 2 字节，即 1 字，因此上面访问各存储器单元的字节型和字型也可以说是字符型和整型。

3）其他头文件

math.h 包含各种数学运算函数，如求绝对值、平方根、指数、对数、正弦、余弦、反正弦、反余弦等函数。

ctype.h 主要提供两类重要的函数：字符测试函数和字符大小转换函数。例如，判断一个整型变量是数字、字母、换行符还是控制符等。

stdio.h 是标准输入/输出函数头文件，用于从标准输入设备读取字符、数字，向标准输出设备输出字符、字符串等。

stdlib.h 是标准库头文件，说明了用于数值转换、内存分配及具有其他相似任务的函数，例如求绝对值、把字符串转换成整型、长整型等。

intrins.h 是字符型、整型和长整型数字的左、右循环移位头文件。例如_cror_、_crol_、_iror_、_irol_分别表示字符型数字右循环、左循环和整型数字的右循环、左循环。此处的循环移位和按位操作的左移（<<）和右移（>>）实现的功能是不同的。

关于各头文件的内容、其中包含的函数及各函数的用法，可以在 C51 程序中包含头文件的行单击鼠标右键，然后单击 "open document <XXX.h>" 看到。

5.2 C51 的基本数据类型、数据存储类型和存储模式

5.2.1 C51 的基本数据类型

C51 的数据有常量和变量之分。

1）常量

常量是在程序运行中其值不变的量，可以为字符、十进制数或十六进制数(用 0x 表示)。常量分为数值型常量和符号型常量。如果是符号型常量，需要用宏定义指令(#define)对其进行定义(相当于汇编的 "EQU" 伪指令)，如 "#define　PI　3.14159"。程序中只要出现 PI 的地方，编译程序都用 3.14159 代替。需要注意的是，C 语言中宏定义指令后面不加 ";"。

2）变量

变量是在程序运行中其值可以改变的量。一个变量由变量名和变量值构成。变量名即为存储单元地址的符号，而变量的值就是存放在该存储单元中的数据。

定义了一个变量，编译系统就会自动为它分配一个存储空间。变量根据功能范围可以分为全局变量和局部变量。全局变量可以被各个函数引用，而局部变量只能在定义该变量的函数内引用。但是全局变量一旦定义，在整个程序的运行过程中都会占用固定的存储空间，而局部变量在子函数调用完后就会自动释放存储空间。如果在汇编时规定所定义的变量存放在内部 RAM 中，由于可供用户使用的内部 RAM 单元只有 128 字节，也就意味着内部 RAM 中只能存放 64 个整型变量(每个整型变量占用 2 字节)。因此，在编写 C51 程序时一般尽量使用局部变量。

数据类型规定了一个数据的长度，即它应占用几个存储单元，编译系统据此分配相应的存储空间。

C51 编译器支持的数据类型见表 5-1。

表 5-1　Keil C51 支持的数据类型

数 据 类 型		长　度	值　　域
位型	bit	1 位	0 或 1
字符型	signed char	1 字节	−128～+127
	unsigned char	1 字节	0～255
整型	signed int	2 字节	−32768～+32767
	unsigned int	2 字节	0～65535
	singed long	4 字节	−2147483648～+2147483647
	unsigned long	4 字节	0～4294967295
实型	float	4 字节	1.176E-38～6.40E+38
指针型	data/idata/pdata	1 字节	1 字节地址
	code/xdata	2 字节	2 字节地址
	通用指针	3 字节	其中，1 字节为存储器类型编码，2、3 字节为地址偏移量
访问 SFR 的数据类型	sbit	1 位	0 或 1
	sfr	1 字节	0～255
	sfr16	2 字节	0～65535

其中，bit、sbit、sfr、sfr16 等几种类型属于 Keil C51 扩展的数据类型，其他类型则与 ANSI C 的相同。

字符型(char)、整型(int)和长整型(long)均有符号型(signed)和无符号型(unsigned)两种。一般情况下，尽可能选择 unsigned 型，这样编译器可以省去符号位检测，生成的程序代码比 signed 型短得多。

5.2.2　C51 数据的存储类型

数据的存储类型指明了数据存储的空间位置。对于用户而言，51 单片机系统有 3 个存储区(或存储空间)，分别是内部 RAM、外部 RAM 和 ROM。

Keil C51 具有对 51 单片机系统所有存储区进行访问的功能。在定义变量时，同时包含了存储器类型，每个变量可以明确地分配到指定的存储空间。合理地选择每个变量的存储空间位置，有利于合理应用有限的存储空间，加快运行速度，提高系统性能。

与存储器相关的存储类型有 code、xdata、pdata、data、idata 和 bdata。C51 的变量存储类型与 80C51 单片机存储空间的对应关系见表 5-2。

表 5-2　C51 的变量存储类型与 80C51 存储空间的关系

存 储 类 型	与硬件存储空间的对应关系
data	直接寻址内部数据存储器(128 B)，访问变量速度最快
bdata	可位寻址内部数据存储器(16 B)，允许位与字节混合访问
idata	间接寻址内部数据存储器，可访问内部地址空间(256 B)
pdata	外部数据存储器的一页空间(256 B)，由操作码 MOVX　@Ri 指令访问
xdata	外部数据存储器(64 KB)，由操作码 MOVX　@DPTR 指令访问
code	代码存储器(64 KB)，由操作码 MOVC　@A + DPTR 指令访问

C51 可以在变量、常量说明中将其定义成不同存储类型，也就是将它们分配在不同的存储区中。在用 Keil 编译时，也可以通过选择存储模式来定义默认的存储器类型。

5.2.3　C51 数据的存储模式

Keil C51 编译器为了适应不同规模的程序而选用不同的存储模式。存储模式决定了变量的默认存储类型、参数传递区和无明确存储区类型的说明。

1) small 模式

所有参数及局部变量都放在可直接寻址的内部 RAM(最大 128 B)，这与用 data 定义变量所起的作用相同。优点是访问速度快；缺点是空间有限，只适用于对 RAM 需求小的程序。

2) compact 模式

所有参数及局部变量都放在外部 RAM 区的一页(最大 256 B)，这与用 pdata 定义变量的作用相同。具体放在哪一页，可由 P2 口定义，并在 STARTUP.A51 文件中说明。该模式的优点是存储器空间比 small 模式大，但速度较 small 模式慢，比 large 模式快。

3) large 模式

所有参数及局部变量都放在外部 RAM 区(最大 64 KB)，这与用 xdata 定义变量的作用相同，需要用 DPTR 寻址。该模式的优点是空间足够大，存放变量多；缺点是运行速度较慢。

例如，设 C51 程序为 delay.c，若使程序中的变量类型和参数传递区限定在外部 RAM 的一页内，可以在程序的第一句加预处理命令"# pragma compact"。

5.2.4 变量声明举例

1）字符型、整型、实型变量的声明

此类变量的声明可以包括存储类型和符号属性（signed/unsigned）。例如：

```
char data    i;                              /*字符型变量 i 定位在内部 RAM*/
unsigned char code    Tab[ ] = "key in number"; /*无符号字符型数组定位在 ROM*/
long xdata    array[10];                     /*长整型数组定位在外部 RAM，每元素占 4 B*/
float idata    m,n;                          /*实型变量 m, n 定位在间接访问的内部 RAM*/
unsigned int pdata    j;                     /*无符号整型变量 j 定位在外部 RAM 的 1 页内*/
unsigned char xdata    score[10][4][4];      /*无符号字符型三维数组 score 定位在外部 RAM*/
char bdata    flag;                          /*字符型变量 flag 定位在可位寻址的内部 RAM*/
```

如果在变量说明时略去存储器类型标志符，编译器会自动选择默认的存储器类型。默认的存储器类型由控制指令 small、compact 和 large 限制。例如，若声明"char i"，则默认的存储器模式为 small，i 放在内部 RAM（data 存储区）；若使用 compact 模式，则 i 放在外部 RAM 的一个页（pdata 存储区）；若使用 large 模式，则 i 放在外部 RAM（xdata 存储区）。当没有指明符号属性时，则默认是 signed，即有符号数。

2）位变量声明

位变量声明指定义的变量为内部 RAM 中可寻址的位。例如：

```
bit    flag;          /*位变量 flag 定位于内部 RAM 中的可寻址位*/
bit    flag = 0x40;   /*用 flag 表示内部 RAM 的 40H 位，相当于汇编语言中的位赋值语句
                         flag bit 40H*/
bit    flag = 0x20^0; /*flag 表示内部 RAM 20H 单元的第 0 位，"^"相当于汇编语言中的"."*/
```

对于一些特殊功能寄存器中没有名称的可寻址位，如 P0、P1、P2、P3 等中的位，用户可以对其命名，此时必须包含头文件"reg51.h"或"reg52.h"，同时用"sbit"对位定义。例如：

```
#include <reg51.h>
sbit    led = P1^0;     /*led 表示 P1.0*/
sbit    led = 0x90^0;   /*90H 是 P1 口的地址，结果同上*/
```

3）指针变量声明

C51 中指针变量的应用类似于汇编语言中的寄存器间接寻址。如果有一个变量专门存放另一个数据所在的地址（指针），则它为指针变量。指针变量的声明格式为

数据类型 [存储器类型 1]*[存储器类型 2] 标识符

其中，* ——指针类型，此处"*"不含取内容之意；

数据类型——声明指针所指变量的类型；

[存储器类型 1]——声明指针所指变量的存储类型，若默认，则定义为一般指针；

[存储器类型 2]——声明该指针变量本身的存储类型；

标识符——声明指针变量本身的数据类型和名称。

例如：

```
char xdata   *data pd;      /*指针 pd 指向字符型外部 RAM 区（xdata，每个数据 1 字节）；指针 pd 定位
                             在内部 RAM 区（data），默认长度为 2 字节*/
char xdata   * pd;          /*该定义与上例等效，如果不指定编译模式，则指针定位在内部 RAM */
data int    *pd;           /*整型通用指针，指针在内部 RAM，长度为 3 字节*/
int   *data pd             /*功能同上*/
```

指针变量中只能存放地址，不能将一个整型量（或任何其他非地址类型的数据）赋给一个指针变量。如果通过指针取出 RAM 中存放的数据 100，下面的赋值是不合法的：

```
int   *pd;
pd = 100;                   /*pd 为指针变量, 100 为整数*/
```

此时，需要用到一个运算符"&"，即取地址运算符。因此，上面的赋值程序应写为

```
int    m = 100;
int    *pd;
int    n;
pd = &   m;                 /*将变量 m 的地址赋给指针 pd*/
n = *pd;                    /*使用指针变量进行间接访问, 将变量 m 的值赋给 n, n=100*/
```

5.3   C51 的运算符

C51 的运算符有以下几类。

（1）算术运算符：+、−、*、/和%，分别表示加法、减法、乘法、除法和求余运算。对于求余运算，要求两侧均为整型数据，如 7 % 4 = 3。

其优先级：先乘除，后加减，先括号内，后括号外。

（2）关系运算符：<、>、<= 、>= 、==和!= ，分别表示小于、大于、小于等于、大于等于、相等和不相等。其中，"=="表示前后两个量的比较，是关系运算符，而"="表示将等号右边的数据赋给等号左边的变量，是赋值运算符。

优先级："<"、">"、"<="和">="的级别高于"=="和"! ="。

（3）逻辑运算符：&&、||和!，分别表示逻辑与、逻辑或和逻辑非。逻辑表达式和关系表达式的值相同，"0"代表假，"1"代表真。

优先级：逻辑非 > 算术运算 > 关系运算 > 逻辑与和逻辑或 > 赋值运算。

（4）按位操作运算符：&、|、^、～、<<和>>，分别表示按位与、按位或、按位异或、位取反、位左移、位右移（移位时补 0 移位）。例如：

```
x = 0x10;
x = ～x;           /*对 x 按位取反, 则 x 的值为 0EFH*/
y = 0xff;
y>>2;             /*将 y 右移两位，移位后空位补 0, y 的值为 3FH*/
```

（5）自增、自减运算符：++i、−−i、i ++和 i −−，其作用是使变量的值增 1 或减 1，但"++i"或"−−i"表示在使用 i 前，先使 i 的值加 1 或减 1，而"i ++"或"i −−"是在使用 i 之后，使 i 的值加 1 或减 1。例如：

```
int i = 10, j, k;
j = i++;            /*j 的值为 10, i 的值为 11*/
k = ++j;            /*j 的值为 11, k 的值也为 11*/
```

（6）复合赋值运算符：+=、– =、*=、/=、%=、<<=、>>=、&=、^=和|=。例如，a += b 和 a = a + b 的结果是相同的，a <<= c 和 a =a<< c 的运算结果是相同的。

（7）对指针操作的运算符：&和*，分别表示取地址运算符和间接寻址运算符。例如：

```
*pd = &m;           /*将变量 m 的地址赋给指针 pd*/
n = *pd;            /*使用指针变量进行间接访问，将变量 m 的值赋给 n*/
```

注意：

（1）取地址运算符 "&" 与按位与运算符 "&" 的差别在于，与运算符 "&" 的两边必须为变量或常量。

（2）间接寻址运算符 "*" 与指针变量前的 "*" 的差别在于是否赋值。例如，"char *pd"，这里的 "*" 只表示 pd 指针变量，不代表间接寻址取内容的运算。

5.4 C51 的函数

一个 C 程序由一个主函数和若干子函数构成。由主函数调用其他子函数，其他函数也可以互相调用。

例 5-1 函数调用举例。

```
int addfunc(int a, int b)       /*加法子函数*/
{
    int c;
    c = a + b;
    return(c);
}
void delay()                    /*延时 10 ms 子函数，假设 fosc = 11.0592 MHz*/
{
    int i, ms = 10;
    while (ms--)
    {
        for (i = 0; i < 115; i++);   /*延时 1 ms*/
    }
}
void main()                     /*主函数*/
{
    int x = 10, y = 3, z;
    z = addfunc(x, y);
    delay();
}
```

由上可见，函数是 C 语言程序的组成单位，其中必有一个主函数 main()。

5.4.1　函数的分类

从用户使用的角度看，函数有以下两种。

（1）标准函数，即库函数。这是由系统提供的，用户不必自己定义这些函数，可以直接使用它们，如前面讲到的头文件"math.h""intrins.h"中包含的一些算术运算函数、移位函数等。

（2）用户自己定义的函数。用以解决用户的专门需要而设计的，如例5-1中的函数addfunc和delay。

从函数的形式上看，函数分为以下两类。

（1）无参函数。在调用无参函数时，主函数并不将数据传送给被调用函数，一般用来执行指定的一组操作。例5-1中的delay函数就是无参函数，无参函数可以带回或不带回函数值，但一般以不带回函数值居多。

（2）有参函数。在调用函数时，在主函数和被调用函数之间有数据传递，例5-1中addfunc函数就是有参函数。也就是说，主函数可以将数据传送给被调用函数使用，被调用函数中的数据也可以带回供主函数使用。

5.4.2　函数的定义

无参函数的定义形式：

    类型标识符　函数名（）
    {函数体语句；}

对应例5-1中delay函数，"类型标识符"是指函数值的类型，即返回值的类型。无参函数一般不需要返回值，可以将返回值类型设为void。

有参函数定义的一般形式：

    类型标识符　函数名（形式参数列表）
    {函数体语句；}

对应例5-1中的addfunc函数，括号中的两个形式参数a和b是整型的。主函数main调用此函数时，把实际参数值（x和y的值）传递给被调用函数中的形式参数a和b。注意，形参的类型要与实参的类型相同，否则将出错。

5.4.3　函数的调用

函数调用的一般形式为

    函数名（实参列表）；

如果是调用无参函数，则"实参列表"是没有的，但括号不能省略，见例5-1。如果实参列表包含多个实参，则各参数间用逗号隔开。实参和形参的个数应相等，类型要一致。实参与形参按顺序对应，一一传递数据。

按函数在程序中出现的位置分，有以下3种函数调用方式。

（1）函数语句，即把函数调用作为一个语句。如例5-1中的"delay（）;"，此时不要求函数带回值，只要求函数完成一定的操作。

（2）函数表达式，即函数出现在一个表达式中，要求函数带回一个确定的值，以参加表达式的运算。如例 5-1 中的 "z = addfunc(x,y);"，此时函数 addfunc 是表达式的一部分，它的值赋给 z。

（3）函数参数，即某函数作为该函数的参数被调用，如 "m = addfunc(z, addfunc(x,y));"，此时函数 addfunc(x,y) 的值作为函数 addfunc 的另一个形参，m 的值为 z + (x + y)。

5.4.4　对被调用函数的说明

如果被调用函数出现在主函数之前，可以不对被调用函数进行说明，如例 5-1 所示。如果被调用函数出现在主函数之后，在主函数前应对被调用函数做出说明，其形式为

　　　　返回值类型　被调用函数名(形参列表)；

以例 5-1 中的函数为例，若将 addfunc 函数写在主函数 main 之后，则参考程序如下。

```
int   addfunc(int, int)        /* addfunc 的定义出现在 main 函数之后, 故需先说明*/
void delay()                   /*延时 10 ms 子函数*/
{
    int i, ms = 10;
    while (ms--)
     {
       for (i = 0; i < 115; i++);
     }
}
void main()                    /*主函数*/
{
    int x = 10, y = 3, z;
    z = addfunc(x,y);
    delay();
}
int addfunc(int a,int b)       /*加法子函数*/
{
    int c;
    c = a + b;
    return(c);
}
```

在被调用函数的说明中，可以只出现形参的类型，而不出现形参名。

5.5　单片机的 C51 语言编程

例 5-2　将 40H 单元的高、低半字节的两个 BCD 码拆开，转换成相对应的 ASCII 码后分别存入 41H 和 42H 单元。

解：C 语言对地址的指示方法可以采用指针变量，也可以引用 "absacc.h" 头文件作为绝对地址访问，下面采用绝对地址访问方法编程。

```
#include <absacc.h>
void main ()
{
    char high,low;                    /*high 为高半字节, low 为低半字节*/
```

```
        high = DBYTE[0x40]&0xf0;          /*分离出高半字节*/
        high >>= 4;                       /*右移 4 位*/
        low = DBYTE[0x40]&0x0f;           /*分离出低半字节*/
        DBYTE[0x41] = high + 0x30;        /*将高半字节变为 ASCII 码, 存入 41H 单元*/
        DBYTE[0x42] = low + 0x30;         /*将低半字节变为 ASCII 码, 存入 42H 单元*/
    }
```

若采用指针变量进行间接访问, 则以上程序可以写为:

```
    void main()
    {
        char   idata *pd;                 /*定义指针, 指向内部 RAM*/
        char   high, low;                 /*字符型变量 high 和 low*/
        pd = 0x40;                        /*指针指向 0x40 单元*/
        high = *pd&0xf0;                  /*分离出高半字节*/
        high >>= 4;                       /*右移 4 位*/
        high += 0x30;                     /*将高半字节变为 ASCII 码*/
        low = *pd&0x0f;                   /*分离出低半字节*/
        low += 0x30;                      /*将低半字节变为 ASCII 码*/
        pd ++;                            /*指针指向 0x41 单元*/
        *pd = high;                       /*高半字节的 ASCII 码存入 41H 单元*/
        pd ++;                            /*指针指向 0x42 单元*/
        *pd = low;                        /*低半字节的 ASCII 码存入 42H 单元*/
    }
```

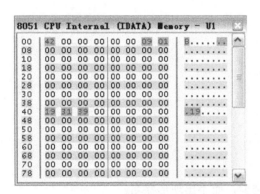

图 5-1 例 5-2 运行结果

若在程序开始对 0x40 单元写入 0x19, 则程序的运行结果如图 5-1 所示。41H 单元中存放高半字节 "1" 的 ASCII 码 31H, 42H 单元中存放的是低半字节 "9" 的 ASCII 码 39H。

在 C51 中定义变量时, C51 自行安排寄存器或存储器作为参数传递区, 通常安排在 R0~R7。因此, 如果对具体地址置数据, 应避开 R0~R7。此外, 如果不特别指定变量的存储类型, 通常被安排在内部 RAM 中。

例 5-3 用 C51 语言编程实现将外部 RAM 2000H~201FH 单元的内容置为 10H。

解: 这是一个典型的循环程序。

C 语言的循环语句有以下几种形式。

(1) while(表达式){语句;}。

其中, 表达式为循环条件, 语句为循环体。当表达式值为真(值为 1)时, 重复执行循环体中的语句, 属于当型循环。循环体内可以是一条或多条语句, 也可以只有一个 ";" (此时用于等待中断或查询)。

(2) do {语句; } while(表达式)。

先执行{}内的语句(循环体), 再判断表达式是否为真, 如此循环, 直至表达式为假时退出循环, 属于直到型循环。

(3) for(表达式 1；表达式 2；表达式 3；){语句；}。

其中，语句为循环体。执行过程是：执行表达式 1 后进入循环体，如表达式 2 为真，按表达式 3 修改变量，再执行循环体，直到表达式 2 为假时停止。任何一个表达式都可以省略，但两个分号不能省略。

对外部 RAM 的访问同样可以采用指针和绝对地址访问两种方法，本例中采用绝对地址访问法。对应上面几种循环的参考程序如下。

```
(1)  #include <absacc.h>
     void main()
     {
       char xdata   i = 0;
       while (i <= 0x1f)
       {
         XBYTE[0x2000 + i] = 0x10;
         i ++;
       }
     }
(2)  #include <absacc.h>
     void main()
     {
       char xdata   i = 0;
       do
       {
         XBYTE[0x2000 + i] = 0x10;
         i++;
       } while (i < 0x20);
     }
(3)  #include <absacc.h>
     void main()
     {
       char xdata   i;
       for (i = 0; i < 0x20; i ++)
       { XBYTE[0x2000 + i] = 0x10; }
     }
```

例 5-4 把 ROM 从 2000H 单元开始的数据块传送到外部 RAM 从 1000H 开始的存储区中，当数据为 0 时停止传送。

解： 外部 RAM 和外部 ROM 是分开编址的，两者的访问方式不同。如果采用指针寻址的方式，访问外部 RAM 时只需将指针定义为 xdata 类型，访问 ROM 时将指针定义为 code 类型。数据的传送可以通过循环语句和变量自加来实现。参考程序如下：

```
#define   uchar   unsigned char
uchar code    *pd1;
uchar xdata    *pd2;
void main()
{
  pd1 = 0x2000;
```

```
        pd2 = 0x1000;
        while (*pd1 != 0)
        {
            *pd2 = *pd1;
            pd1 ++;
            pd2 ++;
        }
    }
```

如果采用绝对地址的方法，则参考程序如下。

```
#include <absacc.h>
void main ()
{
    unsigned char   i = 0;
    while (CBYTE[0x2000 + i] != 0)
    {
        XBYTE[0x1000 + i] = CBYTE[0x2000 + i]
        i++;
    }
}
```

例 5-5　如图 3-12 所示，若使与 P1.0~P1.7 相连的共阳极 LED0~LED7 依次被点亮，其延时时间分别为 1 s，2 s，…，8 s，LED7 点亮之后又从 LED0 开始循环。试用 C51 语言编写程序实现此功能，设 f_{OSC} = 11.0592 MHz。

解：由于用到 51 单片机的 P1 口，因此要包含头文件"reg51.h"；因为要用到循环移位函数，所以应包含头文件"intrins.h"。在此，将 1 s 的延时设计成一个子函数。参考程序如下：

```
#include <reg51.h>
#include <intrins.h>
unsigned   int    x;
unsigned   char   led;
#define    led    P1
void delayxs (unsigned int x)          //延时 xs 的子函数，delayxs 为带参的函数
{
    unsigned int i, j, k;
    for (k = x; k > 0; k --)
        for (i = 1000; i > 0; i --)
            for (j = 115; j > 0; j --);    //本句延时 1 ms
}
void main ()
{
    while (1)
    {
        led = 0xfe;
        for (x = 1; x < 9; x ++)
        {
            delayxs (x);                //调用延时子函数，传递参数 x
            led = _crol_ (led,1);       //循环左移，每次只移 1 位
        }
```

```
        }
    }
```

5.6 C51 与汇编语言的混合编程

C 语言的编程比汇编语言容易，但汇编语言更高效。由于 C 语言很难写出高效率的程序，因此在 51 单片机编程中，有时需要用汇编语言。将 C 语言的易操作和易移植性与汇编语言的高效性相结合是程序开发中的一大亮点。

汇编语言中数据的传递多用到寄存器 R1～R7。对于 MCS-51 系列单片机，Keil C51 语言中定义的变量与各寄存器之间的关系见表 5-3。

如有以下定义：

    char   a = 10, b = 20;

a 是第一个参数且是字符型，则传递给 R7；b 是第二个参数，则传递给 R5。如果传递参数的寄存器不够用，可以使用存储器传送，通过指针取得参数。

表 5-3　参数传递的寄存器选择

参 数 类 型	char	int	long、float	一 般 指 针
第 1 个参数	R7	R6、R7	R4～R7	R1、R2、R3
第 2 个参数	R5	R4、R5	R4～R7	R1、R2、R3
第 3 个参数	R3	R2、R3	无	R1、R2、R3

对于有参函数的参数返回值与寄存器之间的传递规律见表5-4。例如，如果函数的返回值是字符型，则用 R7 传递；如果其返回值是整型，则用 R6 和 R7 传递。

表 5-4　函数返回值的寄存器

返 回 值	寄 存 器	说 明
bit	C	进位标志 CY
(unsigned) char	R7	
(unsigned) int	R6、R7	高位在 R6，低位在 R7
(unsigned) long	R4～R7	高位在 R4，低位在 R7
float	R4～R7	32 位 IEEE 格式，指数和符号位在 R7
指针	R1、R2、R3	R3 放存储器类型，高位在 R2，低位在 R1

C51 与汇编语言混合编程的方法有多种，下面介绍常用的一种。

例 5-6　采用混合编程方法实现例 5-5 的功能。

解： 汇编语言可实现精确的定时，因此例 5-5 中的延时程序用汇编语言编写，其他部分则用 C51 编写。

第一步：在 Keil 中编写 C51 程序，在需要汇编的地方先写两行代码：

```
#pragma asm
.......汇编程序内容
#pragma endasm
```

然后，将要写的汇编代码插到这两行中间即可，参考程序如下。

```
#include <reg51.h>
#include <intrins.h>
unsigned char   x;
unsigned char   led;
#define led P1
void delayxs(char);                    //子函数声明
void main()
{
while(1)
  {
     led = 0xfe;
     for (x = 1; x < 9; x ++)
       {
          delayxs(x);
          led = _crol_(led,1);
       }                               //循环左移函数
  }
}
void delayxs( char y)
{
#pragma asm
    DELAY:    MOV    R6, #10          //1 s 延时程序
    DELAY0:   MOV    R5, #200
    DELAY1:   MOV    R4, #230
    DELAY2:   DJNZ   R4, DELAY2
          DJNZ   R5, DELAY1
          DJNZ   R6, DELAY0
          DJNZ   R7, DELAY
#pragma endasm
}
```

第二步：保存文件名为"*.c"。假设该文件名为"li5-5.c"，在工程中加入含汇编语言的.c文件，在"li5-5.c"处单击鼠标右键，在出现的菜单中选择"Options for File ***"，在弹出的对话框中将"Generate Assembler SRC File"和"Assemble SRC File"两项选中，如图5-2所示。

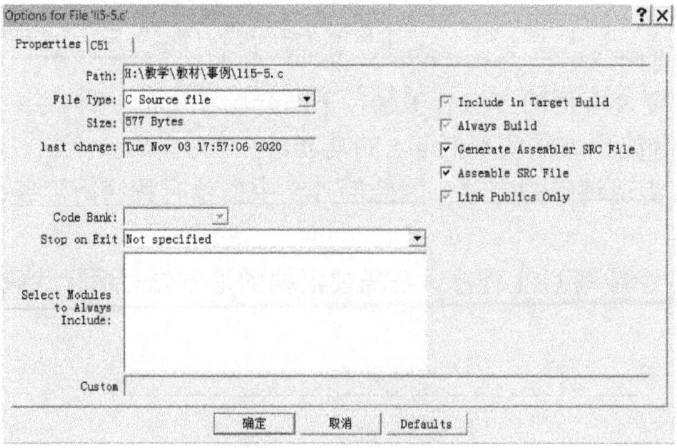

图5-2   对话框选项

第三步：装入库文件。根据所选择的编译模式，在工程中添加相应的库文件（如 small 模式下，库文件为 C51S.lib）。该文件在安装盘下:Keil\C51\LIB\C51S.lib，如图 5-3 所示。需要注意的是，含有汇编语言的.c 文件与其他文件的图标不一样，如图 5-4 所示。

图 5-3　加载库文件

最后一步：编译与连接。将程序生成的 li5-5.hex 文件加载到 Proteus 中仿真，在软件运行中单击按钮 ▮▮ 暂停，然后在菜单【Debug】下单击"8051 CPU registers-U1"，可以查看各个寄存器的参数传递状态，结果如图 5-5 所示。此例中，C 语言通过 R7 传递字符型参数，汇编语言程序没有返回值，故不占用存储器。

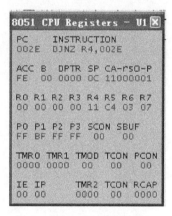

图 5-4　文件树　　　　　　　　　　　图 5-5　运行结果

本 章 小 结

本章介绍了 C51 的基本结构、基本数据类型、存储类型及 C51 的变量定义和对单片机内部功能寄存器及引脚等的定义，并简要介绍了 C51 语言的运算符号等基础知识，最后通过 C51 及 C51 与汇编语言的混合编程介绍了 C51 语言运用的基本方法。除了本章列举的 while、for 语句外，还有 if…else 语句、switch/case 语句等，其用法与 C 语言相同。希望大家自己复习 C 语言的基础知识。要想灵活应用 C51 语言，仍需要多上机实践。

本章的重点是掌握 Keil C51 的编程方法，了解 C51 语言与汇编语言的混合编程方法。

思考题与习题

5-1 用 C51 语言编程实现将内部 RAM 40H～6FH 单元的内容置为 10H。

5-2 用 C51 语言编程实现将外部 RAM 从 5000H 开始的 100 个单元置成 41H。

5-3 用 C51 语言编程实现将内部 RAM 从 30H 开始的 20 个单元的数据传送给外部 RAM 从 100H 开始的单元。若是把数据从外部 RAM 的 30H 单元开始传送给内部 RAM 从 100H 开始的,则程序又将如何编写?

5-4 用 C51 语言编程实现将内部 RAM 40H 单元中存放的无符号 16 进制数转换为三位 BCD 码,并且将 BCD 码的百位、十位和个位分别存放在内部 RAM 的 30H、31H 和 32H 单元。

5-5 已知从内部 RAM 的 30H 开始存放有 20 个有符号数,试编程统计其负数和正数(包括 0)的个数,并分别保存在内部 RAM 的 10H 和 11H 单元。

5-6 两个字符串分别存放在首地址为 42H 和 52H 的内部 RAM 中,字符串长度(小于 16)放在 41H 单元。请用 C51 语言编程比较两个字符串是否相同。若相同,则把数字 0 送 40H 单元,否则把–1 送 40H 单元。

5-7 如果使与 P0.0～P0.7 相连的共阴极 LED0～LED7 中的偶数灯亮 1s,奇数灯亮 2s,如此循环。请画出硬件电路图,并用 C51 编写程序(假设 $f_{OSC} = 11.059\,2$ MHz)。

第6章　MCS-51单片机中断系统与定时/计数器

中断技术是计算机中的重要技术之一。中断功能的强弱及中断源的数量已经成为衡量一台计算机功能完善与否的重要标志。MCS-51 系列单片机中的 51 子系列有 5 个中断源，分别是 2 个外部中断源、2 个定时/计数器溢出中断源和一个串行口中断源；52 子系列比 51 子系列多了一个定时/计数器溢出中断源，即共有 6 个中断源。本章将介绍与中断有关的基本概念、MCS-51 单片机的中断系统、定时/计数器的 4 种工作方式，并举例说明外部中断和定时/计数器溢出中断的使用方法。

6.1　中　断　概　述

6.1.1　数据的输入/输出传送方式

输入和输出设备(简称外设、I/O 设备)是计算机系统的重要组成部分。程序、原始数据和各种现场采集到的数据及信息要通过输入设备送入计算机，计算结果或各种控制信号要输出给输出设备，以便显示、打印和实现各种控制动作。为此，计算机与外设间交换信息是计算机系统中十分重要和十分频繁的操作。单片机中的 CPU 与外部设备交换信息有 3 种工作方式，分别是无条件传送方式、查询传送方式和中断传送方式。

1) 无条件传送方式

在无条件传送方式下，CPU 始终认为外部设备处于"准备好"的状态，随时给输出设备传送数据或从输入设备读取数据。例如，假设 P1 口的每一位接有 LED，执行指令"MOV　P1, #data"就使数据输出到 P1 口，从而使与 P1 口相连的 LED 亮或灭。若 P1 口的每位都连接开关，当执行指令"MOV　A, P1"时，就可以将开关的状态输入给 A。无条件传送方式的优点是程序和硬件电路都比较简单，但其缺点是当传送数据时必须确保外设已经准备好，否则就会出错。因此，无条件传送方式常用于外部设备工作速度非常慢以至于在任何时刻它都有一个确定的状态，或者用于外设速度比较快，其速度足以与单片机 CPU 的速度相比拟的情况下。

2) 查询传送方式

由于无条件传送方式下不了解外设的实时状态，因此当外设速度与 CPU 不能同步，或者不能及时响应 CPU 的输入/输出操作时，就不能保证正确地传送数据。例如，从键盘读入信息时，只有确认键盘上有一个键被按下，才能读取键盘信息，否则读取的信息可能是上次按下的键，或者是任意不确定的信息。同样当执行输出操作时，必须确认上次送入端口的信息已经发送完成，输出端口为"空"，否则上次发送的信息没有正确发送，新的信息将会覆盖上次需输出的信息。因此，为了保证数据传送的正确性，需要了解外设的状态。只有当外设为数据的输入或输出做好了准备时，才传送数据，这种工作方式即查询传送方式，又称为条件传送方式。图 6-1 是

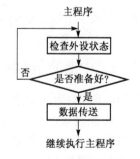

图6-1　查询传送方式下的工作流程图

查询传送方式下的工作流程图。

在查询传送方式下，由程序控制 CPU 主动地查询外设的状态是否已"准备好"。如果没有准备好，则反复执行相应的程序段进行查询，直到准备好时才执行后续的数据传送程序。该方式的优点是硬件电路比较简单，但由于 CPU 不停地执行相应的程序段来查询外部设备的状态，在 CPU 查询期间就不能完成其他的任务，显然浪费了 CPU 的时间，降低了 CPU 的工作效率，因此这种方式仅能用于 CPU 不繁忙的简单系统中。我们可以这样理解查询方式的工作情况：把人比成 CPU，某朋友说他有可能今天上午到你宿舍来借书，那么就存在你如何知道朋友到来的问题。如果按照查询传送方式工作，则你从书桌前走到门口开门，然后环顾四周，看朋友是否到来。若没有，则闭门，再返回到书桌前学习几分钟，然后再去开门，再检查其是否到来，再返回到书桌前学习几分钟，直到朋友到来时你才取书。显然，这种方式下你的时间大多浪费在了检查阶段，而不能完成其他任务。现实生活中类似的情况肯定不会采用查询方式，要提高工作效率就必须采用中断传送方式。

3）中断传送方式

人处理任务基本上采用中断传送方式。例如，当你正在宿舍看书时听到了敲门声，你下意识地在正在看的那一页夹了一支笔或一个书签或将书翻过来扣上，然后去开门和来人交谈。此时你的手机响了，你说了一句"稍等"就去接电话，待接完电话后，再接着谈论刚才的事情。等来人走后，你又接着刚才断开的页处继续看书。这就是日常生活中的中断现象。在这里，敲门声和手机铃声是中断的信号，和来人交谈和接电话则是处理相应的中断。从看书到和来人交谈是一次中断，而从交谈到接电话则是中断过程中发生的又一次中断，即所谓的中断嵌套。出现中断现象的原因是你在特定的时间面对着三项任务：看书、交谈和接电话，而你又不能同时完成这三项任务，因此只好采用中断的方法。

为了提高计算机 CPU 的工作效率，让 CPU 模仿人处理中断的方式处理外部事件。在计算机中，当 CPU 在处理某个任务时，外部发生了某一任务而请求 CPU 迅速去处理，于是 CPU 将当前的断点保存下来，暂时中断当前的工作，转入处理所发生的事件，中断访问处理完后，再返回到原来被中断的地方，继续执行原来工作的这一过程称为中断，其工作流程如图 6-2 所示。实现这种功能的部件称为中断系统或中断机构。通常，一台计算机中只有一个 CPU，而在同一时间却要面对多个任务，如检查故障、完成打印作业、运行程序等。计算机利用中断，可使计算机和外设在同一时间内并行工作。当外设申请中断时，计算机才放下自己正在处理的任务转去处理中断请求，当处理完后，再返回中断处继续原操作。显然，

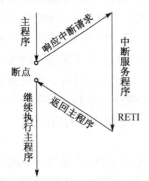

图 6-2　中断传送方式的工作流程

中断传送方式下消除了 CPU 在查询传送方式中的等待问题，使 CPU 的工作效率得到了大幅度的提高。此外，在中断方式下，计算机具有实时处理功能，能对外界发生的异常事件及时做出处理。

6.1.2　中断的基本概念

1）中断源与中断请求

产生中断请求的外部和内部事件称为中断源。一个计算机系统允许有多个中断源。中断源向 CPU 提出的处理请求称为中断请求或中断申请。中断源越多，系统的中断功能越强大，处理任务的能力就越强。

2) 中断优先级

当几个中断源同时申请中断或 CPU 正在处理某一中断事件时，又有另一个事件向 CPU 申请中断，则 CPU 必须具备区分哪个中断源更为重要，从而确定优先处理哪个事件的能力，这就是中断优先级问题。一般根据中断源的轻重缓急排队，优先处理最紧急事件的中断请求。MCS-51 系列单片机中，中断源有两个优先级，即低优先级和高优先级。

3) 中断嵌套

当 CPU 正在处理某一中断请求时，又有优先级别更高的中断源发出中断请求，则 CPU 中止正在进行的中断处理程序，转去处理优先级更高的中断请求。待处理完后，再继续执行被中止了的中断处理程序，这样的过程称为中断嵌套，该中断系统称为多级中断系统。没有中断嵌套功能的中断系统称为单级中断系统。MCS-51 系列单片机中 5 或 6 个中断源的两个优先级可实现中断的两级嵌套，其中断流程如图 6-3 所示。若新发出的中断请求源的优先级与正在处理的中断源同级或更低，则 CPU 不响应这个中断请求，直到完成该中断处理后，再处理新的中断请求。

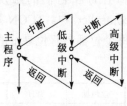

图 6-3 中断嵌套流程

4) 中断的允许与禁止

当 CPU 正在执行主程序时，某个中断源发出中断请求，如果 CPU 接收该中断而转去处理中断服务程序，则称 CPU 允许此中断或开中断。如果有中断请求，但 CPU 并不接收此中断，则称 CPU 禁止中断、屏蔽中断或关中断。这就如同你在宿舍时有人敲门，你可以去开门也可以不去开门，完全取决于你对此中断的设定。在计算机中，对某中断的允许与禁止是靠软件实现的。

6.2 51 子系列单片机的中断系统结构及中断控制

MCS-51 系列中，51 子系列单片机的中断系统结构如图 6-4 所示。51 子系列单片机有 5 个中断源，中断系统中有 4 个用于中断控制的寄存器 TCON、SCON、IE 和 IP。TCON 和 SCON 的相关标志位便于系统了解每个中断源是否产生了中断请求，而 IE 用于控制中断的允许/禁止(或开/关)，IP 用于定义中断源是低优先级还是高优先级，从而使系统具有实现两级中断嵌套的功能。

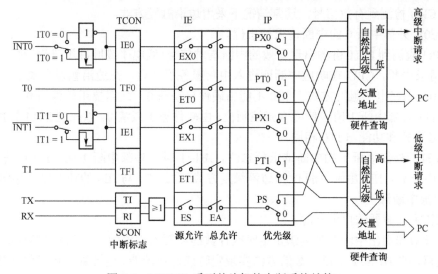

图 6-4 MCS-51 系列单片机的中断系统结构

6.2.1 中断源

51 子系列单片机的 5 个中断源包括 2 个外部中断源和 3 个内部中断源(由 2 个定时/计数器溢出中断源和 1 个串行口发送/接收中断源组成)。

1) 外部中断源

外部中断是由外部原因引起的,共有两个中断源,即外部中断 0 和外部中断 1。它们的中断请求信号分别由引脚 $\overline{\text{INT0}}$ (P3.2) 和 $\overline{\text{INT1}}$ (P3.3) 引入。两个外部中断源的中断标志位(IE0 和 IE1) 和它们的触发方式控制位(IT0 和 IT1) 被锁存在定时器控制寄存器 TCON(timer controller)中。TCON 是 MCS-51 单片机的一个特殊功能寄存器,其单元地址是 88H。其中的每个位都具有位寻址的能力,其位地址为 88H~8FH,格式见表 6-1。

表 6-1　TCON 的格式

位地址	8FH	8EH	8DH	8CH	8BH	8AH	89H	88H
位符号	TF1	TR1	TF0	TR0	IE1	IT1	IE0	IT0

TCON 中的低 4 位用于对外部中断 0 和外部中断 1 的控制,高 4 位用于定时/计数器 0 和定时/计数器 1 的控制。低 4 位的含义如下。

(1) IT0:外部中断 0 请求信号方式控制位,由软件置 1 或清 0,以控制 $\overline{\text{INT0}}$ 的触发类型。

IT0 = 0 时,外部中断 0 为电平触发方式, $\overline{\text{INT0}}$ 为低电平时有效。

IT0 = 1 时,外部中断 0 为边沿触发方式, $\overline{\text{INT0}}$ 为负跳变时有效。

CPU 在每个机器周期的 S5P2 期间采样 $\overline{\text{INT0}}$ 的输入电平。在电平方式下,当采样到 $\overline{\text{INT0}}$ 为低电平时置位 IE0。此时 $\overline{\text{INT0}}$ 的信号必须保持低电平,直到该中断被 CPU 响应。当该外部中断被响应后,有效的低电平必须被撤除,否则将再次产生中断。在边沿触发方式下,如果相继的两次采样中,在前一个周期中采样到 $\overline{\text{INT0}}$ 为高电平,接着下一个周期中采样为低电平,则使 IE0 = 1,表示外部中断 0 正在向 CPU 申请中断,直到该中断被 CPU 响应,IE0 才由硬件被自动清 0。因为每个机器周期采样一次外部中断输入电平,因此,采用边沿触发方式时,外部中断源输入的高电平和低电平时间必须保持 12 个振荡周期,即 1 个机器周期以上,才能保证 CPU 检测到有效信号。通常情况下采用边沿触发方式。

(2) IE0:外部中断 0 的中断请求标志位。

当 CPU 检测到 $\overline{\text{INT0}}$ 引脚出现有效的中断请求信号(低电平或脉冲下降沿)时,由硬件置位 IE0,请求中断。CPU 在响应中断而进入中断服务程序后,在边沿触发方式下,IE0 由硬件自动清 0;而在电平触发方式下 IE0 不能由硬件自动清 0,故需要用软件清 0。

(3) IT1:外部中断 1 请求信号方式控制位,由软件置 1 或清 0,以控制 $\overline{\text{INT1}}$ 的触发类型。其中断信号形式和功能与 IT0 相同。

(4) IE1:外部中断 1 的中断请求标志位。IE1=1 时,外部中断 1 向 CPU 申请中断,当 CPU 响应中断后,IE1 由硬件清 0(指边沿触发方式下)。IE1 与 IE0 的功能完全相同。

2) 内部中断源

(1) 定时/计数器溢出中断源。

定时/计数器溢出中断源是为满足定时或计数的需要而设置的。在单片机芯片内部有两个定时/计数器,即 T0 和 T1,以计数的方法实现定时或计数功能。当计数结构发生计数溢出时,表明定时时间到或计数次数到达设定值,这时就以计数溢出信号作为中断请求去置位溢出标志位，作为单片机识别中断请求的标志。这种中断请求是在单片机芯片内部发生的，因此不需要在芯片上设置引入端。

两个定时/计数器 T0 和 T1 溢出中断源的中断标志位是 TCON 中的 TF0 和 TF1。

- TF0：定时/计数器 0 的溢出中断标志位。当 T0 处于工作状态时，其从计数初始值开始计数，当计数器计满时产生溢出信号置 TF0=1，向 CPU 申请中断，直到 CPU 响应中断时才由硬件自动清 0。如果定时/计数器不处于中断方式，则可由 CPU 查询 TF0 的状态判断计数是否溢出，如果溢出，则需要用软件使 TF0 清 0。
- TF1：定时/计数器 1 的溢出中断标志位。其功能和用法同 TF0。

TCON 中的 TR0 和 TR1 分别用于启动和停止 T0 和 T1 工作，其功能和用法将在 6.4 节中介绍。

(2) 串行口接收/发送中断。

串行口接收/发送中断是由 MCS-51 单片机内部串行口中断源产生的，它是为串行数据传送的需要而设置的。典型的 MCS-51 系列单片机有一个串行口，因此只有一个串行口中断源。

当串行口发送完一帧数据后，由内部硬件电路置位发送中断标志 TI；当接收完一帧数据后由内部硬件电路置位接收中断标志 RI。串行口的接收中断 RI 和发送中断 TI 经逻辑"或"后作为单片机内部的一个中断源，因此无论是发送中断还是接收中断都会产生串行中断请求。对串行口的发送和接收中断，CPU 都转到同一个中断服务程序入口，因此在编写串行口的发送和接收中断服务程序时，需要查询 TI 和 RI 的标志位，以区别是串行口的发送中断还是接收中断。应该注意的是，CPU 响应串行中断时并不清零 TI 和 RI。在转向中断服务程序后，必须用软件清 0，因此中断服务程序中必须有清零 TI、RI 的指令。当中断请求被响应，则转入串行口中断服务程序。

中断请求标志 RI 和 TI 位于串行口控制寄存器 SCON(serial controller)中。SCON 是 MCS-51 系列单片机的一个特殊功能寄存器，其单元地址是 98H。其中的每一位都有寻址能力，其位地址为 98H～9FH，格式见表 6-2，其中只有低 2 位与中断控制有关。SCON 中其余 6 位与串行通信有关。关于串行中断的详细内容将在第 7 章介绍。

表 6-2　SCON 的格式

位地址	9FH	9EH	9DH	9CH	9BH	9AH	99H	98H
位符号	SM0	SM1	SM2	REN	TB8	RB8	TI	RI

6.2.2　中断控制

中断控制是指供用户使用的控制中断的手段或方法。具体来说，就是用户如何通过设置状态位来使用中断系统。主要的中断控制是实现对中断的开/关(允许/屏蔽)管理和中断优先级别的管理，这些都是通过对特殊功能寄存器 IE 和 IP 的编程来设定的。

1) 中断允许控制寄存器 IE(interrupt enable)

为了使 51 子系列单片机中的每个中断源都能独立地被允许或禁止，以便用户灵活使用，在每个中断信号通道中设置了一个中断允许触发器，它控制 CPU 对中断源总的开放或屏蔽及每个中断源的开放或屏蔽。中断允许控制寄存器 IE 用于控制触发器的状态。IE 是一个 8 位的特殊功能寄存器，其字节地址为 0A8H，可位寻址，其位地址为 0A8H～0AFH。IE 各位的定义见表 6-3。

表 6-3　IE 各位的定义

位地址	0AFH	0AEH	0ADH	0ACH	0ABH	0AAH	0A9H	0A8H
位符号	EA	/	/	ES	ET1	EX1	ET0	EX0

表中，EX0——外部中断 0 允许位。EX0 = 0，禁止 $\overline{INT0}$ 中断；EX0 = 1，允许 $\overline{INT0}$ 中断。

ET0——定时/计数器 0 中断允许位。ET0 = 0，禁止 T0 中断；ET0 = 1，允许 T0 中断。

EX1——外部中断 1 允许位。EX1 = 0，禁止 $\overline{INT1}$ 中断；EX1 = 1，允许 $\overline{INT1}$ 中断。

ET1——定时/计数器 1 中断允许位。ET1 = 0，禁止 T1 中断；ET1 = 1，允许 T1 中断。

ES——串行口中断允许位。ES = 0，禁止串行口中断；ES = 1，允许串行口中断。

EA——中断允许总控制位。EA = 0，禁止所有中断，此时，不管各中断源的允许控制位是何值，CPU 都不响应中断；EA = 1，允许所有中断，某个中断的允许或禁止由各中断源的中断允许位控制。

总之，CPU 根据 IE 中各位的状态控制对应中断源的允许和禁止。

MCS-51 系列单片机复位后，IE = 0，即禁止所有中断。

2）中断优先级控制寄存器 IP(interrupt priority)

MCS-51 系列单片机的中断源有两个中断优先级——低优先级和高优先级，可实现两级中断嵌套。中断源的优先级由中断优先级控制寄存器 IP 控制。该寄存器的地址为 0B8H，可位寻址，其位地址为 0B8H~0BFH。IP 各位的具体内容见表 6-4。

表 6-4　IP 各位的具体内容

位地址	0BFH	0BEH	0BDH	0BCH	0BBH	0BAH	0B9H	0B8H
位符号	/	/	/	PS	PT1	PX1	PT0	PX0

表中，PX0、PT0、PX1、PT1 和 PS 分别表示外部中断 0、定时/计数器 0、外部中断 1、定时/计数器 1 和串行口中断的优先级控制位。

若某一位为 1，表示相应的中断源为高优先级；若某一位为 0，表示相应的中断源为低优先级。系统复位后，(IP) = xxx00000，即将所有中断源设置为低优先级中断。当两个以上的中断源同时提出中断请求时，CPU 到底响应哪个中断呢？中断响应遵循以下规则：

(1) 高优先级中断可以打断低优先级中断，反之不能。

(2) 某一个中断(不论哪个优先级)一旦得到响应，与它同级的中断不能被响应。

(3) 当同时接收到处于同一优先级的多个中断请求时，哪一个中断能得到响应，取决于自然优先级，如图 6-4 所示。自然优先级从高到低依次是外部中断 0、定时/计数器 0、外部中断 1、定时/计数器 1 和串行口中断。

如何告诉计算机允许哪些中断源中断及各中断源的优先级呢？中断的允许控制和中断优先级的控制是分别通过对 IE 和 IP 的编程实现的。

例如，某应用系统只允许外部中断 0 和定时/计数器 1 中断，且定时/计数器 1 的中断优先级高于外部中断 0，则字节型控制命令为

```
MOV  IE, #89H        ; 89H = 1000 1001B
MOV  IP, #08H        ; 08H = 0000 1000B
```

由于 IE 和 IP 中的各个位是可寻址的，且单片机复位后(IE) = 0，(IP) = 0，因此也可以采用位操作语句直接对 IE 和 IP 的相应位进行操作，即

```
SETB    EA                  ; 中断总允许
SETB    EX0                 ; 允许外部中断 0
SETB    ET1                 ; 允许定时/计数器 1
SETB    PT1                 ; 定时/计数器 1 为高优先级
```

值得注意的是，要达到与字节型赋值同样的效果，位赋值方法只能用于单片机复位后的情况。

如果采用 C 语言编程，则为

```
IE = 0x89;
IP = 0x08;
```

或

```
EA = 1;
EX0 = 1;
ET1=1;
PT1=1;
```

6.2.3 中断矢量地址

对于 51 系列单片机中的每一个中断源，当 CPU 响应中断时，转到每个中断源相对应的中断服务程序的入口地址(又称为中断矢量地址)去执行中断服务。每个中断源的中断服务程序的入口地址是固定的，如表 2-2 所示为 51 子系列 5 个中断源的入口地址。由表 2-2 可见，外部中断 0、定时/计数器 0 中断、外部中断 1、定时/计数器 1 中断和串行口中断的中断矢量地址分别为 3H、0BH、13H、1BH 和 23H。这就相当于一个房间有 2 个门——前门和后门，内放有手机并装有座机。前门敲门声、后门敲门声、手机铃声和座机的响声就是中断信号，而前门、后门、手机和座机所在的位置就是各中断源的地址。当某一个发出中断请求时，中断处理者会到相应的、固定的地方去处理中断，而不会走错地方。

由表 2-2 也可见，中断服务程序的入口地址被安排在单片机 ROM 最开始的区域，而且给每个中断源用于存放中断服务程序的空间只有 8 字节，空间很小。一般情况下(中断服务程序非常小的除外)，8 字节的空间不足以存放一个完整的中断服务程序。为此，在使用汇编语言编程时，将真正的中断服务程序的可执行代码安排到 ROM 中有足够存放空间的区域，而在中断服务程序的入口处安排一条无条件转移语句(LJMP 或 AJMP)，使其控制 CPU 转移到真正的中断服务程序处执行中断服务。在使用 C51 语言编程时，由 C 编译器根据中断号自动完成这些处理。

例如，一个具有处理外部中断 1(若信号触发方式是脉冲触发)的汇编语言源程序的结构为

```
        ORG   0            ; 定位单片机复位程序入口地址
        LJMP  START        ; 给单片机复位只有 3 字节，为此采用转移指令。本指令占用 3 字节
        ORG   0013H        ; 外部中断 1 中断矢量地址
        LJMP  EX1INT       ; 转移到实际的中断服务程序入口 EXT1INT 处
        ORG   0100H        ; 主程序入口地址，避开中断矢量地址区
START:  MOV   IE, #84H     ; 允许外部中断 1 中断
        SET   IT1          ; 设置外部中断 1 为边沿触发方式
        …                  ; 主程序的主体
```

```
EX1INT:   ...                    ; 实际中断服务程序入口地址
          ...                    ; 中断服务程序主体
          RETI                   ; 中断返回
          END
```

在编写含有中断服务程序的汇编语言源程序时，一定要注意主程序的起始地址从 0 开始，即要用"ORG 0"语句。由于给单片机复位操作只安排了 3 字节，放不下真正的主程序，为此采用无条件转移指令使主程序以转移指令的目的地址作为真正的起始地址，如上例中的 START。由于中断矢量地址在程序存储器开始的区域内，而采用 ORG 时汇编地址只能从小到大。如果没有"ORG 0"语句，则一开始就从中断矢量地址处执行中断，带来的问题是：① 没有执行主程序中的初始化部分，就不知道中断是如何设置的；② 即使执行了中断，中断返回后应当返回何处？因此，这是编写中断程序时要注意的问题。值得一提的是，各中断源自然优先级的高低实际上取决于中断矢量地址，同级别下，中断矢量地址越小的中断源具有较高的优先权。这就相当于当一个房间的两个门同时有敲门声时，我们自然而然地首先处理位置比较近的那个门。

6.2.4 中断响应过程及中断响应时间

1）中断响应过程

MCS-51 单片机的 CPU 在每个机器周期的 S5P2 时刻采样中断标志。当发现有中断请求时，首先将这些中断请求锁存在各自的中断标志位中，并在下一个机器周期的 S6 期间查询所有中断标志，同时按照优先级由高到低排队，之后判断是否满足中断响应的条件。若满足，则在下一个机器周期 S1 期间按照优先级进行中断处理。MCS-51 单片机响应中断的条件是：

（1）CPU 开中断，即中断总允许位 EA = 1。

（2）申请中断的中断源的中断允许位为 1，即该中断没有被屏蔽。

（3）CPU 没有执行同级别的或更高级别的中断服务程序。

满足以上条件就可以进行中断响应，但此时如果发生下列三种情况中的任何一种，中断响应过程将被阻断。

（1）同级或高优先级的中断已在进行中。

（2）当前的机器周期还不是正在执行指令的最后一个机器周期。也就是说，正在执行的指令完成前，任何中断请求都得不到响应。

（3）正在执行的是一条 RET 或 RETI，或者访问特殊功能寄存器 IE 或 IP 的指令。执行这些指令之后，不会马上响应中断请求，至少要执行一条其他指令之后才能响应中断。

当上述阻断条件存在时，中断不能被响应，且丢弃查询结果。若阻断条件结束时，中断标志已经消失，则这个被拖延了的中断请求可能不会再得到响应。正如有人敲门，你没有及时地去开门，而当你有时间去开门时，却发现敲门的人已经走了。因此，CPU 不是在任何情况下都对中断请求立即响应，也不是所有允许的中断都能得到响应。

单片机一旦响应中断请求，则由硬件自动将正在处理程序的断点地址压入堆栈，清除可以被清除的中断请求标志位，然后将被响应中断源的中断矢量地址装入程序计数器 PC，从而执行中断服务程序。中断响应过程相当于执行了一条隐含的调用指令 LCALL。例如，当 TF0 被置 1 且得到中断响应时，CPU 就自动执行一条隐指令"LCALL 0BH"（0BH 是定时/计数器 0 的中断矢量地址）。

在清除中断标志过程中，对于有些中断源，CPU 会自动清除中断标志，如定时器溢出标志 TF0 和 TF1，以及边沿触发方式下的外部中断标志 IE0 和 IE1。而有些中断标志是不会被自动清除的，只能由用户用软件清除，如串行口接收和发送中断标志 RI 和 TI，电平触发方式下的外部中断标志 IE0 和 IE1。由于电平方式下，IE0 和 IE1 是根据引脚 $\overline{INT0}$ 和 $\overline{INT1}$ 的电平变化的，CPU 无法直接干预，为了使其能自动撤销外部中断请求，需要在引脚加硬件电路（如 D 触发器）。

中断服务程序是从中断矢量地址开始一直到中断返回指令 RETI 为止的。RETI 指令的功能一方面是告诉中断系统该中断服务已经执行完毕；另一方面是把原来压入堆栈中受保护的断点地址从堆栈中弹出，重新装入到 PC 中，使程序从被中断处继续执行。

2）中断响应时间

将从查询中断请求标志位到转向中断服务程序入口地址所需的机器周期数称为中断响应时间。不同情况下的中断响应时间不同。下面以外部中断为例说明中断响应时间。

外部中断请求信号的电平在每个机器周期的 S5P2 期间经反相后锁存到 IE0 和 IE1 标志位，CPU 在下一个机器周期才会查询到这些值。如果满足响应条件，CPU 响应中断时，需要执行一条两个机器周期的长调用指令 LCALL，由硬件将中断矢量地址装入 PC，以转到相应的中断服务程序。这样从外部中断请求有效到开始执行中断服务程序的第一条指令至少需要 3 个完整的机器周期。

若中断标志查询时，刚好是开始执行 RET、RETI 或访问 IE、IP 的指令，则需要把当前指令执行完后再继续执行一条指令，才能进行中断响应。执行 RET、RETI 或访问 IE、IP 指令最长需要 2 个机器周期，而如果继续执行的指令恰好是最长指令周期指令（乘或除指令），则又需要 4 个机器周期。再加上执行调用指令所需的 2 个机器周期，从而形成了 8 个机器周期的最长响应时间。

综合估计，在单一中断源系统里，外部中断响应时间一般为 3～8 个机器周期。在具有多个中断源的中断系统里，如果出现同级或高级中断正在响应或服务中需等待的情况，响应时间就无法估计了。通常不需要考虑中断响应时间的长短，只有在精确定时的应用场合才需要知道中断响应时间。

6.3 中断的汇编和 C51 语言程序设计及外部中断应用举例

6.3.1 中断的汇编和 C51 语言程序设计基本问题

1）编写中断服务程序应注意的问题

为实现中断而设计的有关程序称为中断程序，中断程序由主程序和中断服务程序两部分组成。主程序用于实现对中断的控制，中断服务程序则用于完成中断源所要求的各种操作。中断服务程序存放在主程序之外的其他存储区，只是当主程序运行过程中发生中断时，CPU 才暂时停止主程序的执行，转去执行中断服务程序。中断服务程序执行完后，还得再返回主程序处继续执行后面的程序。

用户对中断的控制和管理，实际上是对 4 个与中断有关的寄存器，即 IE、IP、TCON 和 SCON 进行管理。这几个寄存器在单片机复位时均是 0（无效位除外），因此必须根据需要预置这些寄存器的有关位。无论是用汇编还是用 C51 编程，在编写中断服务程序时应注意以下问题。

(1) 开中断总开关 EA，并将应开放中断源的中断允许位置为 1。

(2) 对外部中断还应设置 IT，即选择中断触发方式（电平触发还是脉冲触发）。

(3) 如果有多个中断源，应设定中断优先级，即预置 IP。

(4) 为了使应用系统能够及时响应各中断源的中断请求，中断服务程序应尽可能简短。一些可以在主程序中完成的操作，应安排在主程序中完成，以避免中断处理占用较多时间。

(5) 若要在执行某个中断程序时禁止更高级的中断，可以先用软件屏蔽相应的中断源，在中断返回前再开放中断。

2）采用汇编语言编写中断程序时应注意的问题

(1) 由于单片机在响应中断后，只是将断点地址压入堆栈进行保护，所以在中断服务程序的开始处应注意用软件（PUSH 指令）保护现场，即保护某些寄存器或内部单元的值，以免中断返回后丢失原来的内容；在中断处理完成，准备返回被中断的程序之前（即"RETI"指令前），需要用软件（POP 指令）恢复现场。

(2) 在保护现场和恢复现场前，一般要关中断，以防止现场被破坏；而在保护现场和恢复现场后，再开中断，以便 CPU 能及时接收中断信息。

(3) 中断服务程序的最后一条指令是中断返回指令 RETI。

(4) 在应用汇编语言编写主程序时应注意设置堆栈指针。当系统复位或上电后，堆栈指针 SP 总是默认为 07H，使得堆栈区实际上是从 08H 单元开始的。但由于 08H～2FH 单元属于通用寄存器区和位寻址区，考虑到程序设计中经常要用到这些区，因此常需要重新设定 SP 的值。通常将堆栈开辟在用户 RAM 区。

3）C51 语言中断程序的结构

C51 使用户能够编写高效的中断服务程序。编译器在规定的中断源矢量地址中放入无条件转移指令，使 CPU 响应中断后自动从矢量地址跳转到中断服务程序的实际地址，而不需要用户安排。将中断服务程序定义为函数，C51 中断函数的格式如下：

```
void  函数名() interrupt 中断号  using  工作组
{
……                    //中断服务程序内容
}
```

说明如下：

(1) 中断函数不能返回任何值，所以最前面用 void（也可以省略）。

(2) 函数名可随便命名，但不能与 C51 语言中的关键字相同。

(3) 中断函数不带任何参数，所以后面的小括号为空。

(4) 中断号指用几号中断。51 子系列的中断号为 0、1、2、3、4，分别对应外部中断 0、T0 溢出中断、外部中断 1、T1 溢出中断和串行中断。

(5) 工作组指中断中使用第几组通用寄存器，默认为第 0 组，故常将"using 工作组"部分略去。

6.3.2 外部中断应用举例

外部中断下所有的中断信号均来自单片机的外部，中断请求信号通常为边沿触发方式。

例 6-1 统计脉冲触发方式下 $\overline{INT0}$ 的个数，若满 10 个，则停止统计并将 P1.0 清 0。

解：许多情况下需要统计产品的数量。例如，在制药工业中给每个药瓶装一定数量的药粒，在农业中统计谷物的千粒重以判断品种的优劣，在制烟业中每条烟装 10 盒，每箱装 50 条等，都用到统计事件次数的问题。如果设计一个电路，使得被统计物体通过时给出一个脉冲信号，那么就可以将该脉冲信号作为单片机的外部中断信号。统计脉冲的个数也就是统计了通过物体的数量。如果在 P1.0 上接一个 LED，则当计满后 LED 亮。若由按键按下模拟产生的脉冲信号，则电路示意如图 6-5 所示。

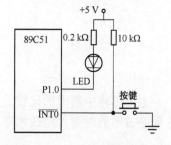

图 6-5　例 6-1 的硬件系统示意图

本题只有外部中断 0，因此必须开放 $\overline{INT0}$，则 EA=1，EX0=1。其触发方式为脉冲方式，因此 IT0=1。因为只有一个中断源，所以可不设中断优先级。对应的汇编语言程序如下：

```
            ORG   0              ;主程序
            LJMP  MAIN
            ORG   0003H          ;外部中断 0 入口地址
            LJMP  SUM
            ORG   0100H          ;主程序的入口处
MAIN:       SETB  P1.0           ;先灭灯。复位时输出为 1，故本句可省略
            MOV   A, #0          ;主程序开始，累加器清零
            SETB  IT0            ;设置脉冲触发方式
            SETB  EX0            ;允许外部中断 0
            SETB  EA             ;总中断允许
            SJMP  $              ;等待中断
SUM:        INC   A              ;中断服务程序
            CJNE  A, #10, QUIT   ;累积次数到 10 吗? 若未到，中断返回；否则，继续
            CLR   EX0            ;禁止外部中断 0 中断
            CLR   P1.0           ;P1.0 清 0，即点亮 LED
QUIT：      RETI                 ;中断返回
            END
```

C51 语言程序如下：

```
#include <reg51.h>
sbit   led = P1^0;           //用 led 代替 P1.0 位
unsigned char   a = 0;       //a 用于累加次数，初始化为 0
void main()
{
    led = 1;
    IT0 = 1;                 //中断初始化
    EX0 = 1;
    EA = 1;
    while(1);                //等待中断
}
void inter0() interrupt 0    //外部中断 0 中断服务程序
{
    a++;
```

```
         if (a = = 10)          //若 a = 10，执行循环体，否则退出中断服务程序，返回主程序
         { led = 0;
           EA = 0;
           EX0 = 0;
         }
       }
```

也可以将中断中的比较及执行部分移到主程序 while(1) 的循环体内执行，以缩短中断服务程序占用的时间。修改如下：

```
       while(1)
       {
         if (a = = 10)
         { led = 0; EA = 0; EX0 = 0; }
       }
```

例 6-2 环境安全检测是一个非常重要的问题。某大楼内安装了 2 个烟雾检测点和 2 个煤气泄漏检测点，监控室有 4 个指示灯分别显示每个检测点的安全状态。当有意外发生时，相应的指示灯亮，发出报警。设计一个以 89C51 单片机为核心的检测系统实现环境检测功能。

解： MCS-51 系列单片机中只有 2 个外部中断源，而此处有 4 个检测点。显然，如果每个中断源只连接一个检测点，则有 2 个检测点不能采用中断方式及时检测出异常情况。这种情况下，可采用硬件申请与软件查询相结合的方法扩展外部中断。假设每个检测点正常时，输出高电平"1"，有异常时输出低电平"0"，则可以将 2 个烟雾检测点的状态经与逻辑后输出给 $\overline{INT0}$，一旦其中之一有异常，给 $\overline{INT0}$ 一个中断信号(下降沿)，则产生一次中断。如果由 P1 口的 P1.0 和 P1.1 采集 2 个烟雾检测点的状态，则在中断服务程序中通过软件查询方法寻找究竟是哪一个检测点有异常，由与 P1 口的 P1.4 和 P1.5 相连的 LED 显示检测点的状态。用同样的方法可以及时了解煤气泄漏情况。硬件电路示意图如图 6-6 所示。需要注意的是，本电路中有两个外部中断源，因此在主程序结构中就要用 2 个 ORG 对各中断源的中断服务程序入口地址(即矢量地址)进行定义。中断入口地址必须依次由小到大排列。

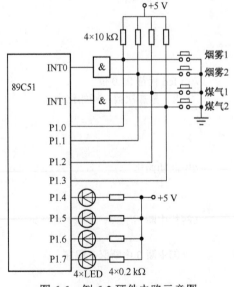

图 6-6　例 6-2 硬件电路示意图

汇编语言程序如下：

```
                ORG    0
                LJMP   START
                ORG    03H              ; 外部中断 0 入口地址
                LJMP   INT0INT
                ORG    13H              ; 外部中断 1 入口地址
                LJMP   INT1INT
START:          SETB   EA               ; 中断初始化
                SETB   EX0
                SETB   EX1
                SETB   IT0              ; 边沿触发方式
                SETB   IT1
                MOV    P1, #0FFH        ; 用作输入口前先输出全高电平
                SJMP   $
INT0INT:        JNB    P1.0, LED1
                AJMP   LED2
LED1:           CLR    P1.4
                AJMP   QUIT1
LED2:           CLR    P1.5
QUIT1:          RETI
INT1INT:        JNB    P1.2, LED3
                AJMP   LED4
LED3:           CLR    P1.6
                AJMP   QUIT2
LED4:           CLR    P1.7
QUIT2:          RETI
                END
```

需要注意的是，该汇编语言程序在编写时没有考虑两个烟雾检测点或两个煤气检测点同时出现异常的情况。

例 6-3　在例 6-2 中，若考虑相同类型的检测点同时发生报警，请用 C51 语言编写实现该功能的程序。

解：根据题意，C51 语言程序如下：

```
#include <reg51.h>                    //定义特殊功能位
sbit   key1 = P1^0;
sbit   key2 = P1^1;
sbit   key3 = P1^2;
sbit   key2 = P1^2;
sbit   led1 = P1^4;
sbit   led2 = P1^5;
sbit   led3 = P1^6;
sbit   led4 = P1^7;
void main ()
{  EA = 1;                            //中断初始化
   EX0 = 1;
   EX1 = 1;
   IT0 = 1;
```

```
        IT1 = 1;
        P1 = 0xff;                              //输入前先输出全 1
        while(1);                               //等待中断
    }
    void int0int()    interrupt    0           //外部中断 0 服务程序
    {
        if (key1 = = 0 & key2 = = 0)
            {led1 = 0;    led2 = 0;}
        else if (key1 = = 0)
            led1 = 0;
        else   led2 = 0;
    }
    void int1int()    interrupt    2           //外部中断 1 服务程序
    {
        if (key3 = = 0 & key4 = = 0)
            { led3 = 0;    led4 = 0; }
        else if (key3 = = 0)
            led3 = 0;
        else   led4 = 0;
    }
```

6.4　51 子系列单片机定时/计数器的结构和寄存器

51 子系列单片机的内部有两个可编程定时/计数器(Timer/Counter),本节将介绍这两个定时/计数器的结构、原理和工作方式,并举例说明其使用方法。

6.4.1　定时和计数的概念

1) 定时

在测量和控制系统的设计中,经常碰到当设定的时间到达时执行某种工作的问题。如每隔一定时间采集环境的温度、湿度等;洗衣机按照设定的时间间隔完成既定的任务;十字路口交通灯的周期性亮灭等。常用的定时方法主要有以下 3 种。

(1) 硬件定时 主要由电子元器件构成硬件电路实现定时功能。如由 555 定时器和必要的电阻和电容就可以构成硬件定时器。硬件定时的优点是定时功能完全由硬件电路组成,不占用 CPU 的时间,适合较长时间的定时场合。但是如果要改变定时时间,则需要调整电路中元器件的参数,因此在使用上灵活性很差。

(2) 软件定时 该定时方法是靠 CPU 执行循环程序以达到延迟一定时间的。软件定时的优点是定时时间比较准确,且只要通过修改循环次数和循环体内的语句就可以灵活地调整定时时间,但其缺点是占用了 CPU 的时间。因此,软件定时不适合定时时间较长的场合。

(3) 可编程定时器定时 可编程定时器集成在微处理器的内部,通过对系统机器周期的计数达到定时的目的。可以通过编程确定定时时间的长短。一旦完成定时器的初始化编程,启动定时器后,定时器就可以与 CPU 并行工作,不占用 CPU 的时间。这就如同上了闹钟之后,由钟表定时,而不需要主人单独去一秒一秒地累计时间一样。由此可见,可编程定时器设置灵活,应用方便。

2）计数

所谓计数是指统计外部事件发生的次数，例如，工业中产品生产线中的计数装置、汽车里程表、小麦千粒重仪等都使用了计数功能。能够实现计数功能的，一是商品化的电气或机械计数器，二是计算机。当用计算机计数时，要求外部事件的发生以输入脉冲表示，因此计数功能的实质就是记录输入给计算机的外来脉冲的个数。如给汽车轮胎安装一个霍尔传感器，轮胎每转一圈，产生一个脉冲信号，根据累积的脉冲数和轮胎直径就可以计算汽车行走的路程。

目前，一些微处理器将定时器和计数器合在一起，并集成在计算机的内部，可以通过编程确定其是作为定时器用，还是作为计数器用。

6.4.2　51 子系列单片机定时/计数器的结构

MCS-51 系列单片机中 51 子系列有两个 16 位的可编程定时/计数器，简称定时器 0（T0）和定时器 1（T1）；52 子系列中有 3 个 16 位的可编程定时/计数器，即 T0、T1 和 T2。在此，以 51 子系列单片机为例说明定时/计数器的结构。图 6-7 为 MCS-51 子系列中定时/计数器的原理结构框图。从图 6-7 可以看出，两个 16 位可编程 T0 和 T1 分别由两个 8 位专用寄存器组成，即 T0 由 TL0 和 TH0 构成；T1 由 TL1 和 TH1 构成。这些寄存器用于存放定时或计数初始值，每个寄存器均可单独访问。此外，其内部还有一个 8 位的定时器方式寄存器 TMOD 和一个 8 位的定时器控制寄存器 TCON。TMOD 用于控制和确定定时/计数器的工作方式和功能；TCON 用于控制 T0 和 T1 计数工作的启动和停止。此外，TCON 还可保存 T0 和 T1 的溢出和中断标志（TF0 和 TF1）。TMOD 和 TCON 的内容是通过软件设置的。系统复位时，二者均被清 0。

这些寄存器之间是通过内部总线和控制逻辑电路连接起来的。当定时器工作在计数方式时，外部事件通过单片机引脚 T0（P3.4）和 T1（P3.5）输入。

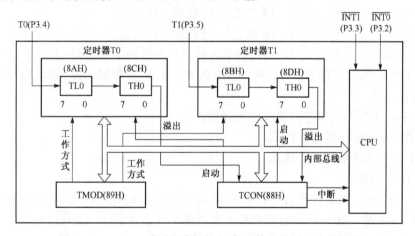

图 6-7　MCS-51 系列单片机的定时/计数器的原理结构框图

两个定时/计数器都具有定时和计数两种功能，而 16 位的定时/计数器实质上是一个加 1 计数器，其功能受软件控制和切换。

在定时方式下，每个机器周期计数器加 1。由于一个机器周期等于 12 个晶振周期，因此计数频率为晶振频率的 1/12。如果单片机采用 6 MHz 的晶振，则计数频率为 0.5 MHz，即 2 μs 计数器加 1，这也是最短的定时时间。若要延长定时时间，则需要改变定时器的初始值。

在计数方式下，分别由 T0(P3.4)和 T1(P3.5)输入外来脉冲，T0 和 T1 引脚分别是两个计数器的计数输入端。外部输入的脉冲在负跳变时计数器加 1。计数方式下，单片机在每个机器周期的 S5P2 拍节对外部计数脉冲进行采样。如果前一个机器周期采样为高电平，后一个机器周期采样为低电平，即为一个有效的计数脉冲，在下一机器周期的 S3P1 进行计数。可见，采样计数脉冲是在两个机器周期进行的。据此可知，计数脉冲的频率不能高于晶振频率的 1/24。例如，如果选用 6 MHz 的晶振，则最高计数频率为 0.25 MHz。虽然对外部输入信号的占空比无特殊要求，但为了确保某给定电平在变化前至少被采样一次，外部计数脉冲的高电平与低电平保持时间均需要在一个机器周期以上。

综上可知，定时/计数器是一种可编程部件，它是与 CPU 同时存在且同时工作的。

6.4.3 定时/计数器的寄存器

1）定时/计数器工作方式寄存器 TMOD(timer mode)

TMOD 用于设置定时/计数器的工作模式和工作方式，是一个 8 位的特殊功能寄存器，其字节地址是 89H，不能进行位寻址，格式见表 6-5。

表 6-5 TMOD 的格式

位序	D7	D6	D5	D4	D3	D2	D1	D0
位符号	GATE	$C/\overline{T}$	M1	M0	GATE	$C/\overline{T}$	M1	M0
定时/计数器	T1				T0			

TMOD 的 8 位被分成两个部分，低 4 位用于控制 T0，高 4 位用于控制 T1。

（1）M1 M0：定时器四种工作方式的选择位。

● M1 M0 = 00：工作方式 0，13 位定时/计数器工作方式。
● M1 M0 = 01：工作方式 1，16 位定时/计数器工作方式。
● M1 M0 = 10：工作方式 2，自动再装入计数初始值的 8 位定时/计数器工作方式。
● M1 M0 = 11：工作方式 3，两个独立的 8 位定时/计数器，仅 T0 可用，T1 在方式 3 时停止工作。

（2）$C/\overline{T}$：计数模式和定时模式的选择位。

● $C/\overline{T}$ = 0 为定时器工作模式。
● $C/\overline{T}$ = 1 为计数器工作模式。

（3）GATE：门控位。

● GATE = 0 时，以软件设置 TCON 中的运行控制位 TR0(TR1)启动或停止 T0(T1)。
● GATE = 1 时，T0(T1)的启动或停止受外部中断信号 $\overline{INT0}$（$\overline{INT1}$）的控制，此时要求 TR0(TR1)=1。

通常，使 GATE = 0，从而完全由指令控制 TR 的状态而启动或停止定时/计数器。

由于 TMOD 只有单元地址，没有位地址，因此对 TMOD 的初始化只能采用字节形式进行操作，而不能使用位操作指令。例如，设 T0 为计数方式，按方式 0 工作，T1 为定时工作方式，按方式 1 工作；均由软件启动定时/计数器的运行，则实现定时/计数器的初始化语句是：

```
MOV  TMOD,#14H            ；汇编语言语句
TMOD = 0x14;              //C51 语句
```

2) 定时/计数器控制寄存器 TCON(timer controller)

TCON 是一个 8 位的特殊功能寄存器,其字节地址是 88H,可位寻址(位地址为 88H~8FH),格式见表 6-1。其低 4 位与外部中断有关,高 4 位与定时/计数器有关,主要功能是为定时器在溢出时设定标志位,并控制定时器的运行或停止等。

表 6-1 中,TR0(TR1)是 T0(T1)的运行控制位,由软件置 1 或清 0。当 TR0(TR1) = 0 时,停止 T0(T1)的计数工作;当 TR0(TR1) = 1 时,启动 T0(T1)的计数工作。

6.5 定时/计数器的工作方式及应用举例

如前所述,特殊功能寄存器 TMOD 的 M1 和 M0 的 4 种组合构成了定时/计数器的 4 种工作方式。在工作方式 0、1 和 2 下,T0 和 T1 的工作方式完全相同;在工作方式 3 下,两个定时/计数器的工作方式不同。本节主要以 T0 为例,说明定时/计数器的工作过程,并举例说明定时/计数器的应用方法。

6.5.1 工作方式 0

1) 定时/计数器在工作方式 0 下的工作过程

在工作方式 0 下,由 TH 和 TL 构成的 16 位寄存器只用了 13 位,即 TH 的全部 8 位和 TL 的低 5 位,构成一个 13 位的加 1 计数器。T0 在工作方式 0 下的结构如图 6-8 所示。

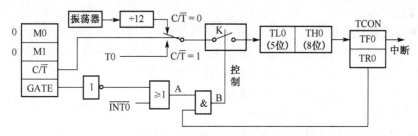

图 6-8 T0 在工作方式 0 下的结构(13 位计数器)

当 C/$\overline{T}$ = 0 时,选择定时器工作模式。这时多路开关接通振荡器 12 分频输出端,T0 对机器周期计数。

当 C/$\overline{T}$ = 1 时,多路开关使引脚 T0(P3.4)与 13 位计数器相连,外部计数脉冲由引脚 T0 输入。当外部信号电平发生由"1"到"0"的负跳变时,计数器加 1,这时 T0 成为外部事件计数器。

当 GATE = 0 时,或门输出 A 点为"1",或门被封锁,于是引脚 $\overline{INT0}$ 的输入信号无效。因为或门输出常"1",则 B 点电位取决于 TR0,于是由 TR0 就可控制计数开关 K,从而控制 T0 的启动或停止。若 TR0 由软件置"1",便闭合计数开关 K,启动 T0 开始计数;若使 TR0 = 0,则断开开关 K,停止 T0 的计数。

定时/计数器处于工作状态时,TL0 的低 5 位计满后直接向高字节 TH0 进位。当全部 13 位计数器计满溢出时,自动使 TCON 中的 TF0 置 1,此时 TH0 和 TL0 的值全为 0(不考虑无关位)。在中断方式下,便申请中断。当转向中断服务程序后 TF0 由硬件清 0。在查询方式下,可检查 TF0 的值以判断是否计满。当 TF0 = 1,表示计满,在执行下一次计数前,应该用软件将 TF0 清 0。若希望计数器按原计数初值开始计数,在计数溢出后,应给 TH0 和 TL0

重新赋初始值。

当 GATE = 1 且 TR0 = 1 时，或门、与门全部打开，计数开关 K 的状态完全受 $\overline{\text{INT0}}$ 信号控制。当 $\overline{\text{INT0}}$ = 1 时，启动定时/计数器开始计数，否则停止计数。可利用这一特性测量 $\overline{\text{INT0}}$ 端出现的正脉冲的宽度。

2）定时/计数器计数初始值的确定

日常生活中的计数都从 0 开始，但是如果定时/计数器也从 0 开始计数，由于计满时才溢出，因此工作方式 0 下，只有计到 8192(2^{13}) 时才溢出，这显然不能满足不同计数长度的需求。为满足不同计数长度的需求，且计满后产生溢出信号，计数就不能从 0 开始，而从某一中间数值开始。

设所需计数长度为 N，计数初始值 X 的计算方法如下：

当工作于计数模式下时，$X = 8192 - N$ ($1 \leqslant N \leqslant 8191$)

当工作于定时模式下时，$X = 8192 - \dfrac{T_\text{C} \times f_\text{OSC}}{12}$

式中，T_C ——所需定时时间，单位为 s；

f_OSC ——晶振频率，单位为 Hz。

若 f_OSC = 12 MHz，机器周期 T_M = 1 μs，则最小的定时时间为 1 μs，最大的定时时间为 8192 μs。

值得注意的是，工作方式 0 下的计数初始值是 13 位二进制数，其高 8 位赋值给 TH，低 5 位赋值给 TL。

3）工作方式 0 应用举例

应用定时/计数器时的主要任务是编程。在编程时，应注意两点：一是正确写入控制字，即初始化定时/计数器；二是计算正确的定时/计数初始值。

一般情况下，写入控制字的次序大致如下：

(1) 把工作方式控制字写入 TMOD。

(2) 把定时/计数初始值装入 TL0、TH0(或 TL1、TH1)。

(3) 置位 EA 使 CPU 开放中断(如果工作在中断方式下)。

(4) 置位 ET0(或 ET1)允许定时/计数器中断(如果工作在中断方式下)。

(5) 置位 TR0(或 TR1)以启动计数。

下面举例说明定时/计数器的用法。

例 6-4 设单片机的 f_OSC 为 11.059 2 MHz，使用 T1 以工作方式 0 产生频率为 131 Hz 的方波型音频信号(低音的 Do)，并由 P1.0 输出给与其相连的喇叭。用中断方式实现该功能。

解： 131 Hz 方波的周期是 7.634 ms，则高、低电平持续时间各是 3.817 ms。因此，只要当定时时间 3.817 ms 到时使 P1.0 的电平取反，再重新定时 3.817 ms。如此反复，就可输出 131 Hz 的音频信号。硬件系统连接示意图如图 6-9 所示。

(1) TMOD 和 TCON 的初始化。

根据题意 TMOD = 00000000B = 0。其中，T1 的 GATE = 0，C/$\overline{\text{T}}$ = 0，M1 = 0，M0 = 0，T0 中没有用的位设置为 0。

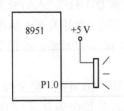

图 6-9 例 6-4 的硬件系统示意图

以 TR1 控制定时/计数器的运行，则 TCON 中的 TR1 = 1。

由于用中断方式完成，因此开放中断且允许 T1 中断，则 EA = 1，ET1 = 1。

(2) 计算定时 3.817 ms 时的计数初始值 X。

因为机器周期 $T_M = 1.085\ \mu s$，计数长度 $N = 3817\ \mu s/1.085\ \mu s = 3518$，则：

$X = 8192 - 3518 = 4674 = 10010010\ 00010B$，故 TH1 = 92H = 146，TL1 = 2。

(3) 汇编语言程序如下：

```
            ORG    0
            LJMP   START
            ORG    1BH              ; T1 中断矢量地址
            LJMP   T1INT
            ORG    100H
    START:  MOV    SP, #30H         ; 初始化程序
            MOV    TMOD, #0
            MOV    TH1, #146        ; 给 T1 赋初始值
            MOV    TL1, #2
            SETB   EA               ; 中断总允许
            SETB   ET1              ; 允许 T1 中断
            SETB   TR1              ; 启动 T1
    HERE:   SJMP   HERE             ; 等待中断
            ORG    200H
    T1INT:  CPL    P1.0             ;T0 的中断服务程序
            MOV    TH1，#146         ; 重新给 T1 装载计数初始值
            MOV    TL1，#2
            RETI
            END
```

对应的 C51 语言程序如下：

```
#include <reg51.h>
sbit    buzzer = P1^0;
main()
{
   TMOD = 0;                       //初始化 T1
   TH1 = 4674/32;                  //取高 8 位
   TL1 = 4674%32;                  //取低 5 位
   EA = 1;                         //中断初始化
   ET1 = 1;
   TR1 = 1;                        //启动 T1
   while(1);                       //等待中断
}
void t1int()    interrupt   3      //T1 中断服务程序
{
   buzzer = ~buzzer;               //输出取反
   TH1 = 4674/32;
   TL1 = 4674%32;
}
```

6.5.2　工作方式 1

工作方式 1 和工作方式 0 的工作原理基本相同，唯一不同的是工作方式 1 下是 16 位的定时/

计数器。16 位初始值的高 8 位送 TH，低 8 位送 TL。T0 在工作方式 1 下的结构如图 6-10 所示。当 f_{OSC} 为 6 MHz、11.0592 MHz 和 12 MHz 时，工作方式 1 下单片机的最大定时时间分别为 131.072 ms、71.107 ms 和 67.536 ms。

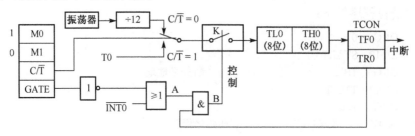

图 6-10　T0 在工作方式 1 下的结构(16 位计数器)

例 6-5　设单片机的 f_{OSC} = 11.0592 MHz，P1 口的每一位接一个共阳极 LED，电路如图 3-12 所示。要求使 LED 由低位到高位依次循环点亮，每次只亮一个且时间是 1s。用 T0 的定时中断功能实现该任务。

解： 根据题意，TMOD = 1。

当 f_{OSC} = 11.059 2 MHz 时，机器周期为 1.085 μs，工作方式 1 下的最大延时时间为 71.107 ms，显然不能满足 1 s 的要求。如果使定时器的定时时间为 50 ms，中断 20 次则共延时 1 s。当定时时间为 50 ms 时，计数初始值 X = 65536 − 50 ms/1.085 μs = 19453 = 4BFDH，所以，TH0 = 4BH，TL0 = 0FDH。

汇编语言程序如下：

```
            ORG     0
            LJMP    START           ; 跳转到 START 处
            ORG     0BH             ; T0 的中断矢量地址
            LJMP    T0INT
            ORG     100H
START:  MOV     TMOD, #1        ; 设置 T0 工作于工作方式 1
            MOV     TH0, #4BH       ; 装载计数初始值
            MOV     TL0, #0FDH
            SETB    EA              ; 开放中断
            SETB    ET0
            MOV     R0, #20         ; 设置循环次数
            MOV     A, #0FEH        ; 循环初始值
            MOV     P1, A           ; 输出给 P1 口
            SETB    TR0             ; 启动 T0 开始定时
            SJMP    $               ; 等待中断
T0INT:  MOV     TH0, #4BH       ; 重新装载计数初始值
            MOV     TL0, #0FDH
            DJNZ    R0, QUIT        ; 是否到 20 次？
            MOV     R0, #20         ; 重置循环次数
            RL      A               ; 循环左移
            MOV     P1, A           ; 输出到 P1 口
QUIT:   RETI
            END
```

对应的 C51 语言程序如下：

```
#include <reg51.h>
#include <intrins.h>                  //包含循环左、右移函数的头文件
unsigned char   a, i;
void    main()
{
    TMOD = 1;                         //设置 T0 工作于工作方式 1
    TH0 = 19453/256;                  //取高 8 位
    TL0 = 19453%256;                  //取低 8 位
    EA = 1;                           //开放中断
    ET0 = 1;
    i = 20;                           //设置循环次数
    a = 0xfe;                         //循环初始值
    P1 = a;                           //输出给 P1 口
    TR0 = 1;                          //启动 T0 开始定时
    while(1)                          //等待中断
    {
      if (i == 0)                     //是否到 20 次?
        {
          i = 20;                     //重置循环次数
          a = _crol_(a,1);            //循环左移
          P1 = a;                     //输出到 P1 口
        }
    }
}
void    t0int()    interrupt 1
{
    TH0 = 19453/256;                  //重新装载计数初始值
    TL0 = 19453%256;
    i --;
}
```

如果将上面程序中的 "a = _crol_(a,1)" 改为 "a = a << 1",比较一下二者的结果是否相同。

6.5.3 工作方式 2

工作方式 0 和工作方式 1 的主要特点是当计数溢出后计数器全为 0。当循环定时或循环计数时,就需要用软件重新装入计数的初始值,给应用带来了一些不便,同时也影响计时精度。工作方式 2 就是针对这个问题而设置的,其具有自动重装载功能,即自动装载计数初始值,所以也称为自动重装载工作方式。

图 6-11 是 T0 在工作方式 2 下的结构。在这种工作方式中,16 位计数器被分为两部分,即以 TL0 为计数器,以 TH0 为预置寄存器。初始化时把计数初始值分别装载给 TL0 和 TH0。当计数溢出时,溢出信号使 TF0 = 1,同时使控制 TH0 输出的三态门打开,TH0 的数据被自动送给 TL0。工作方式 2 下的最大计数值为 2^8。若所需计数长度为 N,则计数初始值 $X = 2^8 - N$($0 \leqslant N \leqslant 255$)。显然,工作方式 2 下的自动重装载功能是以牺牲计数容量为代价的。

例 6-6 有一自动罐装药粒系统,每瓶罐装药粒 50 片,每满一瓶,累加器 A 加 1,若满 100 瓶,则由与 P1.0 口相连的 LED 给出一个装箱信号(同时使装箱执行机构动作),然后停止计数。要求用 T0 以工作方式 2 计数。

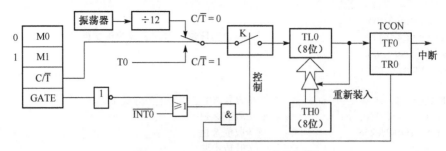

图 6-11　T0 在工作方式 2 下的结构

解：由题意可知，T0 的 M1 M0 = 10，$C/\overline{T}$ = 1，若由软件启动系统运行，则 GATE = 0。系统中没有用到 T1，则将 T1 的各控制位设置为 0，因而 TMOD = 6。

计数初始值 $X = 2^8 - 50 = 206$，则 TH0 = 206，TL0 = 206。

假设 P1.0 输出低电平时 LED 亮，则 C51 程序如下：

```
#include <reg51.h>
unsigned char   i;
sbit    LED = P1^0;
void    main()
{  TMOD = 6;                    //设置 T0 工作于工作方式 2
   TH0 = 206;
   TL0 = 206;
   LED = 1;                     //灭灯
   EA = 1;                      //开放中断
   ET0 = 1;
   i = 0;                       //设置循环次数
   TR0 = 1;                     //启动 T0 开始定时
   while(1)                     //等待中断
   {
     if (i = = 100)             //是否到 100 次？
       {
         LED = 0;               //亮灯
         TR0 = 0;               //停止计数
       }
   }
}
void   t0int()   interrupt 1
{ i++;}
```

6.5.4　工作方式 3

在工作方式 0、1 和 2 下，T0 和 T1 的设置和使用是完全相同的，但是工作方式 3 只适合于 T0。当 T0 工作在工作方式 3 时，TH0 和 TL0 成为两个独立的定时/计数器。其中 TL0 既可以作为计数器使用，也可以作为定时器使用。T0 的控制位、引脚和中断源，即 $C/\overline{T}$、GATE、TR0、TF0 和 T0(P3.4)、$\overline{INT0}$ (P3.2) 全归 TL0 使用，其功能和操作与工作方式 0 或工作方式 1 完全相同，而且逻辑电路结构也很相似，如图 6-12 所示。此时，TH0 只能作为简单的定时器使用，而且由于 T0 的控制位 TR0 和溢出标志位 TF0 已被 TL0 所用，TH0 只能借用 T1 的控制位 TR1 和标志位 TF1，也就是 TR1 负责控制 TH0 的启动和停止，当 TH0 计满溢出时置位 TF1（如图 6-12 所示）。

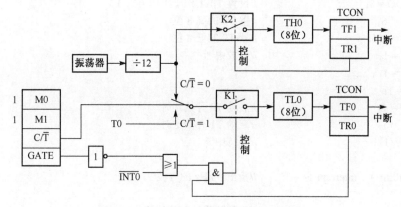

图 6-12　T0 在工作方式 3 下的逻辑结构

在工作方式 3 下，TH0 和 TL0 可以构成 2 个定时器或者 1 个定时器和 1 个计数器来使用。当 T0 工作在工作方式 3 时，T1 仍可以工作在方式 0、1 或 2 下。但由于 T1 的 TR1 和 TF1 已归 TH0 使用，因此不能使用中断方式，此时经常作为串行口的波特率发生器，如图 6-13 所示。

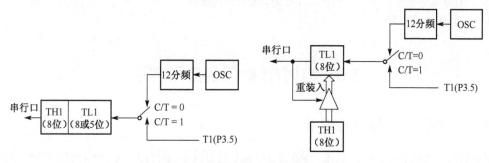

图 6-13　当 T0 在工作方式 3 时 T1 的使用

通常，只有将 T1 用作串行口的波特率发生器时，才使 T0 工作在工作方式 3 下，以便增加一个定时器。若将 T1 强行设置为工作方式 3，就会使 T1 立即停止工作，保持所计的数值，其作用相当于使 TR1 = 0，封锁与门，断开计数开关。

例 6-7　设定时/计数器 T0 工作于工作方式 3，采用定时功能分别使 P1.0 和 P1.1 输出频率为 1 kHz 和 5 kHz 的方波，设 f_{osc} 为 6 MHz。

解：当频率为 1 kHz 和 5 kHz 时，其周期分别为 1 ms 和 0.2 ms，则高电平和低电平持续的时间分别为 500 μs 和 100 μs。若分别由 TH0 和 TL0 产生 500 μs 和 100 μs 的定时中断，则

$$\text{TH0 的计数初始值} = 256 - 500\ \mu s / 2\ \mu s = 6$$
$$\text{TL0 的计数初始值} = 256 - 100\ \mu s / 2\ \mu s = 206$$

由题意，TMOD = 3（由 TR0 和 TR1 启动运行）。

C51 语言程序如下：

```
#include <reg51.h>
sbit   OUT0 = P1^0;
sbit   OUT1 = P1^1;
```

```
main ()
{
    TMOD = 3;                          //设置 T0 工作于工作方式 1
    TH0 = 6;                           //置 T0 的高 8 位
    TL0 = 206;                         //置 T0 的低 8 位
    ET0 = 1;                           //开放中断
    ET1 = 1;
    EA = 1;
    TR0 = 1;                           //启动 T0 开始定时
    TR1 = 1;                           //启动 T1 开始定时
    while (1);                         //等待中断
}
void  t0int ()   interrupt 1          //输出 5 kHz 的方波
{
    TL0 = 206;                         //重新装载计数初始值
    OUT1 =～OUT1;
}
void  t1int ()   interrupt 3          //输出 1 kHz 的方波
{
    TH0 = 6;                           //重新装载计数初始值
    OUT0 =～OUT0;
}
```

6.6　定时/计数器的应用实例

6.6.1　在测试信号中的应用

当门控位 GATE = 1 时，只有 TR0(TR1) = 1 且 $\overline{INT0}$ ($\overline{INT1}$) = 1 才能启动定时/计数器，当 $\overline{INT0}$ ($\overline{INT1}$) = 0 时又使定时/计数器停止，因此可利用门控位测量外部输入脉冲的宽度。

例 6-8　已知 f_{OSC} = 6 MHz，利用 T0 测试 $\overline{INT0}$ 引脚上出现的正脉冲的宽度。

解： 设外部脉冲由 $\overline{INT0}$ 输入，T0 工作于工作方式 1，GATE 应为 1，则 TMOD = 9。测量时，由于输入脉冲可能是周期性的信号，为了正确地得到脉冲高电平期间持续的时间，应当在输入脉冲高电平到来前的低电平期间使 TR0 = 1。当高电平到来时由 $\overline{INT0}$ 启动 T0，当 $\overline{INT0}$ 变成低电平时，应使 TR0 = 0，T0 停止计数（如图 6-14 所示）。否则，当下一个脉冲的高电平到来时，T0 又在前面计数的结果上继续计数。与前面各例题中的定时不同的是本例中的定时/计数器 0 应从 0 开始计数，停止时读取 TH0 和 TL0 的值，根据读取的数值和机器周期就可以知道正脉冲的宽度。

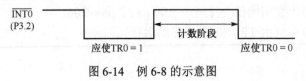

图 6-14　例 6-8 的示意图

C51 语言程序如下：

#include <reg51.h>

```
sbit    INT = P3^2;
unsigned char a, b;
unsigned long int    time;
main ()
{ TMOD = 9;                    //设置 T0 工作于工作方式 1
    TH0 = 0;                   //赋初始值
    TL0 = 0;
    while (INT);               //等待 INT0 为负电平
    TR0 = 1;                   //负电平到来，准备计数
    while (~INT);              //等待 INT0 变成高电平
    while (INT);               //T0 计数，并等待 INT0 变成低电平
    TR0 = 0;                   //停止计数
    a = TH0;
    b = TL0;
    time = 2*(a*256 + b);      //总共时间，单位为 μs
}
```

在工作方式 1 下，所能计脉冲的最大宽度为 65535 个机器周期。若 $f_{osc} = 6$ MHz，则为 131.07 ms。靠软件启动和停止计数会存在一定的测量误差，其可能的最大误差与相关指令的执行时间有关。

在此例中，在读取定时/计数器的计数值之前，已经使其停止工作，读数可靠。但在某些情况下，不希望在读计数值时停止定时/计数器的工作。此时，读取数值就要比较小心，读取的数值有可能是错误的。因为我们不可能同时读取 T0 或 T1 的高 8 位和低 8 位。以 T0 为例，如果先读 TL0，然后读 TH0，由于定时/计数器 0 在不停地工作，若读 TH0 前，恰好发生 TL0 溢出而向 TH0 进位的现象，则读取的 TL0 就完全不对了。同样的问题也发生在先读 TH0 而后读 TL0 的情况下。一种解决读错问题的方法是先读 TH0，后读 TL0，再读 TH0，比较前后两次 TH0 的值是否相同，若相同，则认为读数是正确的，否则重新读取，直到前后两次的读数相等为止。完成相应功能的程序段为

```
do
{
  a = TH0;              //读 TH0
  b = TL0;             //读 TL0
}while (a ! = TH0);    //当两者不相等时重复读取，直到相等
```

在 52 子系列单片机中，定时/计数器 T2 的捕捉方式可解决此问题。

6.6.2   在驱动直流电动机中的应用

直流电机是指能将直流电能转换成机械能（直流电动机）或将机械能转换成直流电能（直流发电机）的旋转电机。它是能实现直流电能和机械能互相转换的电机。当它作电动机运行时是直流电动机，将电能转换为机械能；作发电机运行时是直流发电机，将机械能转换为电能。我们经常用到的是直流电动机，因此常将其简称直流电机。直流电机的种类和类型比较多，普通直流电机的形状如图 6-15 所示。它有两个接线端，通常一端接高电平，而给另一端输入某

图 6-15   普通直流电机

一占空比的脉冲宽度调制(pulse width modulation，PWM)波。

PWM 是按一定规律改变脉冲序列的脉冲宽度，以调节输出量和波形的一种调制方式。在控制系统中，最常用的是矩形 PWM 信号。占空比是指在一个周期内，高电平持续时间占整个周期的百分比。若一个周期内高低电平的持续时间相等，则该矩形波的占空比为 50%。在控制电机时，只需要调节 PWM 波的占空比就可以调节电机的转速。占空比越大，电机的转速越大。如果全为高电平，即占空比为 100%时电机速度最大。虽然随着占空比的增加，电机的转速也会增加，但是这两个变量之间的比值并不是一个常数，因此不能说占空比与转速成正比例。

用单片机控制直流电机时，需要加驱动电路，以给直流电机提供足够大的驱动电流。常用的驱动方式有三极管电流放大驱动电路、电机专用驱动模块(如 L298)和达林顿驱动器等。在此我们用达林顿驱动器驱动电机。达林顿驱动器是一个集成芯片，单块芯片可同时驱动 8 个电机，每个电机由一个 I/O 口控制。只要给 I/O 口输出 PWM 波，电机就转动。

例 6-9 设定时/计数器 T0 工作于工作方式 2，采用定时功能分别使 P1.0 和 P1.1 输出频率为 100Hz，占空比分别为 20%和 60%的 PWM 波以控制两个直流电机的运转，假设 f_{OSC} 为 11.059 2MHz。

解： 在此，我们用达林顿反相驱动器 ULN2003A 驱动电机。将单片机 P1.0 和 P1.1 口的输出作为 ULN2003A 的输入，以 ULN2003A 的两个输出分别作为两个电机的一个输入端，而每个电机的另外一端接+5V。只需要改变 PWM 波的占空比，就可以调节直流电机的转速。为了方便观察输出的 PWM 波，可以给 P1.0 和 P1.1 口接一个示波器。Proteus 仿真图如图 6-16 所示。

在时间控制上，用定时/计数器的定时功能控制时间。因为 PWM 的频率为 100 Hz，则其周期为 10 ms。工作方式 2 下，当 f_{OSC} = 11.059 2MHz 时，其最大定时时间只有 256 × 1.085 μs = 277.76 μs。为此，将定时时间设为 100 μs，对其进行 100 次计数，则总时间是 10 ms。则：

TL0 的计数初始值 = 256 - 100 μs/1.085 μs = 164。

预置寄存器 TH0 = TL0 = 164。

题意中指定采用 T0 工作于工作方式 2，则 TMOD=02H。

C51 语言程序如下：

```
#include <reg51.h>
sbit pwm0 = P1^0;
sbit pwm1 = P1^1;
unsigned  char  t = 1;
void main( )
{
    TMOD = 0x02;              //定时器 0 工作于工作方式 2
    TH0 = 164;               //11.059 2 MHz 的晶振下定时 100 μs
    TL0 = 164;               //自动重装载值
    ET0 = 1;                 //开定时器中断
    EA = 1;
    TR0 = 1;                 //开启定时器
    while(1)
    {
        pwm0 = (t<=20);      //输出占空比 20%的 PWM 波
```

```
        pwm1 = (t<=60);          //输出占空比 60%的 PWM 波
    }
}
void Timer0() interrupt 1
{
    t = t%100+1;                 //对 t 加 1，同时保证 t 的值不会超过 100。
}
```

上例中，当(t<=20)为真时，pwm0 输出高电平，否则输出低电平，从而输出占空比为 20%
的 PWM 波。同理，当(t<=60)为真时，pwm1 输出高电平，否则输出低电平。

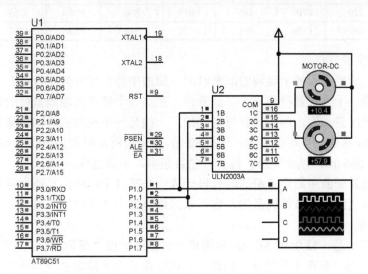

图 6-16   直流电机 PWM 波调速仿真图

6.6.3   在音乐输出方面的应用

所有音乐的构成一般有 4 个基本要素：音的高低、长短、力度和音质。而其中"音的高
低"和"音的长短"决定了该首曲子有别于另外的曲子，因而成为构成音乐最重要的基础元
素。"音的高低"即音调，"音的长短"即节拍，也称为时值。

1）音调的实现方法

频率决定音调，音调与频率有一定的对应关系。在简谱中，音调用 7 个阿拉伯数字作为
标记，它们的写法是 1、2、3、4、5、6、7，分别代表一个音调中不同的音高，即 Do、Re、
Mi、Fa、So、La、Si。由单片机模拟产生音调，只需算出每个音调对应的音频周期，并利用
定时/计数器产生不同频率的方波驱动喇叭，便可达到产生音调的目的。

假设 f_{OSC} = 11.0592 MHz，因此机器周期 T_M = 1.085 μs。若使 51 子系列单片机内部的定
时/计数器(T0 或 T1)工作于方式 1 下，改变计数初始值 TH 及 TL 便可以产生不同频率的方
波，从而驱动喇叭产生不同的音调。

例 6-4 已经说明了如何产生某一频率的音调。表 6-6 给出了各个音调所对应的频率及工
作方式 1 下定时/计数器的初始值。

表6-6 各音调对应的频率及工作方式1下的计数初始值（十六进制）

音调	第一个八度		第二个八度		第三个八度		第四个八度	
	频率/Hz	计数初始值	频率/Hz	计数初始值	频率/Hz	计数初始值	频率/Hz	计数初始值
1	131	F242	262	F921	523	FC8F	1046	FE47
2	147	F3C1	294	F9E1	587	FCEF	1175	FE78
3	165	F517	330	FA8C	659	FD45	1318	FEA2
4	175	F5B7	349	FAD8	698	FD6C	1397	FEB6
5	196	FD61	392	FB68	784	FDB4	1568	FEDA
6	220	F7D1	440	FBE9	880	FDF4	1760	FEFA
7	247	F8B6	494	FC5B	988	FE2E	1967	FF16

2）节拍的实现方法

在音乐中，节拍表示每个音调的演奏时间。简谱中将音符分为全音符、二分音符、四分音符、八分音符、十六分音符和三十二分音符。在这几个音符里面最重要的是四分音符，它是一个基本参照度量长度，即四分音符为一拍。一拍是一个相对的时间度量单位。

一般情况下，歌曲的平均拍速为每分钟72拍，则每拍所需时间为 $1000 \times 60 \div 72 = 833$ ms，二拍所需时间1666 ms，以此类推。每分钟拍数越多，乐曲越快。

通常，将每首乐曲中最短音符的时长设计成一个延时子程序，其他音符是该最短音符时长的几倍，从而达到改变节拍的目的。也可以采用定时/计数器实现一定时间的延时。

3）应用举例

例6-10 设 $f_{OSC} = 11.0592$ MHz，利用单片机演奏歌曲"祝你生日快乐"。

解： 图6-17是"祝你生日快乐"的简谱。该首曲子中的最短音符为八分音符。该首曲子的演奏速度是每分钟80拍，即每拍750 ms。八分音符的时常是375 ms，因此可设计一个375 ms的延时程序。当演奏全音符时，此延时程序循环8次。

祝你生日快乐

图6-17 "祝你生日快乐"的简谱

"祝你生日快乐"歌曲循环播放的程序如下。

```
/*---------《祝你生日快乐》歌曲循环播放-------------*/
#include <reg51.h>
#define uchar unsigned char
#define uint unsigned int
uchar timer1h, timer1l, time;
```

```c
sbit    speaker = P3^6;                        //蜂鸣器
void delay_1ms(uint z)                          //带参的延时函数
{
    uint x,y;
    for(x = z; x > 0; x--)
        for(y = 115; y > 0; y--);               //本句延时 1ms
}
/*---3 个数据为一组。第 1 个为音调，第 2 个为第几个八度音(从低到高为 0，1，2，3)，第 3 个为
时值---*/
code unsigned char znsrkl[]=
{
    5,1,1,      5,1,1,      6,1,2,      5,1,2,      1,2,2,      7,1,4,      5,1,1,      5,1,1,      6,1,2,
    5,1,2,      2,2,2,      1,2,4,      5,1,1,      5,1,1,      5,2,2,      3,2,2,      1,2,2,      7,1,4,
    4,2,1,      4,2,1,      3,2,2,      1,2,2,      2,2,2,      1,2,6,      0,0,0};
// 音阶频率表的高八位
code unsigned char   FREQH[ ] =
{
    0xF2, 0xF3, 0xF5, 0xF5, 0xF6, 0xF7, 0xF8,       //第 1 个八度 1～7
    0xF9, 0xF9, 0xFA, 0xFA, 0xFB, 0xFB, 0xFC,       //第 2 个八度 1～7
    0xFC, 0xFC, 0xFD, 0xFD, 0xFD, 0xFD, 0xFE,       //第 3 个八度 1～7
    0xFE, 0xFE, 0xFE, 0xFE, 0xFE, 0xFE, 0xFF,};     //第 4 个八度 1～7
// 音阶频率表的低八位
code unsigned char   FREQL[ ]=
{
    0x42, 0xC1, 0x17, 0xB6, 0xD0, 0xD1, 0xB6,       //第 1 个八度 1～7
    0x21, 0xE1, 0x8C, 0xD8, 0x68, 0xE9, 0x5B,       //第 2 个八度 1～7
    0x8F, 0xEE, 0x44, 0x6B, 0xB4, 0xF4, 0x2D,       //第 3 个八度 1～7
    0x47, 0x77, 0xA2, 0xB6, 0xDA, 0xFA, 0x16,};     //第 4 个八度 1～7
void delay(unsigned char   t)                       //音乐节拍延时
{
    unsigned char   t1;
    unsigned long int   t2;
    for(t1 = 0; t1 < t; t1++)
    {   for(t2 = 0; t2 < 7430; t2++);               //改变 t2 的值可以改变节拍时长, 本句延时 375 ms
    }
    TR1 = 0;
}
void t1int() interrupt 3                            //定时器 1 中断服务函数, 用于音乐
{
    TR1 = 0;
    speaker = !speaker;                             //输出取反
    TH1 = timer1h;
    TL1 = timer1l;
    TR1 = 1;
}
void song()                                         //音乐初始化
{   TH1 = timer1h;
    TL1 = timer1l;
```

```
            TR1 = 1;
            delay(time);
        }
        void main()                              //主函数
        { unsigned char   k,i;
          delay_1ms(500);
          TMOD = 0x10;                            //定时器 1 工作于工作方式 1
          EA = 1;                                 //开总中断
          ET1 = 1;                                //开定时器 1 中断
          while(1)
          {
            i = 0;
            time = 1;
            while(time)
            {  k = znsrkl[i] + 7 * znsrkl[i + 1] -1;   //k 为数组中的第几个数
               timer1h = FREQH[k];                      //取计数初值的高 8 位
               timer1l = FREQL[k];                      //取计数初值的低 8 位
               time = znsrkl [i+2];                     //取时值，即几倍延时
               i = i+3;                                 //指向下一组数据
               song();
            }
          }
        }
```

对于其他的歌曲，只需要根据相应歌曲中每个音符的音阶、音调和时值编写数组，替换本程序中的 znsrkl[ ]即可。如果还需要考虑歌曲的快慢，则根据需要修改该程序中的 delay(unsigned char t) 中 t2 的最大值(即 7430)即可。

本 章 小 结

中断技术是计算机中的一项重要技术。MCS-51 系列的 51 子系列单片机有 5 个中断源，分别是 2 个外部中断、2 个定时/计数器中断和 1 个串行中断。它们的中断服务程序入口地址分别为 3H、0BH、13H、1BH 和 23H。共有两个优先级，可由中断优先级寄存器 IP 设定其优先级别。CPU 对所有中断源以及某个中断源的开放和禁止，是由中断允许寄存器 IE 管理的，外部中断源的中断请求标志由定时器控制寄存器 TCON 中的 IE0 和 IE1 提供。

单片机内部的两个定时/计数器(T0 和 T1)皆有定时和计数的功能。定时和计数的实质都是对脉冲计数，只是被计脉冲的来源不同。在定时方式下，被计对象是单片机内部的机器周期，而在计数方式下，被计对象是外部事件(由高电平到低电平的边沿)。无论是定时还是计数，当计数器溢出时会自动置位 TF0 或 TF1。在查询方式下，可以通过检查 TF 的状态判断是否计满；在允许中断的情况下，CPU 自动进入中断服务程序。采用中断方式可大大提高CPU 的利用率。

定时/计数器有 4 种工作方式，4 种工作方式的特点归纳于表 6-7。在工作方式 0、1 和 2下，两个定时/计数器的功能完全相同，而在工作方式 3 下却有差别。在使用定时/计数器前要初始化定时器控制寄存器 TCON 和定时器工作方式命令字 TMOD；如果允许中断，还需要开放相应的中断，另外要给定时/计数器赋初始值。

本章列举了大量实例说明中断程序的结构、外部中断和定时/计数器溢出中断的使用方法，也给出了定时/计数器的常用事例。中断的应用是本章的重点和难点。

表 6-7　定时/计数器的工作方式

特性	工作方式 0 (13 位定时计数方式)	工作方式 1 (16 位定时计数方式)	工作方式 2 (8 位自动重装载方式)	工作方式 3 (T0 为两个 8 位方式)
计数最大值	$2^{13} = 8192$	$2^{16} = 65536$	$2^8 = 256$	$2^8 = 256$
计数初始值的装入	TH = 高 8 位 TL = 低 5 位 计满溢出后需用软件重新装载计数的初始值	TH = 高 8 位 TL = 低 8 位 计满溢出后需用软件重新装载计数的初始值	TH = TL = 计数初始值 计满溢出后自动装载计数初始值	TH = 计数初始值 1 TL = 计数初始值 2 同工作方式 0、1
应用场合 (设 f_{OSC} = 6 MHz)	定时时间 < 16.384 ms 计数个数 < 8192	定时时间 < 131.072 ms 计数个数 < 65536	定时时间 < 512 μs 计数个数 < 256 多用于串行通信的波特率发生器	TL0：定时或计数功能，应用了 TF0、TR0； TH0：只能用作定时，应用了 TF1 和 TR1； T0 在工作方式 3 下时，T1 只能在工作方式 0、1 和 2 下

思考题与习题

6-1　什么叫中断源？MCS-51 系列的 51 和 52 子系列各有几个中断源？分别是什么？各中断源对应的中断矢量地址是多少？各个中断源的中断标志是如何产生的？又是如何去除的？

6-2　为什么通常在中断响应过程中要保护现场？如何保护？

6-3　8031 单片机内设有几个定时/计数器？它们由哪些专用寄存器构成，其地址分别是多少？

6-4　MCS-51 单片机的定时/计数器有哪几种工作方式？各有什么特点？

6-5　某单片机的晶振频率 f_{OSC} = 11.059 2 MHz，要求用定时/计数器 0 定时 200 μs，分别计算采用方式 0、1 和 2 时定时/计数器的初始值。

6-6　利用 89C51 的 T0 计数，每计 10 个脉冲，P1.0 变反一次，用中断方式编程实现该功能。

6-7　某单片机系统的 P1 口接了 8 个 LED，每按下开关一次，对应的 LED 从低位到高位依次被点亮，且每次只亮一个 LED，周而复始。画出电路图，并编程实现该功能。

6-8　若 89C51 单片机的 f_{OSC} = 6 MHz，利用定时/计数器 1 的工作方式 0 使 P1.0 输出周期为 1 ms，占空比为 75%的矩形脉冲。

6-9　设某单片机的 f_{OSC} = 6 MHz，编写程序以统计 20 s 内某外部事件发生的次数，并由与 P1 口相连的共阳极 LED 显示统计结果(假设统计结果小于 256，利用 T0 和 $\overline{INT1}$ 实现此功能)。

6-10　在例 6-6 中，如果每满 5000 粒，给 P1.0 输出一个延时 0.4 s 的装箱信号。采用 T0 的工作方式 1 编程实现该功能(f_{OSC} = 11.059 2 MHz)。

6-11　某自动化生产线每隔 8 ms 左右可生产一件产品。如果两件产品的间隔时间小于 6 ms 或大于 10 ms 就认为生产线出现异常，立即点亮与 P1.0 相连的 LED 发出报警信号。假设 f_{OSC} 为 6 MHz，产品通过产生的脉冲信号送给 $\overline{INT0}$，其通过期间的波形如图 6-18 所示。请编程实现此功能。

6-12　由 P3.4(T0)引脚输入一低频脉冲信号(其频率 < 2.5 kHz)，要求 P3.4 每发生一次负跳变，P1.0 输出一个 200 μs 的同步正脉冲，如图 6-19 所示，用工作方式 2 编程实现。设 f_{OSC}=11.0592 MHz。

6-13　自己任选一首乐曲，编程实现用单片机播放该乐曲。

图 6-18　习题 6-11 测试信号示意图

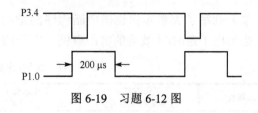

图 6-19　习题 6-12 图

第7章 MCS-51单片机串行接口及其应用

计算机的 CPU 与其外部设备的通信有并行和串行两种通信方式。单片机的 P0～P3 口与外部设备的通信就属于并行通信。并行通信的优点是传输速度快，但当远距离传输时，过多的数据线会导致传输成本增大，此时就适合采用串行通信。MCS-51 系列单片机内部有一个可编程全双工串行通信接口，可实现串行通信。本章将首先介绍串行通信的基本知识；然后介绍 MCS-51 单片机的异步全双工串行通信接口的结构和工作原理，着重介绍其工作方式及应用方法；最后介绍基于 RS-232C 串行标准的单片机之间的通信接口及编程、单片机与 PC 之间的通信接口及编程，并给出应用实例，包括相应的接口电路、程序框图及串口调试助手的应用等。

7.1 串行通信概述

计算机的 CPU 与其外部设备的基本通信方式有两种，分别是并行通信和串行通信。并行通信是指数据的各位同时传送。传送数据有多少位，就需要用多少根传输线，故并行通信的优点是传送速度快，缺点是远距离通信时所需的成本较高。因此，并行通信适合近距离传输，如计算机与打印机的通信等。单片机中的并行通信是通过计算机的并行输入/输出接口完成的。

串行通信是指数据一位一位顺序传送的通信方式。每次传送总是从低位开始，且按由低向高的顺序依次进行。其优点是通信线路简单，只要 1 到 2 根传输线就可以实现通信，特别适用于远距离通信，但传送速度慢是它的致命弱点。MCS-51 系列单片机有一个全双工的串行接口(串口、串行口)，通过此口可以采用串行通信方法与外部设备进行通信。

7.1.1 异步通信和同步通信

串行通信有两种基本通信方式，分别是异步通信和同步通信。

1）异步通信(asynchronous data communication，ASYNC)

在异步通信中，数据是按一定的帧格式传送的。帧格式中，1 个字符由 4 部分组成：起始位、数据位、奇偶校验位和停止位。首先是一个起始位(0)，然后是 5 到 8 位数据位(一般规定低位在前，高位在后)，接下来是奇偶校验位(可省去)，最后是停止位(1)。

- 起始位：用来通知接收设备待接收的字符开始到达，相当于触发接收设备开始接收数据。字符的起始位还被用作同步接收端的时钟，以保证以后的接收能正确进行。
- 数据位：紧跟在起始位的后面，可以是 5 位、6 位、7 位或 8 位。
- 奇偶校验位：只占 1 位，但在字符中也可以规定不用奇偶校验位，则这一位就可省去。也可用这一位来确定这一帧的字符所代表信息的性质(地址/数据等)。奇校验时，校验位的值为"1"，表示数据字节中的"1"的个数为奇数；若校验位的值为"0"，则表示数据字节中"1"的个数为偶数；偶校验则相反。接收字符时，对数据中"1"的个数和校验位进行比对，若发现不一致，则说明数据传输过程中出现了差错。

● 停止位：用于触发接收设备停止接收数据。线路在不传送字符时保持高电平"1"，接收端不断检测线路状态，若连续为高电平后又测到一个低电平"0"，就知道发来一个新字符，就会准备接收数据。停止位用来表征字符的结束，它一定是高电平。停止位可以是 1 位、1.5 位或 2 位，不同计算机的规定有所不同。接收端收到停止位后，知道上一字符已传送完毕，同时也准备接收下一字符，只要再接收到"0"，就是新的字符的起始位。若停止位后不是紧接着传送下一个字符，则使线路电平保持为高电平。

在两个所传送的字符间可以存在空闲位。可以存在空闲位正是异步通信的特征之一。从起始位开始到停止位结束就构成了一帧完整的数据，图 7-1 所示的是一种 11 位的帧格式。

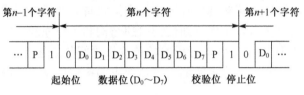

图 7-1 异步通信的帧格式

由于异步通信传送的每一帧有固定格式，通信双方只需按约定的帧格式来发送和接收数据，所以其硬件结构比较简单。此外，它还能利用校验位检测错误，所以这种通信方式应用较广泛。在单片机中主要是采用异步通信方式。

2) 同步通信(synchronous data communication，SYNC)

同步通信中，在数据开始传送前用同步字符来指示(常约定为 1～2 个同步字符)，并由同步时钟来实现发送端和接收端同步，即检测到规定的同步字符后，就连续并按顺序传送数据，直到通信告一段落。同步传送时，字符与字符间没有间隙，也没有起始位和停止位，仅在数据块开始时用同步字符来指示。

同步通信时，要求用时钟实现发送端与接收端之间的同步。为了保证接收正确无误，发送端往往除传送数据外，还要同时传送时钟信号。同步通信可以提高传输速率，但硬件结构比较复杂。

不管是异步通信还是同步通信，为保证双方能准确可靠地通信，通信双方必须遵守统一的通信协议。在通信之前一定要先设置好通信协议，即对数据传送方式的规定，包括通信方式、波特率、命令码等的约定。

7.1.2 串行通信的线路传输方式

在串行通信中，数据通常在两个站(如微机、终端)之间进行传送。按照数据流的方向及对线路的使用方式可以分为以下几种基本传输方式。

1) 单工传输方式

在传输线路上，只允许数据向一个方向传送，其示意图如图 7-2(a)所示。这种单向的连接用途较窄，仅适用于一些简单的通信或数据传送的场合。

2) 半双工传输方式

允许数据在两个方向间任意传送，但每次只能是一个站点发送，另一个站点接收，即通信双方不同时发送或接收。此时，通过切换通信线路中的收/发开关控制传送方向，其传送示意图如图 7-2(b)所示。

3) 全双工传输方式

数据的发送和接收分别由两根不同的传输线传输，通信双方都能在同一时刻进行发送和接收操作。因此，全双工配置是一对单向配置，它要求两端的通信设备都具有完整和独立的发送和接收能力，其传送示意图如图 7-2(c) 所示。

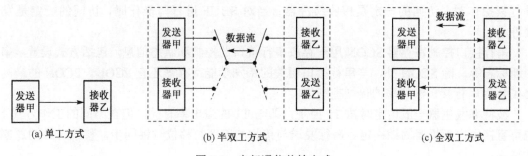

图 7-2　串行通信传输方式

7.1.3　波特率

波特率，即数据传送速率，表示每秒传送二进制代码的位数，单位是 bit/s（有时候也写成 bps 或 b/s，即 bit per second）。假设数据传送的速率是 120 字符/秒，而每一个字符格式包含有 10 个二进制位（比如 1 位起始位，1 位停止位，8 位数据位），则其传送的波特率为：

$$10 \text{ 位/字符} \times 120 \text{ 字符/秒} = 1200 \text{ 位/秒 (bit/s)}$$

波特率越高，串行通信的速率越快，但对硬件的要求也就越高。若硬件性能不能满足高的波特率传输，就容易出现数据错误。常用的标准波特率为 110 bit/s、300 bit /s、1 200 bit/s、2 400 bit/s、4 800 bit/s、9 600 bit/s、19 200 bit/s、38 400 bit/s、115 200 bit/s 等。对于不同外设，所能处理的波特率是不同的，例如，CRT 终端能处理 9 600 bit/s 的传输，而点阵打印机通常以 2 400 bit/s 来接收信号。

7.2　MCS-51 单片机串行接口

在串行通信中，数据是一位一位按顺序传送的，而计算机内部的数据是并行传送的。因此，当计算机向外发送数据时，必须先将并行的数据转换为串行的数据，然后再发送；反之，当计算机接收数据时，又必须先将串行数据转换为并行数据，然后再输入计算机内部。上述并-串或串-并的转换既可用软件实现，也可用硬件实现。但由于用软件实现会增加 CPU 的负担，降低其工作效率，故常用硬件完成这种转换。

通用异步接收/发送器(universal asynchronous receiver/ transmitter，UART)就是完成并-串或串-并变换的硬件电路。MCS-51 系列单片机内部有一个采用异步通信工作方式的可编程全双工串行通信接口，通过软件编程，可以用作 UART，也可用作同步移位寄存器。其帧格式可有 8 位、10 位和 11 位几种，并能设置波特率，在使用上灵活方便。

7.2.1　串行接口结构及工作原理

1) 串行接口的结构

MCS-51 单片机串行接口的内部结构框图如图 7-3 所示。引脚 RXD(P3.0，串行数据接收端）和 TXD（P3.1，串行数据发送端）与外界通信。它主要由两个数据缓冲器 SBUF、一个 9 位的输入移位寄存器和一个串行控制寄存器 SCON 组成。两个数据缓冲器 SBUF 是物理上独立的接收、发送缓冲器，它们占用同一个地址 99H，可同时发送和接收数据。发送缓冲器只能写入，不能读出；接收缓冲器只能读出，不能写入。换句话说，当对 SBUF 进行读操作时，访问的一定是接收缓冲器；当对 SBUF 进行写操作时，访问的一定是发送缓冲器。

串行接口控制寄存器 SCON 用于存放串行接口的控制和状态信息，包括方式设置、串行中断标志等。除 SCON 外，与串行接口相关的特殊功能寄存器还有 PCON。PCON 的最高位 SMOD 为串行接口波特率的倍增控制位。

波特率发生器一般由定时器 T1 控制，即与 T1 的溢出率有关，但在不同的工作方式下，也可直接由内部机器周期决定。串行发送与接收的速率与移位时钟同步，移位时钟的速率即波特率。

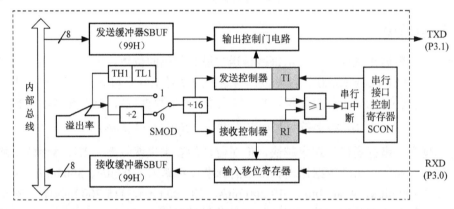

图 7-3　串行接口结构示意图

2）串行接口的工作原理

由图 7-3 可以看出，接收器是双缓冲结构，在前一字节被从接收缓冲器 SBUF 读出之前，第二字节可开始被接收（串行输入至 9 位移位寄存器），但是在第二字节接收完毕而前一字节仍未读取时，会丢失前一字节。在接收器中采用双缓冲结构是为了避免在接收到第二帧数据之前，CPU 未及时响应接收器的前一帧中断请求，未把前一帧数据读走，而造成两帧数据重叠的错误。对于发送器，因为发送是 CPU 主动进行的，不会产生写重叠错误，因而一般不需要双缓冲结构，以保持最大传送速率。

串行接口的发送和接收都是以特殊功能寄存器 SBUF 的名义进行读/写的。当向 SBUF 写操作时（即执行"MOV SBUF, A"指令），则向发送缓冲器 SBUF 装载数据并由 TXD 引脚向外发送一帧数据（方式 0 除外。在方式 0 下，串行数据通过 RXD 输入或输出，而 TXD 输出同步时钟），发送完便使发送中断标志位 TI = 1。如果允许中断，CPU 在执行中断服务程序时实现下一帧数据的发送；如果禁止中断，可以通过查询 TI 位的状态来判断是否发送完毕。

在串行接口允许接收（REN = 1）时，就可接收一帧数据进入移位寄存器（9 位）。如果满足接收中断标志位 RI = 0 的条件（在方式 1、2 和 3 中还需要同时满足另一个附加条件，此条件将在后面详细讨论），则将移位寄存器中的数据装载到接收 SBUF 中，同时使 RI = 1。如果允许中断，CPU 在执行中断服务程序时再接收下一帧数据；如果禁止中断，可以通过查询 RI 位的状态来判断是否接收完毕。当发出读 SBUF 命令时（"MOV A, SBUF"），便将接收 SBUF 中的数据通过内部总线读入累加器中或指定的内部 RAM 中。

7.2.2 与串行接口相关的特殊功能寄存器

MCS-51 单片机的串行接口是可编程接口，对它的初始化编程是通过给两个特殊功能寄存器——串行接口控制寄存器 SCON（98H）和电源控制寄存器 PCON（87H）写入控制字实现的。

1）串行接口控制寄存器 SCON（serial controller）

SCON 的单元地址是 98H，其位地址是 98H～9FH，格式如图 7-4 所示。SCON 控制和指示 MCS-51 单片机串行通信的方式、接收和发送控制，以及串行接口的状态标志等。各位的含义说明如下：

（1）SM0 和 SM1（SCON.7，SCON.6）：串行接口工作方式设置位。对应 4 种工作方式（简称方式），其定义见表 7-1，其中 f_{osc} 是晶体振荡频率。

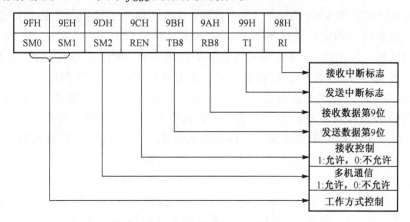

图 7-4　串行接口控制寄存器 SCON 各位的定义

表 7-1　串行接口工作方式

SM0	SM1	工作方式	功能说明	波特率
0	0	方式 0	同步移位寄存器，用于 I/O 扩展	$f_{osc}/12$
0	1	方式 1	10 位异步收发器	由定时器 T1 溢出率控制
1	0	方式 2	11 位异步收发器	$f_{osc}/32$ 或 $f_{osc}/64$
1	1	方式 3	11 位异步收发器	由定时器 T1 溢出率控制

（2）SM2（SCON.5）：方式 2 和方式 3 主要用于多机通信控制。当串行接口工作在方式 2 或方式 3 时，若 SM2 = 1，则允许多机通信。其协议规定，若接收的第 9 位数据为 0，则 RI 不置 1，不接收主机发来的数据；若接收的第 9 位数据为 1，则 RI 置 1，产生中断请求，将接收到的 8 位数据装入 SBUF 中，同时第 9 位数据装入 RB8。若 SM2 = 0，则不论第 9 位为 0 还是为 1，都将接收到的 8 位数据装入 SBUF 中，同时将第 9 位数据装入 RB8，并置位 RI，产生中断请求。根据这个功能，可实现多个单片机的串行通信。当一个主机与多个从机通信时，首先所有从机的 SM2 位都置 1，主机首先需要发送即将与之通信的从机的地址帧信息，为了表明该数据为地址帧，其第 9 位数据位应为 1（即主机的 TB8 = 1）。根据上述协议，所有从机都将接收到该地址帧信息。

当从机接收到地址帧后，将判断此地址是否与自己的地址相符，如果是，说明主机将与之通信，则被寻址的从机改变自己的 SM2 为 0，准备与主机通信。主机发送完地址帧后，紧接着发送数据帧，即第 9 位数据为 0，由于被寻址的从机的 SM2 为 0，从而能接收到主机发来的数据帧，但未被寻址的从机由于 SM2 仍为 1，就不能接收主机后续发来的数据帧信息。一旦主机与某从机通信完毕，该从机又将自己的 SM2 置 1，恢复到原来的状态，等待主机的下一次寻址和通信。

在方式 1 下，当处于接收状态时，若 SM2 = 1，则只有在接收到有效的停止位时，RI 才置 1。在方式 0 中，SM2 必须为 0。

(3) REN(SCON.4)：允许串行接收控制位。由软件置 1 或清 0。REN = 1 时，允许接收；REN = 0 时，禁止接收。

(4) TB8(SCON.3)：发送数据的第 9 位。在方式 2 或方式 3 下，发送数据的第 9 位放入 TB8，根据需要由软件置位或复位。在双机通信时，它可以作为奇偶校验位；在多机通信中作为发送地址帧或数据帧的标志位，为 1 表示地址帧，为 0 表示数据帧。

(5) RB8(SCON.2)：接收到数据的第 9 位。在方式 2 或方式 3 下，接收到的第 9 位数据放在 RB8 中(即接收机的 RB8 的值等于发送机的 TB8 的值)。它可以作为约定的奇偶校验位，也可以作为多机通信中约定的地址或数据的标志位。若 SM2 = 1，当 RB8 = 1 时，说明接收到的信息为地址帧，当 RB8 = 0 时，说明接收到的信息为数据帧。在方式 1 下，若 SM2 = 0(即不是多机通信方式)，RB8 是接收到的停止位；在方式 0 中，不使用 RB8。

(6) TI(SCON.1)：发送中断标志位。当发送完一帧数据后由硬件置 1。在方式 0 下，当串行发送数据的第 8 位结束时，由硬件置 1；在其他方式下，当串行发送到停止位的开始时由硬件置 1。TI = 1 时，可申请中断，表明发送缓冲器 SBUF 已空，CPU 可以发送下一帧数据。发送中断被响应后，TI 不会自动清 0，必须由软件清 0。也可用软件查询 TI 的状态。

(7) RI(SCON.0)：接收中断标志位。当接收到一帧有效数据后由硬件置 1。在方式 0 下，当接收完 8 位数据后由硬件置 1；在其他方式下，在接收停止位的中间时由硬件置 1。RI = 1 时，可申请中断，表示一帧数据接收结束，并已装入 SBUF 中，要求 CPU 取走数据。CPU 响应中断后，RI 也不能自动清 0，必须由软件清 0。也可用软件查询 RI 的状态。

串行发送中断标志 TI 和接收中断标志 RI 是同一个中断源，因此，在 CPU 响应串行接口中断时，事先并不知道是 TI 还是 RI 产生的中断请求，必须在中断服务程序中进行判别，这也正是 TI 和 RI 在响应中断时不能自动清 0 的原因。复位时，SCON 的所有位均清 0。

2）电源控制寄存器 PCON(power controller，不可位寻址)

PCON 中各位的含义见表 7-2。与串行接口有关的只有最高位 SMOD，其他各位的功能已经在 2.5.3 节做了介绍。

表 7-2　PCON 电源控制寄存器控制字

位序	D7	D6	D5	D4	D3	D2	D1	D0
名称	SMOD	(SMOD0)	(LVDF)	(POF)	GF1	GF0	PD	IDL

SMOD：串行接口波特率的倍率控制位。在方式 1、方式 2 和方式 3 下，当 SMOD = 1 时，波特率加倍；当 SMOD = 0 时，波特率不加倍，即波特率和 2^{SMOD} 成正比。单片机复位时，SMOD = 0。

由于不能对 PCON 进行位寻址，因此，给 SMOD 赋值时必须通过对 PCON 的整个字节赋值的形式来改变 SMOD 的值。如"MOV　PCON，#80H"就是将 SMOD 置 1。

7.2.3 波特率的设计

在串行通信中，收发双方对发送或接收数据的速率要有一定的约定，即双方要对波特率进行约定。MCS-51 系列单片机的串行接口有 4 种工作方式，分别是方式 0、方式 1、方式 2 和方式 3，其中方式 0 和方式 2 的波特率是固定的，而方式 1 和方式 3 的波特率是可变的，其值由定时器 T1 的溢出率决定。表 7-3 给出了串行接口的 4 种工作方式下波特率的计算方法。说明如下：

表 7-3　串行接口 4 种工作方式下的波特率

串行接口工作方式	波特率/bit/s	备注
方式 0	$\dfrac{f_{OSC}}{12}$	每个机器周期发送或接收一位数据
方式 2	$\dfrac{2^{SMOD}}{64} \times f_{OSC}$	SMOD = 0 或 1
方式 1 和方式 3	$\dfrac{2^{SMOD}}{32} \times T1$溢出率	SMOD = 0 或 1 $T1$溢出率$= \dfrac{f_{OSC}}{12 \times (2^n - 计数初值)}$ 当 T1 工作在方式 0、方式 1 和方式 2 下时，n 分别为 13、16 和 8

（1）在方式 0 下，每个机器周期发送或接收一位数据，因此，波特率固定为振荡频率的 1/12，并不受 PCON 中 SMOD 位的影响。

（2）方式 2 的波特率取决于 PCON 中 SMOD 的值和振荡频率 f_{OSC} 的值。

（3）方式 1 和方式 3 的波特率由 T1 的溢出率和 SMOD 的值决定。T1 的溢出率取决于 T1 的计数速率（计数速率 $= f_{OSC}/12$）和 T1 预置的初值。若 T1 工作于方式 1，由于方式 1 下的溢出周期 $T = (2^{16} - 计数初值) \times \dfrac{12}{f_{OSC}}$，因此，$T1$溢出率$= \dfrac{f_{OSC}}{12 \times (2^{16} - 计数初值)}$。方式 0 和方式 2 的溢出率计算公式可以类推。

（4）当 T1 作为波特率发生器时，T1 可以工作在方式 0、方式 1 和方式 2，但通常选用方式 2，因为方式 2 下可以自动重装初值，比较实用。为了避免因溢出而产生不必要的中断，应禁止 T1 的中断，如果不禁止其中断，应将定时/计数器 T0 设为方式 3（在方式 3 下，T0 被分为两个独立的 8 位计数器 TL0 和 TH0，其中 TH0 只可用作简单的内部定时功能，它占用定时器 T1 的控制位 TR1 和中断标志位 TF1），有关内容已经在第 6 章做了详细介绍。

（5）当串行接口工作在方式 1 或方式 3 时，实际应用中往往需要根据波特率计算 T1 的计数初值，其方法是根据表 7-3 中的公式进行求解，在此给出 T1 工作在方式 2 下计数初值的计数公式：

$$T1计数初值 = 2^8 - \frac{f_{OSC} \times (SMOD + 1)}{384 \times 波特率}$$

例 7-1　已知 89C51 单片机的时钟频率为 11.059 2 MHz，选用定时/计数器 1 工作于方式 2 作为波特率发生器，波特率为 2 400 bit/s，求 T1 的计数初值。

解：设波特率控制位 SMOD = 0，则 T1 的计数初值 X 为

$$X = 256 - \frac{11.059\,2 \times (0 + 1) \times 10^6}{384 \times 2400} = 244 = 0F4H$$

所以，（TH1）=（TL1）= 0F4H。

表 7-4 列出了串行接口工作在方式 1、T1 工作在方式 2 产生常用波特率时，TH1 和 TL1

所装入的计数初值。

表 7-4　常用波特率初值表

波特率/(bit/s)	晶振/MHz	初值		误差/(%)	晶振/MHz	初值		误差（12 MHz)/(%)	
		SMOD = 0	SMOD = 1			SMOD = 0	SMOD = 1	SMOD = 0	SMOD = 1
300	11.059 2	0A0H	40H	0	12	98H	30H	0.16	0.16
600	11.059 2	0D0H	0A0H	0	12	0CCH	98H	0.16	0.16
1 200	11.059 2	0E8H	0D0H	0	12	0E6H	0CCH	0.16	0.16
1 800	11.059 2	0F0H	0E0H	0	12	0EFH	0DDH	2.12	−0.79
2 400	11.059 2	0F4H	0E8H	0	12	0F3H	0E6H	0.16	0.16
3 600	11.059 2	0F8H	0F0H	0	12	0F7H	0EFH	−3.55	2.12
4 800	11.059 2	0FAH	0F4H	0	12	0F9H	0F3H	−6.99	0.16
7 200	11.059 2	0FCH	0F8H	0	12	0FCH	0F7H	8.51	−3.55
9 600	11.059 2	0FDH	0FAH	0	12	0FDH	0F9H	8.51	−6.99
14 400	11.059 2	0FEH	0FCH	0	12	0FEH	0FCH	8.51	8.51
19 200	11.059 2	—	0FDH	0	12	—	0FDH	—	8.51
28 800	11.059 2	0FFH	0FEH	0	12	0FFH	0FEH	8.51	8.51

由表 7-4 可以看出，当波特率为 11.059 2 MHz 时，它能够非常准确地计算出 T1 的计数初值。只要是标准通信速率，都能够获得非常精确的数值。而对于 6 MHz 和 12 MHz 的晶振，计算出的计数初值将不是一个整数值，因此就存在误差，而且波特率越高，误差越大，这也正是为什么 MCS-51 系列单片机经常用 11.059 2 MHz 晶振的原因。

7.2.4　串行通信工作方式

MCS-51 单片机串行接口有 4 种工作方式，可有 8 位、10 位或 11 位帧格式。下面分别予以介绍。

1）方式 0

方式 0 为同步移位寄存器输入/输出方式，其串行数据通过 RXD 输入或输出，TXD 输出移位时钟，与外围器件相连时作为外围器件的同步信号。这种方式常用于扩展 I/O 口。

发送时，当一个数据写入发送缓冲寄存器 SBUF 时，8 位数据一位一位地通过 RXD 端输出（低位在前），并在 TXD 端输出 f_{OSC}/12 的移位时钟，发送完后置中断标志位 TI = 1。图 7-5 所示的是利用串行接口和 74HC164 扩展输出口时的连接图，74HC164 是 TTL 串入并出移位寄存器。

接收时，用软件置 REN = 1（同时满足 RI = 0），则开始接收。数据也是通过 RXD 端一位一位地接收，并且时钟从 TXD 端输出，当接收完毕，置中断标志位 RI 为 1。图 7-6 所示的是利用串行接口和 74HC165 扩展输入口的连接图，其中 74HC165 是并入串出移位寄存器。

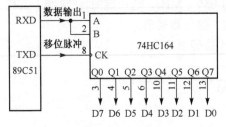

图 7-5　方式 0 用于扩展输出口

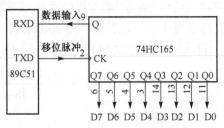

图 7-6　方式 0 用于扩展输入口

串行控制寄存器 SCON 中的 TB8 和 RB8 在方式 0 中未用，每当发送或接收完 8 位数据时，由硬件将 TI 或 RI 置 1。CPU 响应 TI 或 RI 中断时，不会自动清除其标志，必须由软件清 0。在方式 0 下，SM2 必须为 0。

2）方式 1

方式 1 为 10 位异步通信方式，在该方式下，TXD 和 RXD 分别用于发送和接收数据。方式 1 下一帧数据包括 1 位起始位、8 位数据位和 1 位停止位，共 10 位。在接收时，停止位进入 RB8，此方式下的波特率可调。

发送数据时，数据从 TXD 端输出。当数据写入发送缓冲器 SBUF 时，就启动发送器开始发送。发送完一帧数据后，TI 标志位置 1，并申请中断，通知 CPU 可以发送下一个数据。

接收数据时，数据从 RXD 输入。接收是在 REN 为 1、并检测到起始位时才开始的，即采样到 RXD 上出现由 1 到 0 的跳变时，就开始接收一帧数据。当一帧数据接收完毕后，必须同时满足以下两个条件，才将接收到的数据从输入移位寄存器装载进接收 SBUF 中，这次接收才真正有效。

（1）RI = 0，即在上一帧数据从 SBUF 中被取走时，由软件使 RI 清 0，接收 SBUF 已空。

（2）SM2 = 0 或接收到的停止位为 1。

同时满足以上条件后，将数据从输入移位寄存器装入接收 SBUF，其停止位装入 RB8 中，并置位 RI。如果不满足，接收到的数据不能装入 SBUF，该帧信息将会被下一帧信息覆盖，从而丢失该信息。

需要说明的是，在整个接收过程中，保证 REN = 1 是一个先决条件。该条件满足之后，只能保证将数据接收到输入移位寄存器中，真正接收到数据需要同时满足以上两个条件。

3）方式 2 和方式 3

这两种方式均为 11 位异步通信方式，由 TXD 和 RXD 发送和接收数据。两种方式的操作过程完全一样，所不同的只是波特率。每帧 11 位，包括 1 位起始位、8 位数据位、1 位可编程的第 9 位和 1 位停止位。

发送时，数据的第 9 位可为 1 或 0(在多机通信中作为地址/数据标志位)，也可以是奇偶校验位，但必须在发送前事先装入 TB8 中。接收时，第 9 位数据将进入 RB8 中。方式 2 和方式 3 的发送起始于任何一条写 SBUF 指令（"MOV SBUF，A"）。当第 9 位数据输出之后，置位 TI。

接收时，其前提条件也是 REN = 1，当检测到 RXD 端有 1 到 0 的跳变(起始位)时，开始接收数据，送入移位寄存器(9位)。在接收到第 9 位数据后，如果同时满足 RI = 0 和 SM2 = 0(或接收到的第 9 位数据为 1)，则将已接收到移位寄存器中的 8 位数据装载到接收 SBUF 中，同时将第 9 位数据送入 RB8，并置位 RI。如果条件不满足，接收无效，不置位 RI。

7.2.5 串行接口的应用举例

1）串行接口方式 0 的应用

MCS-51 系列单片机串行接口基本上是异步通信接口，但方式 0 是同步操作。外接串入并出或并入串出器件，可实现 I/O 口的扩展。

串行接口在方式 0 下的数据传送可采用查询方式，也可以采用中断方式。无论哪种方式，都要利用标志位 TI 或 RI。在发送时，一旦执行完发送指令，就可以不停止地查询 TI 标志位。如果查询到 TI 为 1，表明数据已经发送完成，就可以发送下一帧数据。也可以利用 TI 为 1

去申请中断，在中断服务程序中发送下一帧数据。在接收时，通过对 RI 的查询或由 RI 引起中断来决定何时接收下一个字符。

例 7-2 用 89C51 串行接口外接串入并出寄存器 74HC164 扩展 8 位并行口。8 位并行口的每位接一个发光二极管，要求发光二极管以 1 s 的延迟轮流显示，并不断循环。

解：在 Proteus 软件中的接口如图 7-7 所示，其 C51 语言程序如下：

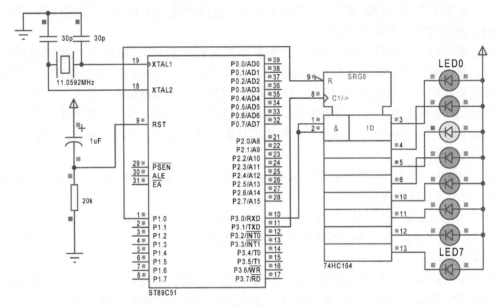

图 7-7 利用串行接口扩展输出口

```c
#include <reg51.h>
#define uchar unsigned char
#define uint unsigned int
sbit P1_0 = P1^0;
uchar a = 0x7F, b, c;
void init(void)
{  SCON = 0x00;
   ES = 1;                          /*串行接口初始化*/
   EA = 1;
   P1_0 = 0;                        /*关闭并行输出*/
}
void delayxs(unsigned int x)        /*带参数的 x s 延时子函数*/
{  unsigned int i, j, k;
   for(k = x; k > 0; k--)
     for(i = 1000; i > 0; i--)
       for(j = 115; j > 0; j--);    /*本句延时 1 ms*/
}
void main()
{  init();
   SBUF = a;                        /*串行接口发送数据*/
   while(1);                        /*中断等待*/
}
```

```
void serial_serve(void) interrupt 4          /*串行接口中断服务子程序*/
{  P1_0 = 1;
   delayxs(1);
   TI = 0;
   b = a << 7;                                /*循环右移位算法*/
   c = a >> 1;
   a = c | b;
   SBUF = a;
}
```

例 7-3　用 80C51 串行接口外加并入串出移位寄存器 74HC165 扩展 8 位输入口，输入数据由 8 个开关 K0～K7 提供，开关 K8 提供联络信号。当 K8 由高到低跳变时，表示要求输入数据，并将所输入的开关量通过共阴极 LED 显示出来。

解：在 Proteus 软件中的接口如图 7-8 所示，其 C51 语言程序如下：

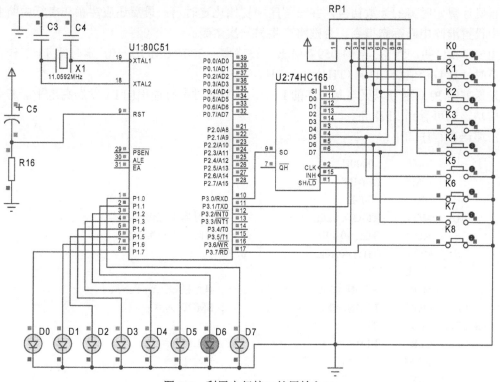

图 7-8　利用串行接口扩展输入口

```
#include <reg51.h>
sbit P3_6 = P3^6;
sbit P3_7 = P3^7;
void main(void)
{  while(P3_7 == 0);
   while(P3_7 == 1);          /*等待 K8 由高到低的跳变*/
   P3_6 = 0;
   P3_6 = 1;                  /*74HC165 装载数据并移位*/
   SCON = 0x10;
```

```
        while(RI == 0);
        RI = 0;
        P1 = SBUF;              /*串行接口接收数据*/
    }
```

2) 串行接口方式 1 的应用

串行接口在方式 1 下为异步通信，10 位异步收发格式：1 位起始位、8 位数据位和 1 位停止位。在这种方式下，可以采用查询方式或中断方式进行数据的收发。没有专门的奇偶校验位，但是，若数据的有效位数只有 7 位(如 ASCII 码)，则可以将 8 位数据的最高位作为奇偶校验位。

例 7-4 将 8951 单片机的 TXD(P3.1)与 RXD(P3.0)短接，P1.0 接一个共阴极的发光二极管 LED。串行接口工作在方式 1 下，采用查询方式编写一个自发自收的程序，检查本单片机的串行接口是否完好，并由 LED 显示结果。假设 f_{osc} = 11.059 2 MHz，波特率 = 300，SMOD = 0。

解：编制该类程序的要点是：确定正确的控制字以初始化接口功能；在波特率确定的条件下正确计算定时器的计数初值，并在程序中初始化定时器；最后还应注意在串行中断服务程序中设置清除中断标志指令，否则将产生另一次中断。

由表 7-4 可知，当 f_{osc} = 11.059 2 MHz，波特率 = 300，SMOD = 0，定时器 T1 工作在方式 2 下时，计数初值(TL1) = (TH1) = 0A0H。

发送前给 P1.0 送 0 以灭与其相连的 LED，然后通过串行通信向 P1 发送高电平。若串行通信成功，则可看到 LED 亮。

汇编语言程序如下：

```
            ORG     0000H
            LJMP    MAIN
            ORG     1000H
    MAIN:MOV    TMOD, #20H                ; 定时器 1 工作于方式 2
            MOV     TL1, #0A0H            ; 定时器 1 计数初值
            MOV     TH1, #0A0H
            SETB    TR1
            MOV     SCON, #50H            ; 串行接口工作于方式 1
            MOV     PCON, #0              ; SMOD 为 0
    CHECK:  CLR     TI
            CLR     P1.0                  ; 灭 LED
            ACALL   DELAY                 ; 延时 1 s
            MOV     A, #0FFH
            MOV     SBUF, A               ; 发送数据到 SBUF
            JNB     RI, $                 ; 若 RI≠1，则等待
            CLR     RI
            MOV     A, SBUF               ; 接收 SBUF 中的数据
            MOV     P1, A                 ; 输出
            JNB     TI, $                 ; 若 TI ≠ 1，则等待
            ACALL   DELAY                 ; 延时 1 s
            SJMP    CHECK
    DELAY:  MOV     R5, #10               ; 1s 延时子程序
    DELAY0: MOV     R6, #200
```

```
DELAY1: MOV      R7, #230
DELAY2: DJNZ     R7, DELAY2
        DJNZ     R6, DELAY1
        DJNZ     R5, DELAY0
        RET
        END
```

例 7-5　89C51 串行接口按双工方式收发 ASCII 字符，最高位用作奇偶校验位，采用奇校验方式，要求传送的波特率为 1200 bit/s，编写有关通信程序实现该功能。

解：由于 ASCII 码只有 7 位，再加 1 位奇偶校验位共 8 位数据位，故可以采用方式 1。

所谓奇校验是指发送的 8 位数据位中（包括奇偶校验位）始终保持为奇数个"1"，其算法是将奇偶校验标志位 P 的值取反后放在数据的最高位。例如，累加器 A 的值为二进制数据 00110001B，现在内部是奇数个"1"，此时的奇偶校验标志位 P 的值为"1"，因此，取反后为"0"，放在最高位之后，待发送的数据仍为 00110001B，保证了奇数个"1"；假如 A 的值为 00110011B，为偶数个"1"，此时的 P 为"0"，因此取反之后为"1"，再将其放在最高位，则待发送的数据就变为 10110011B，仍为奇数个"1"。如果进行偶校验，则 P 的值无须取反。在接收时，检测所接收的数据是否为奇数个"1"，若不是，则说明数据传送有误。需要说明的是，奇偶校验只能在一定程度上进行验错，不能进行绝对的验错。若需要更大程度地进行验错，可以采用循环冗余码或代码和进行校验。

双工通信要求收发同时进行，由于收发操作主要在串行接口进行，CPU 只是进行读接收 SBUF 和写发送 SBUF 操作。此过程可以采用中断方式进行，CPU 在响应中断后判断是 RI 还是 TI 申请的中断，从而决定是读接收 SBUF 还是写发送 SBUF。设发送数据区的首地址为 20H，接收数据区的首地址为 40H，晶振频率为 11.059 2 MHz。若设定时器 T1 采用方式 2，SMOD = 0，则可以查表确定计数初值为 0E8H。C51 语言程序如下：

```
#include <reg51.h>
#define uchar unsigned char
uchar data *dp1,*dp2;
sbit flag0 = ACC^7;
void sout(void)            /*发送子程序*/
{  TI = 0;
   ACC = *(dp1++);         /*取待发送数据给累加器，以获得奇偶标志信息*/
   flag0 = ~P;
   SBUF = ACC;             /*发送数据*/
}
void receive(void)         /*接收子程序*/
{  RI = 0;
   ACC = SBUF;             /*接收数据*/
   CY = ~P;
   if(CY == 1)             /*奇校验若有错，给标志位 F0 置 1*/
     F0 = 1;
   else
   { ACC = ACC&0x7F;
     *(dp2++) = ACC;       /*校验正确，存放数据，并将标志位 F0 清 0*/
     F0 = 0;
```

```
        }
    }
    void main(void)
    {   TMOD = 0x20;                    /*定时器初始化*/
        TL1 = 0xe8;
        TH1 = 0xe8;
        TR1 = 1;
        SCON = 0x50;                    /*串行接口初始化*/
        dp1 = 0x20;
        dp2 = 0x40;                     /*地址指针赋初值*/
        sout();
        ES = 1;
        EA = 1;
        while(1);                       /*中断等待*/
    }
    void serial_serve(void) interrupt 4    /*串行接口中断服务子程序*/
    {   if(RI == 1)
        receive();
        else
        sout();
    }
```

7.2.6 串行接口方式 2 和方式 3 的应用

串行接口方式 2 与方式 3 的用法基本相同，只是波特率设置方法不同，为 11 位异步收发方式，包括 1 位起始位、9 位数据位和 1 位停止位，其中第 9 位数据位的发送和接收分别由 TB8 和 RB8 来体现。

例 7-6 设计一个发送程序，将片内 RAM 50H～5FH 中的数据串行发送，第 9 位数据位作为奇偶校验位。

解： 在方式 2 或方式 3 下，发送端用 TB8 来作奇偶校验位(接收端用 RB8 作为奇偶校验的判断)。奇校验中，TB8=1 表示 SBUF 中发送的数为奇数个 1，TB8=0 表示 SBUF 中发送的数为偶数个 1；对于偶校验而言则相反。C51 语言程序为

```
        #include <reg51.h>
        #define uchar unsigned char
        uchar data *dp1;
        uchar i;
        void main(void)
        { SCON = 0x80;                     /*串行接口初始化*/
          PCON = 0x80;
          dp1 = 0x50;                      /*地址指针赋初值*/
          for (i = 0; i < 16; i++)         /*循环发送数据*/
          { ACC = *(dp1++);
            TB8 = P;
            SBUF = ACC;
            while(TI == 0);                /*等待一帧数据发送结束*/
            TI = 0;                        /*清发送标志位*/
```

```
        }
    }
```

7.3　RS-232C 标准接口总线及串行通信硬件设计

在工业自动控制、智能仪器仪表中，单片机的应用越来越广泛。随着应用范围的扩大及解决问题的需要，对某些数据要做较复杂的处理。单片机的运算功能较差，在对数据进行较复杂的处理时，往往需要借助计算机系统。因此，单片机与 PC 进行远程通信更具有实际意义。利用 MCS-51 单片机的串行接口与 PC 的串行接口 COM1、COM2 等进行串行通信，将单片机采集到的数据传送到 PC，由 PC 中安装的高级语言或数据库语言完成数据整理及统计等复杂处理，或者实现 PC 对远程前沿单片机的控制。

在实现计算机与计算机、计算机与外设间的串行通信时，通常采用标准通信接口。这样就能很方便地把各种计算机、外部设备、测量仪器等有机地连接起来，进行串行通信。RS-232C 是由美国电子工业协会(EIA)正式公布的、在异步串行通信中应用最广的标准总线(C 表示此标准修改了三次)。它包括了按位串行传输的电气和机械方面的规定，适用于短距离或带调制解调器的通信场合。为了提高数据传输率和通信距离，EIA 又公布了 RS-422、RS-423 和 RS-485串行总线接口标准。

7.3.1　RS-232C 标准接口总线

EIA RS-232C 是目前最常用的串行接口标准，用于实现计算机与计算机之间、计算机与外设之间的串行数据通信。该标准的目的是定义数据终端设备(data terminal equipment，DTE)之间接口的电气特性。一般的串行通信系统是指个人计算机和调制解调器。调制解调器被称为数据通信设备(data communication equipment，DCE)。RS-232C 提供了单片机与单片机、单片机与 PC 间串行数据通信的标准接口，通信距离可达到 15 m。RS-232C 接口的具体规定如下。

1）范围

RS-232C 标准适用于 DCE 和 DTE 间的串行二进制通信，最高的传输速率为 192 000 bit/s。在不增加其他设备的情况下，RS-232C 标准的电缆长度最长为 15m。RS-232C 不适合接口两边设备间要求绝缘的情况。

2）RS-232C 的信号特性

为了保证二进制数据能够正确传送，设备控制准确完成，有必要使所用的信号电平保持一致。为满足此要求，RS-232C 标准规定了数据和控制信号的电压范围。由于 RS-232C 是在 TTL 集成电路之前研制的，所以它的电平并非+5 V 和地，而采用负逻辑。规定+3～+15 V 之间的任意电压表示逻辑 0 电平，–15～–3 V 之间的任意电压表示逻辑 1 电平。

3）RS-232C 接口信号及引脚说明

表 7-5 给出了 RS-232C 串行标准接口信号的功能及信号方向。RS-232C 定义了 20 根信号线，其中 15 根信号线(表中打*号者)用于主信道通用，其他的信号线用于辅信道或未定义。辅信道主要用于线路两端的调制解调器的连接，很少使用。

通常使用 25 芯的接插件(DB25 插头和插座)实现 RS-232C 标准接口的连接。RS-232C 标准接口(DB25)连接器的结构图如图 7-9 所示。

表 7-5 RS-232C 标准接口的功能及信号方向

引脚	信号名	功能说明	信号方向	
			对 DTE	对 DCE
1*	GND	保护地	×	
2*	TXD	发送数据	出	入
3*	RXD	接收数据	入	出
4*	RTS	请求发送	出	入
5*	CTS	允许发送	入	出
6*	DSR	数据设备(DCE)准备就绪	入	出
7*	SGND	信号地(公共回路)	×	×
8*	DCD	接收线路信号检测	入	出
9, 10		未用,为测试保留		
11		空		
12		辅信道接收线路信号检测		
13		辅信道允许发送		
14		辅信道发送数据		
15*		发送信号码元定时(DCE 为源)		
16		辅信道接收数据		
17*		接收信号码元定时		
18		空		
19		辅信道请求发送		
20*	DTR	数据终端(DTE)准备就绪	出	入
21*		信号质量检测		
22*		振铃指示		
23*		数据信号速率选择		
24*		发送信号码元定时(DTE 为源)		
25		空		

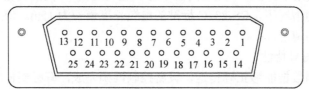

图 7-9 DB25 连接器(插座)结构图

7.3.2 信号电气特性与电平转换

1) 电气特性

为了增加信号在线路上的传输距离并提高抗干扰能力,RS-232C 提高了信号的传输电平。该接口采用双极性信号、公共地线和负逻辑。

使用 RS-232C,数据通信的波特率允许范围为 0～20 kbit/s。在使用 19 200 bit/s 进行通信时,最大传送距离在 20 m 之内。降低波特率可以增加传输距离。

2）电平转换

RS-232C 规定的逻辑电平与一般微处理器、单片机的逻辑电平是不一致的。因此，在实际应用时，必须把微处理器的信号电平（TTL 电平）转换为 RS-232C 电平，或者对两者进行逆转换。这两种转换是通过专用电平转换芯片实现的。

MC1488、75188 等芯片可实现 TTL 电平到 RS-232C 电平的转换；MC1489、75189 等芯片可实现 RS-232C 电平到 TTL 电平的转换。MAX232 芯片能够实现 TTL 电平和 RS-232C 电平间的相互转换。这里介绍 MAX232 芯片的用法。

MAX232 芯片是 MAXIM 公司生产的、包含两路接收器和驱动器的 IC 芯片，适用于各种 EIA-232C 和 V.28/V.24 的通信接口。MAX232 芯片内有一个电源电压变换器，可以把输入的 +5 V 电源电压变换成 RS-232C 输出电平所需的 ±10 V 电压。所以，采用此芯片接口的串行通信系统只需单一的 +5 V 电源就可以了。对于没有 ±12 V 电源的场合，其适应性更强。加之其价格适中，硬件接口简单，所以被广泛采用。

MAX232 芯片的引脚结构如图 7-10 所示，其典型工作电路图如图 7-11 所示。

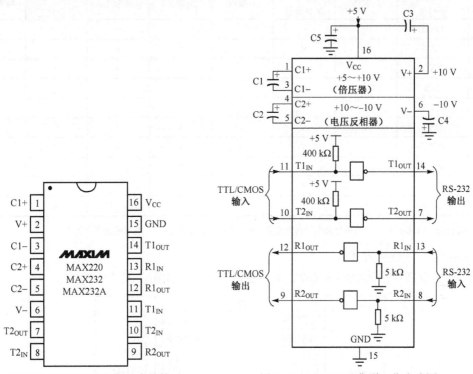

图 7-10 MAX232 芯片引脚结构　　　　图 7-11 MAX232 典型工作电路图

图 7-11 的上半部分电容 C1、C2、C3、C4 及 V_+ 和 V_- 是电源变换电路部分。在实际应用中，器件对电源噪声很敏感。因此，V_{CC} 必须要对地加去耦电容 C5，其值为 0.1 μF。电容 C1、C2、C3、C4 取同样数值的钽电解电容（1.0 μF/16 V），用以提高抗干扰能力，在连接时必须尽量靠近器件。

下半部分为发送和接收部分。实际应用中，$T1_{IN}$ 和 $T2_{IN}$ 可直接接 TTL/CMOS 电平的 MCS-51 单片机的串行发送端 TXD；$R1_{OUT}$ 和 $R2_{OUT}$ 可直接接 TTL/CMOS 电平的 MCS-51 单片机的串行接收端 RXD；$T1_{OUT}$ 和 $T2_{OUT}$ 可直接接 PC 的 RS-232 串行接口的接收端 RXD；$R1_{IN}$ 和 $R2_{IN}$ 可直接接 PC 的 RS-232 串行接口的发送端 TXD。

7.3.3　RS-232C 的应用

1）使用 RS-232C 标准接口应注意的问题

（1）RS-232C 可用于 DTE 和 DCE 之间的连接，也可用于两个 DTE 之间的连接。因此，在两个数据处理设备通过 RS-232C 接口互连时，应该注意信号线对设备的输入/输出方向及它们之间的对应关系。RS-232C 的几个常用信号，对 DTE 或对 DCE 的方向，已在表 7-5 中标明。至于通信双方 RS-232C 的信号线的对应关系，没有固定的模式，可以根据每条信号线的意义，按实际需要具体连接，并且要注意使控制程序与具体的连接方式相一致。

（2）RS-232C 虽然定义了 20 根信号线，但在实际应用中，使用其中多少信号并无约束。也就是说，对于 RS-232C 标准接口的使用是非常灵活的。对于微机系统，通常有 7 种使用方式。表 7-6 给出了使用 RS-232C 接口时在异步通信方式下的几种标准配置。

表 7-6　RS-232C 的标准配置

引脚	RS-232C 信号线	只发送	具有 RTS 的只发送	只接收	半双工	全双工	具有 RTS 的全双工	特殊应用
1	GND	—	—	—	—	—	—	0
2	TXD	√	√		√	√	√	0
3	RXD			√	√	√	√	0
4	RTS		√		√		√	0
5	CTS	√			√	√	√	0
6	DSR	√	√	√		√	√	0
7	SGND	√	√		√	√	√	√
8	DCD				√	√	√	0
20	DTR	×	×	×	×	×	×	0
22	振铃指示	×	×	×	×	×	×	0

注：√表示必须配备；× 表示使用公共电话网时配备；0 表示由设计者决定；— 表示根据需要决定。

2）RS-232C 的连接方式

（1）两个 DTE 之间使用 RS-232C 串行接口的连接，如图 7-12 所示。

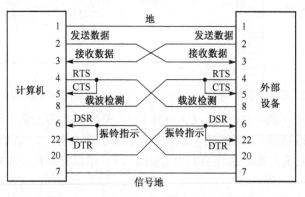

图 7-12　两个 DTE 之间通过 RS-232C 串行接口的连接

由图可见，对方的 RTS（请求发送）端与自己的 CTS（清除发送）端相连，使得当设备向对方请求发送时，随即通知自己清除发送端，表示对方已经响应。这里的请求发送线还连往对方的载波检测线，这是因为"请求发送"信号的出现类似于通信通道中的载波检出。图中的 DSR(数据设备就绪)是一个接收端，它与对方的 DTR(数据终端就绪)相连就能得知对方是否已经准备好。DSR 端收到对方"准备好"的信号，类似于通信中收到对方发出的"响铃指示"的情况，因此可将"响铃指示"与 DSR 并联在一起。

(2) 如果双方都是始终在就绪状态下准备接收的 DTE，连线可减至 3 根，这就变成 RS-232C 的简化方式，如图 7-13 所示。

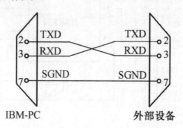

图 7-13　两个 DTE 之间的简化 RS-232C 连接

7.3.4　单片机与单片机及单片机与 PC 之间的串行通信接口电路

51 单片机的串行通信主要实现在单片机与单片机之间的通信，以及单片机和 PC 之间的通信，其通信模型主要有双机通信和多机通信。

对于单片机之间的通信而言，由于单片机本身为 TTL 电平，因此，在通信距离不远的情况下，可以直接将双方的接收和发送对应连接，并且信号地也连接起来，就可以完成其硬件设计。当通信距离较远时，两个单片机都需要进行 RS-232C 电平转换，其硬件连接示意图如图 7-14 所示。图 7-14 中利用 MAX232 实现电平的转换，其外围工作电路采用图 7-11 的连接即可。

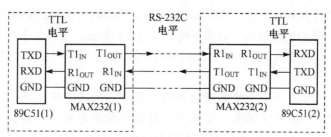

图 7-14　单片机之间的硬件连接示意图

对于单片机和计算机之间的串行通信接口而言，由于计算机的串行接口所对应的是 RS-232C 电平，而单片机对应的是 TTL 电平，因此，要实现两者的通信，就必须实现电平的转换，这可以通过 MAX232 完成电平转换。在连接时应注意发送、接收的引脚要对应，如果使 $T1_{IN}$ 接单片机的发送端 TXD，则 PC 的 RS-232 的接收端 RXD 一定要对应 $T1_{OUT}$ 引脚，同时，若 $R1_{OUT}$ 接单片机的 RXD 引脚，PC 的 RS-232 的发送端 TXD 对应接 $R1_{IN}$ 引脚。其接口电路图如图 7-15 所示。

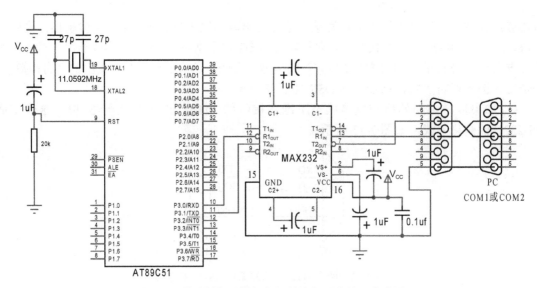

图 7-15　单片机与计算机之间的串行通信接口电路图

7.4　单片机之间的点对点串行异步通信

利用单片机的串行接口可以实现两个单片机之间的串行异步通信。

7.4.1　通信协议

要想保证通信成功，通信双方必须有一系列的约定。比如，作为发送方（发送端），必须知道什么时候发送信息，发什么，对方是否收到，收到的内容有没有错，要不要重发，怎样通知对方结束等。作为接收方（接收端），必须知道对方是否发送了信息，发的是什么，收到的信息是否有错，如果有错怎样通知对方重发，怎样判断结束等。这种约定就叫通信规程或协议，它必须在编程之前确定下来。要想使通信双方能够正确交换信息和数据，在协议中对什么时候开始通信，什么时候结束通信，何时交换信息等都必须做出明确的规定。只有双方遵守这些规定才能顺利地进行通信。

另外，在串行通信中一个重要的指标是波特率，它反映了串行通信的速率，也反映了对于传输通道的要求。波特率越高，要求传输通道的频带越宽。一般异步通信的波特率在 50～9 600 bit/s 之间。由于异步通信双方各用自己的时钟源，要保证捕捉到的信号正确，最好采用较高频率的时钟。一般选择时钟频率为波特率的 16 倍或 64 倍。若使时钟频率等于波特率，则频率稍有偏差便会产生接收错误。

在异步通信中，收、发双方必须事先规定好串行接口的工作方式，即字符格式，规定是否采用奇偶校验及其校验的方式（奇校验还是偶校验）等通信协议；还要确定好所采用的波特率大小。有关波特率的计算在前面有详细的叙述，在此不再赘述。

7.4.2　通信程序举例

例 7-7　设甲机发送，乙机接收。串行接口工作于方式 3（每帧数据为 11 位，第 9 位用于奇偶校验），两机均选用 11.059 2 MHz 的振荡频率，波特率为 2 400 bit/s。通信的功能如下所述。

乙机：甲机先将数据 03H 向乙机发送，乙机对接收的信息进行奇偶校验。这里进行奇校验，将 P 位值放在 TB8 中。若校验正确，则乙机先将接收到的数据用 LED 显示出来，取反后循环左移 1 位，然后再返回给甲机；若奇偶校验有错，则乙机发出"数据发送不正确"的信号(00H)。甲机接收到"不正确"应答信号后，重新发送上一次的数据，直至发送正确。整个通信过程的停止信息由甲机发出(0FFH)，甲机根据标志位判断是否停止通信。

甲机：甲机发送 03H 后，就等待乙机的回信，若回信是错误的信息，则重新发送上一次的数据；若不是错误信息，则将接收到的乙机的数据进行与乙机相同的处理，然后再发送给乙机。

整个通信中，甲机最初处于主发送状态(发送 03H)，乙机最初处于主接收状态。但甲乙两机的基本处理方式相同，都需要做到每接收一帧数据进行校验，若正确，则进行正确的处理；若错误，则发送错误信息(00H),甲乙双方无论谁接收到 00H，都将上一次的数据重新发一次。若乙机接收到停止信息 0FFH，则恢复到原始状态，即处于等待接收状态。

解：(1) 计算定时器计数初值 X，设 SMOD = 0

$$X = 256 - \frac{f_{OSC}}{波特率 \times 12 \times (32 / 2^{SMOD})}$$

将已知数据 $f_{OSC} = 11.059\,2 \times 10^6$ Hz，波特率 = 2 400 bit/s 代入，得

$$X = 256 - \frac{11.0592 \times 10^6}{2400 \times 12 \times (32 / 2^{SMOD})}$$

若取 SMOD = 0，则 $X = 244 = 0F4H$。若计算的 X 值不是整数，则只取整数部分，这样就会使通信存在一定的误差。

(2) 能实现上述通信要求的甲、乙机的硬件接口仿真图如图 7-16 所示。

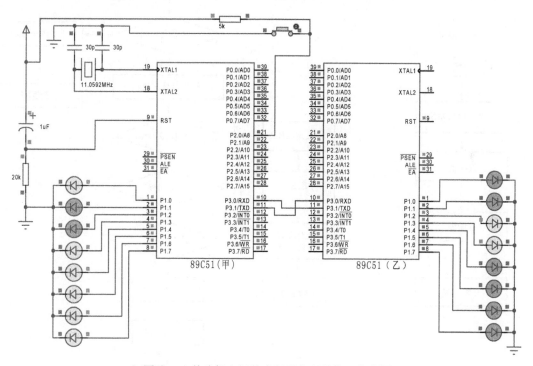

图 7-16　单片机之间的串行通信硬件接口仿真图

甲机和乙机的通信程序流程图如图 7-17 所示。

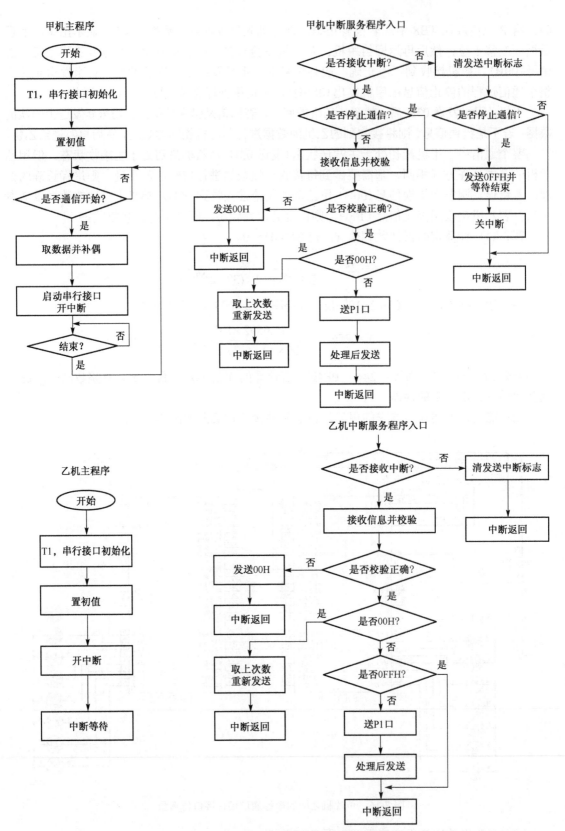

图 7-17 甲机和乙机的通信程序流程图

甲机的 C51 语言程序如下：

```c
#include <reg51.h>
#define uchar unsigned char
#define uint unsigned int
sbit P2_0 = P2^0;
uchar a,b,c,d;
//****************初始化子程序*********************//
void init(void)                      /*对定时器和串行接口初始化*/
{   TMOD = 0x20;
    TL1 = 0xF4;
    TH1 = 0xF4;
    TR1 = 1;                         /*启动定时器 T1*/
    SCON = 0xD0;                     /*串行接口设为方式 3，允许接收*/
}
//***********发送停止字符的子函数***************//
void   sendstop(void)
{   SBUF = 0xff;                     /*发送停止字符*/
    while(TI == 0);                  /*等待发送结束*/
    TI = 0;                          /*清发送标志位*/
    ES = 0;
    EA = 0;                          /*关中断*/
}
//*********延时子程序***********//
void delay(uint k)
{   uint data i,j;
    for(i = 0; i < k; i++)
    {   for(j = 0; j < 121; j++);
    }
}
//*************主程序****************//
void main(void)
{ init();
    while(1)
    { while(P2_0 == 1);              /*等待通信开始命令*/
        ACC = 0x03;                  /*通信开始，设置初始数据*/
        TB8 = P;                     /*奇偶标志送 TB8*/
        SBUF = ACC;                  /*发送数据*/
        b = ACC;                     /*暂存该发送数据*/
        ES = 1;
        EA = 1;                      /*开中断*/
        while(P2_0 == 0);            /*若没有通信停止命令，则继续中断等待*/
    }
}
//**************串行接口中断服务子程序****************//
void serial_serve(void) interrupt 4
{   if(TI == 1)                      /*判断是发送中断还是接收中断*/
    {
```

```c
        TI = 0;
        If (P2_0 = = 1)                      /*判断是否停止, 若停止则向乙发送停止字符*/
        sendstop();
        goto reti;                           /*到中断返回*/
    }
  else
  { RI = 0;                                  /*若是接收中断, 清接收标志位, 并判断是否停止*/
    if(P2_0 = = 1)
      { sendstop();                          /*若停止通信, 发送停止字符*/
        goto reti;
      }
    else
    { d = SBUF;                              /*若未停止, 则接收乙机的数据*/
      ACC = d;                               /*接收数据给累加器, 以获取奇偶标志位*/
      If ((P^RB8) = = 1)                     /*校验接收数据是否正确*/
      { ACC = 0x00;                          /*校验若不正确, 则向乙机发送 00H*/
        TB8 = P;
        SBUF = ACC;
        b = ACC;                             /*暂存所发送的数据*/
        goto reti;
      }
      else
      { if((d^0x00) = = 0)                   /*若校验正确, 则判断所接收的数据是否为 00H*/
        {    ACC = b;                        /*若是 00H, 说明上次发送的数据有错*/
          TB8 = P;
          SBUF = ACC;                        /*重发上次的数据*/
          b = ACC;
          goto reti;
        }
        else                                 /*若不是 00H, 说明上次发送的数据正确*/
        {   P1 = d;                          /*送显示*/
          delay(100);                        /*延时, 以便观察实验效果*/
          a = d>>7;
          c = d<<1;
          d = a|c;                           /*循环左移 1 位的算法*/
          ACC =~d;
          TB8 = P;
          SBUF = ACC;                        /*发送处理后的数据*/
          b = ACC;                           /*暂存本次所发送的数据*/
        }
      }
    }
  }
  reti;                                      /*中断返回*/
  }
```

乙机的 C51 语言程序为:

```c
#include <reg51.h>
#define uchar unsigned char
#define uint unsigned int
uchar a,b,c,d;
//******************初始化子程序******************//
void init(void)
{   TMOD = 0x20;                    /*对定时器和串行接口初始化*/
    TH1 = 0xF4;
    TL1 = 0xF4;
    TR1 = 1;
    SCON = 0xD0;
    ES = 1;
    EA = 1;
}
//***********延时子程序***********//
void delay(uint k)
{   uint data i,j;
    for(i = 0; i < k; i++)
    {       for(j = 0; j < 121; j++){; }
    }
}
//***************主程序******************//
void main(void)
{   init();
    while(1);                       /*中断等待*/
}
//*****************串行接口中断服务子程序******************//
void serial_serve(void) interrupt 4
{   if(TI == 1)                     /*判断是接收中断还是发送中断*/
    {   TI = 0;                     /*若是发送中断,清发送标志位*/
        goto reti;
    }
    else                            /*若是接收中断,清接收表志位*/
    {   RI = 0;
        d = SBUF;                   /*接收数据给累加器,以获取奇偶标志位的信息*/
        ACC = d;
        if((P^RB8) == 1)            /*校验接收数据是否正确*/
        {   ACC = 0x00;             /*若校验不正确,向甲机发送00H*/
            TB8 = P;
            SBUF = ACC;
            b = ACC;
            goto reti;
        }
        else if((d^0x00) == 0)      /*若校验正确,则判断接收的数据是否为00H*/
        {   ACC = b;                /*若接收的是00H,则重发上次的数据*/
            TB8 = P;
            SBUF = ACC;
```

```
                b = ACC;
                oto reti;
        }
        else if((d^0xff)! = 0)          /*若接收的不是 00H，说明上次的数据正确*/
        {   P1 = d;                      /*判断数据是否为停止命令，不是则送显示*/
            delay(100);
            a = d >> 7;
            c = d << 1;
            d = a|c;                     /*循环左移 1 位的算法*/
            ACC =～d;
            TB8 = P;
            SBUF = ACC;                  /*发送处理后的数据*/
            b = ACC;
        }
    }
    reti;
}
```

需要注意的是，在用 Proteus 仿真时，需要将相应的程序加载到各自的单片机中。

7.5 单片机与 PC 之间的通信

由一台 PC 和若干个单片机应用系统构成小型分散控制或测量系统是目前微型计算机应用的一个主要趋势。在这样的系统中，以单片机为核心的智能式测控仪表既能完成数据采集、处理等控制任务，又可将数据传送给 PC。PC 再对这些数据进行加工处理，同时还可将各种控制命令送给各单片机系统，以实现集中管理和最优控制。显然，要组成这样的系统，首先要解决 PC 与各单片机之间的数据通信问题，这属于多机通信问题。对于多机通信，PC 需要专门的应用程序，这种程序可以通过 VC 或 VB 等进行编程实现。近年来又流行一种虚拟仪器，它是一种基于计算机的仪器。目前用于编程设计虚拟仪器的较广泛的计算机语言和开发环境是美国 NI 公司的 LabVIEW(laboratory virtual instrument engineering workbench)，它是一种图形化编程软件，比较容易通过编程实现计算机的串口通信平台。如果是计算机与单片机进行点对点通信，可以利用 Windows 里面自带的超级终端来实现，这里不再详细介绍。也可以通过一般的串口调试助手实现计算机和单片机的串行通信。

7.5.1 PC 串口调试助手的介绍

PC 串口调试助手有很多种，读者可以使用自己习惯的通信软件。以下要介绍的 PCommAPI 就是一种串口调试助手，其界面如图 7-18 所示。

该通信软件的功能特点是：
● 可采用十六进制发送和接收；
● 可对接收区的数据进行字符和十六进制实时转换；
● 可将发送的命令保存起来，下次进入时自动加载；
● 内部固化了 10 个命令串；
● 对发送和接收的数据进行计数；
● 可自动发送数据。

该通信助手应用较为方便，一般能满足用户的需求。

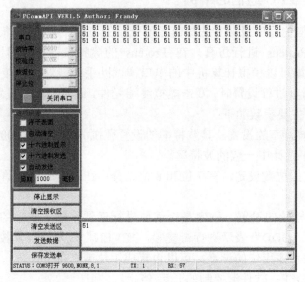

图 7-18　PCommAPI 串口调试助手界面

另外，STC 单片机的程序下载软件"STC-ISP"里面也自带有串口调试助手，其界面如图 7-19 所示。

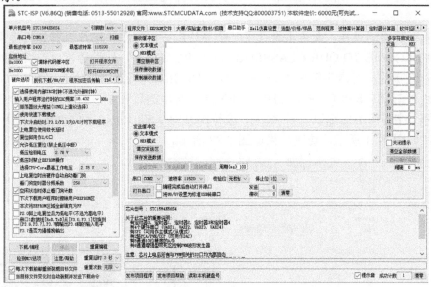

图 7-19　STC-ISP 程序下载界面及串口调试助手

从主界面点"串口助手"可进入串口助手界面，首先对串口助手按需要进行设置，包括对串口端口的选择，单击"打开串口"之后就可以对串口进行调试了。该串口助手具有多字符发送区和单字符发送区，可以进行自动循环发送，可以设置发送数据的间隔时间。

串口助手的种类繁多，它们的功能大体上都相同，可以根据自己的喜好来选择。这里就不再一一介绍。如果感兴趣，还可以根据自己的需要利用 VC、VB 及 LabVIEW 等自行设计串口助手。

7.5.2 单片机与 PC 通信的举例

单片机与 PC 通信的程序设计方法与前面所介绍的方法一致。为了模拟单片机与 PC 的通信过程，这里利用 Proteus 进行仿真。在 Proteus 的虚拟仪器模型里面有虚拟终端（virtual terminal），该虚拟终端可以模拟计算机中的串口调试助手，能够进行接收和发送数据，其面板如图 7-20(a)。在对其进行设置时，双击虚拟终端元件，即可出现其设置面板，如图 7-20(b) 所示。设置面板中的主要参数如下：

- Baud Rate：波特率的设置，其波特率的设置范围为 110～57 600 bit/s，设置时应选用与单片机程序设计中一致的波特率。
- Data Bits：数据位数设定，有 7 位和 8 位之分，在设置时应和单片机程序设计中使用的波特率一致。
- Parity：奇偶校验的设置，确定是否需要进行奇偶校验，其中的"NONE"表示不进行奇偶校验，"ODD"表示进行奇校验，"EVEN"表示进行偶校验。
- Stop Bits：表示停止位的设置，可以设置成 1 位或 2 位。
- Send XON/XOFF：软件流控制的开启/停止。

除以上设置外，其他设置均采用默认设置即可。选择好合适的参数后，单击"OK"按钮，关闭对话框。运行仿真，弹出如图 7-20 中(c)所示的虚拟终端的仿真界面。用户在图中所示的界面中可以看到从单片机发送来的数据，并能够通过键盘把数据输入该界面，然后发送给单片机。

为了模拟其通信过程，在这里设计了一个单片机应用程序。单片机首先向虚拟终端发送字符串"WELCOME TO OUR CLASS!ARE YOU READY?"，然后等待虚拟终端的回应，若回应"Y"，则单片机发送字符串"..>OK!LET`S BEGIN!"，若回应"N"，则单片机发送字符串"..>OH! PLEASE KEEP UP WITH!"。在发送字符串的过程中，为了确定某个字符串是否发送完，每个字符串后面都以"#"结束。波特率设为 9 600 bit/s、8 位数据位和无校验方式。其相关接口如图 7-21 所示，仿真结果如图 7-22 所示。

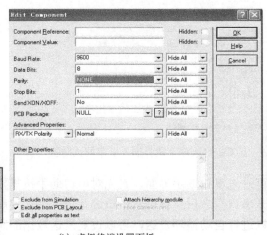

(a) 虚拟终端元件　　　　(b) 虚拟终端设置面板　　　　(c) 仿真结果显示界面

图 7-20　Proteus 中的虚拟终端

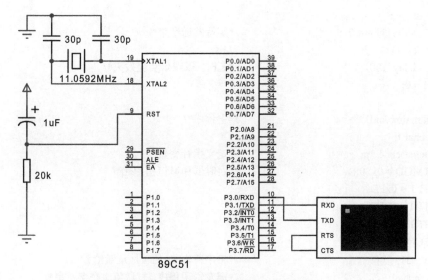

图 7-21 利用 Proteus 仿真单片机和 PC 的通信

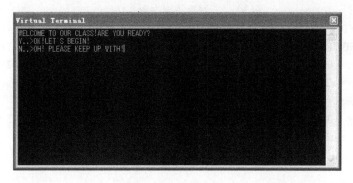

图 7-22 仿真结果

其 C51 语言程序为

```c
#include <reg52.h>
#define uchar unsigned char
#define uint unsigned int
uchar code a1[] = {"WELCOME TO OUR CLASS!ARE YOU READY?#"};
uchar code a2[] = {"..>OK! LET`S BEGIN!#"};
uchar code a3[] = {"..>OH! PLEASE KEEP UP WITH!#"} ;
void delay (uint k)                    /*延时子程序*/
{   uint data i, j;
    for(i = 0; i < k; i++ )
    {    for(j = 0; j < 121; j++ ) {; }
    }
}
void send (uchar code *a)              /*发送字符串的子程序*/
{ int m = 0;
    while(a[m]! = 0x23)                 /*若字符串未发送完, 则继续发送*/
    { SBUF = a[m];                      /*发送字符串中的 1 个字符*/
```

```
            m++ ;
            while(TI==0);                    /*等待发送结束*/
            TI = 0;
            delay(100);    }                 /*延时, 以观察实验效果*/
        m = 0;
    }
    void main(void)                          /*主程序*/
    { uchar t;
      uchar code *p;                         /*定义指针变量*/
      TMOD = 0x20;                           /*定时器和串口初始化*/
      TL1 = 0xFD;
      TH1 = 0xFD;
      TR1 = 1;
      SCON = 0x50;
      p = a1;                                /*将字符串 a1 的首地址赋给 p*/
      send(p);                               /*调发送子程序, 发送第 1 个字符串*/
      while(1)
      { while(RI==0);                        /*等待接收命令*/
        { RI = 0;
          t = SBUF;
          if(t==0x59)                        /*如果所接收的是'Y', 准备发送第 2 个字符串*/
          { p = a2;
            send(p);      }                  /*调发送子程序, 发送第 2 个字符串*/
          if(t==0x4e)                        /*如果所接收的是'N', 准备发送第 3 个字符串*/
          { p = a3;
            send(p);      }                  /*调发送子程序, 发送第 3 个字符串*/
        }
      }
    }
```

这里所给出的 C51 语言程序仅仅模拟了简单的单片机和 PC 之间的对话过程, 读者若感兴趣还可以设计更复杂的对话通信。其相应的汇编程序留给读者思考并完成。

本 章 小 结

计算机的 CPU 与其外部设备或计算机之间通信的基本方式有并行通信和串行通信两种, 它们分别适合于近距离和远距离传送。串行通信又有异步通信和同步通信两种。在异步通信中, CPU 与外设之间事先必须约定好字符格式和传送速率。在 PC 或 51 单片机与外部设备的串行通信中, 比特率和波特率是相等的。在点-点的串行通信中, 根据数据传送方向的不同, 有单工、半双工和全双工 3 种方式。

MCS-51 系列单片机内部有一个可编程的全双工串行异步通信接口, 通过软件编程, 可以用作 UART, 也可用作同步移位寄存器。串行通信接口的控制寄存器有两个, 分别是串行接口控制寄存器 SCON 和电源控制寄存器 PCON。51 单片机的串行接口有两个物理上独立的接收、发送缓冲器 SBUF, 可同时接收和发送数据。发送缓冲器只能写入不能读出, 接收缓冲器只能读出不能写入，两个缓冲器占用同一个地址(99H)。数据接收采用双缓冲结构。

MCS-51 单片机的串行接口有 4 种工作方式，即方式 0、方式 1、方式 2 和方式 3。方式 0 属于同步操作方式，主要应用于 I/O 口的扩展，在方式 0 下，数据的输入/输出均通过引脚 RXD 来完成，而 TXD 端提供时钟信号。方式 1 属于 10 位异步收发方式，方式 2 和方式 3 除波特率设置不同之外，均属于 11 位异步收发方式。方式 0 的波特率为机器周期的倒数，方式 2 的波特率直接由 f_{osc} 和 SMOD 位决定，而方式 1 和方式 3 的波特率与定时器 T1 的溢出率和 SMOD 位有关。

目前，常用的串行通信标准接口是 RS-232C，MAX232 是用于实现 TTL 电平和 RS232C 电平互相转换的常用芯片。通过事例说明了单片机与单片机及单片机与 PC 实现通信的方法。

本章的重点在于对串行接口的 4 种工作方式的理解和应用，难点是通信程序的设计。

经过本章的学习，要求能够理解串行接口的工作原理，掌握串行接口 4 种工作方式的基本特征、基本应用方法、串行通信的硬件接口电路、单片机之间及单片机和计算机之间通信程序的基本设计方法，了解多机通信的工作原理及编程方法。

思考题与习题

7-1 什么是串行异步通信，它有哪些特点？有哪几种格式？

7-2 51 单片机的串行接口工作方式有几种，每种方式的特点是什么？

7-3 写出字符"B"在 8 个数据位、1 个停止位和 1 个奇偶校验位的字符帧格式。

7-4 为什么定时器 T1 用作串行接口波特率发生器时，常采用工作方式 2？若已知系统晶振频率、通信选用的波特率，如何计算其计数初值？

7-5 若系统晶振频率为 11.059 2 MHz，串行接口工作于方式 1，波特率为 4 800 bit/s，写出用 T1 作为波特率发生器的方式字和计数初值。

7-6 阅读下列程序，给程序加注释，说明程序实现的功能，写出实现同样功能的 C51 程序。

```
            MOV   SCON, #80H
            MOV   PCON, #80H
            MOV   R7, #20H
            MOV   R0, #50H
START:  MOV   A, @R0
            MOV   C, P
            MOV   TB8, C
            MOV   SBUF, A
WAIT:   JBC    TI, CONT
            AJMP   WAIT
CONT:   INC    R0
            DJNZ   R7, START
            RET
```

7-7 利用 89C51 串行接口控制 8 个发光二极管工作，要求发光二极管每隔 1 s 交替亮、灭，利用 Proteus 软件进行硬件仿真，并编程实现。

7-8 设计一个单片机的双机通信系统，并编写程序将甲机外部 RAM 3400H～3500H 的数据块通过串行接口传送到乙机的片外 RAM 4400H～4500H 单元中去。

第8章 存储器的扩展

单片机芯片内部具有 CPU、ROM、RAM、定时/计数器和 I/O 口(也称为 I/O 端口),因此单片机已经是一台微型计算机。但其内部的资源非常有限,例如,MCS-51 系列单片机中除 8031、80C31、8032 和 80C32 没有 ROM 外,51 子系列只有 4 KB 的 ROM,52 子系列有 8 KB 的 ROM,51 和 52 子系列分别有 256 B 和 512 B 的 RAM。除此之外,并行口只有 4 个。对于简单的应用系统,最小系统即能满足要求。所谓最小系统是指在最少的外部电路条件下,形成一个可独立工作的单片机应用系统。在一些复杂应用情况下,常需要传递和交换大量信息,这时因单片机的内部 RAM、ROM 和 I/O 口数量有限,会出现不够用的情况,故需要进行扩展,以增加外部存储器和外部端口,从而构成一个性能更强的单片机系统。单片机系统的扩展包括两个方面:一是存储器的扩展;二是 I/O 口的扩展。由于存储器有并行和串行两种,因此本章将分别介绍并行和串行存储器的扩展方法。

8.1 单片机的扩展结构

8.1.1 单片机的扩展结构简介

单片机的扩展通常采用总线结构形式,图 8-1 是典型的单片机扩展结构。整个扩展系统以单片机为核心,通过总线把各扩展部件连接起来,其情形犹如各扩展部件"挂"在总线上一样。扩展内容包括 ROM、RAM 和 I/O 接口电路等。因为扩展是在单片机芯片之外进行的,因此通常把扩展的 ROM 称为外部 ROM,把扩展的 RAM 称为外部 RAM。

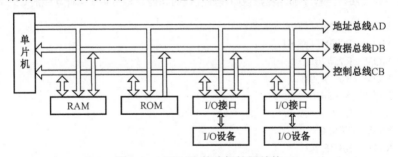

图 8-1 MSC-51 单片机扩展结构

总线是单片机各种功能部件之间传送信息的公共通信干线,它是由导线组成的传输线束,是一类信号线的集合。按照单片机所传输的信息种类不同,总线可以划分为数据总线、地址总线和控制总线。

1) 数据总线(data bus,DB)

数据总线用于传送数据信息。数据总线是双向三态形式的总线,即它既可以把 CPU 的数据传送到存储器或 I/O 接口等其他部件,也可以将其他部件的数据传送到 CPU。数据总线的位数是微型计算机的一个重要指标,通常与微处理器的字长一致。如 MCS51 单片机字长 8

位，其数据总线宽度也是 8 位。需要指出的是，数据的含义是广义的，它可以是真正的数据，也可以是指令代码或状态信息，有时甚至是一个控制信息。因此，在实际工作中，数据总线上传送的并不一定是真正意义上的数据。

2）地址总线（address bus，AB）

地址总线用于传送地址信号。由于地址只能从 CPU 传向外部存储器或 I/O 口，所以地址总线总是单向三态的，这与数据总线不同。地址总线的位数决定了 CPU 可直接寻址的存储空间的大小。例如，Intel 的 8080 是 8 位微处理器，地址总线为 16 位，则其最大可寻址空间为 $2^{16} = 64$ KB；Intel 的 8088 是 16 位微处理器，地址总线为 20 位，其可寻址空间为 $2^{20} = 1$ MB。一般来说，若地址总线为 n 位，则可寻址空间为 2^n B。

3）控制总线（control bus，CB）

控制总线用于传送控制信号和时序信号。控制信号中，有的是微处理器送往存储器和 I/O 接口电路的，如读/写信号、片选信号、中断响应信号等；也有其他部件反馈给 CPU 的，比如中断申请信号、复位信号、总线请求信号、设备就绪信号等。因此，对于一个具体的控制信号，其只可能是一个方向的，但是对于一类信号，则是双向的。控制总线的位数根据系统的实际控制需要而定。

总线结构简化了硬件的设计，便于采用模块化结构设计方法，面向总线的微型计算机设计只要按照这些规定制作 CPU 插件、存储器插件及 I/O 插件等，将它们连入总线即可工作，而不必考虑总线的详细操作。总线结构还简化了系统结构，使整个系统结构清晰、连线少、系统扩充性好。系统扩充分两种：一是规模扩充，规模扩充仅仅需要多插一些同类型的插件；二是功能扩充，功能扩充仅仅需要按照总线标准设计新插件，插件插入机器的位置往往没有严格的限制。

8.1.2 单片机扩展的实现

既然单片机的扩展系统采用总线结构，那么单片机扩展的首要问题就是构造系统总线，然后再往系统总线上"挂"存储器芯片或 I/O 接口芯片，即扩展存储器或 I/O 接口。这里之所以叫"构造"总线，是因为单片机与其他微型计算机不同，芯片本身并没有提供专用的地址线和数据线，而是借用它的 I/O 口线改造而成的。单片机中地址线、数据线和控制线的构造方法如图 8-2 所示。具体构造方法说明如下。

1）以 P0 口线作为地址/数据线

此处所说的地址线是指系统的低 8 位地址。由于 P0 口线既可作为地址线使用，又可作为数据线使用，具有双重复用功能，因此需采用复用技术对地址和数据进行分离。为此，在构造地址总线时要增加一个 8 位地址锁存器，先把低 8 位地址送锁存器暂存，然后由地址锁存器给系统提供低 8 位地址，而把 P0 口线作为数据线使用。P0 口线电路中的多路转换电路 MUX 及地址/数据控制即为此目的而设计的。

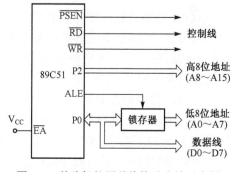

图 8-2　单片机扩展总线构造方法示意图

根据时序，当 P0 口输出有效的低 8 位地址时，ALE 信号正好处于正脉冲顶部到下降沿时刻。为此，应选择高电平或下降沿选通的锁存器作为地址锁存器，通常使用 74LS273、74LS373 或 74LS377 作为地址锁存器（74LS273 和 73LS377 上升沿锁存，因此要在 ALE 引脚加反相器后接 CLK)。

2) 以 P2 口线作为高位地址线

如果使用 P2 口的全部 8 位口线，再加上 P0 口提供的低 8 位地址，则形成了完整的 16 位地址总线，使单片机系统的寻址范围达到 64 KB。但实际应用系统中，高位地址线并不固定为 8 位，而是根据需要，用几位就从 P2 口的最低位开始连续引出几根口线。如果扩展存储器容量小于 256 B，则根本不需要构造高位地址。

3) 控制信号

除了地址线和数据线之外，在扩展系统中还需要一些控制信号线以构成扩展系统的控制总线。这些信号有的是单片机引脚的第一功能信号，有的则是第二功能信号。其中包括：

(1) 使用 ALE 作为地址锁存的选通信号，以实现低 8 位地址的锁存。

(2) 以 $\overline{RD}$ 和 $\overline{WR}$ 作为扩展数据存储器和 I/O 口的读写选通信号。

(3) 以 $\overline{EA}$ 信号作为内、外程序存储器的选择信号。当 $\overline{EA} = 0$ 时，不论片内是否有 ROM，只访问片外 ROM；当 $\overline{EA} = 1$ 时，从片内 ROM（地址为 0000H～0FFFH）到片外 ROM（从 1000H 开始）按顺序访问。

(4) 以 $\overline{PSEN}$ 信号作为扩展程序存储器的读选通信号。

可以看出，尽管 MCS-51 单片机有 4 个并行 I/O 口，共 32 条口线，但由于系统扩展的需要，真正能作为数据 I/O 使用的只剩下 P1 口和 P3 口的部分口线了。

8.2 并行存储器的扩展

存储器有很多种分类方法，如按照制造工艺不同，可分为双极型晶体管存储器和 MOS 型存储器电路两种。双极型存储器的存取速度快，但集成度低、功耗大；MOS 型存储器的集成度高、功耗低，但速度较慢。按照功能不同，存储器又可分为随机存取存储器(RAM)、只读存储器(ROM)和可读写 ROM 三大类。按照数据传送方式不同，分为并行和串行两种。本节介绍并行存储器的扩展方法。

8.2.1 并行程序存储器的扩展

ROM 在单片机系统中主要用作外部程序存储器，其中的内容只能读出，不能被修改，断电情况下，ROM 中的信息不会丢失。按照制造工艺的不同，ROM 可分为掩模 ROM、可编程 ROM(PROM)、光可擦除的可编程 ROM(EPROM)、电可擦除的可编程 ROM(E^2PROM)和快擦写 ROM(Flash ROM)。

目前，常用的 ROM 是 EPROM、E^2PROM 和 Flash ROM。Flash ROM 是在 EPROM 和 E^2PROM 的基础上发展起来的一种只读存储器，读写速度很快，存取时间可达 70 ns，存储容量可达 16～128 MB。这种芯片改写次数可从 1 万次到 100 万次。

EPROM 的典型芯片是 Intel 公司的 27 系列产品。按存储容量不同有多种型号，例如，2716(2 K×8 bit)、2732(4 K×8 bit)、2764(8 K×8 bit)、27128(16 K×8 bit)、27256(32 K×8 bit)等。27 系列后面的数字表示其存储容量，单位为 Kbit。如 2716 内有 2 K 个存储单元，每个存储单元可存放一个 8 位二进制数字，因此总容量为 2 K×8 bit = 16 Kbit = 2 KB。其中的单元数是由地址线决定的，若某存储器有 n 根地址线，则就有 2^n 个单元；反之，根据单元数可知地址线数。如 2716 有 2 K 个存储单元，则可知有 11 根地址线。每个单元中可存放的数据位数是由存储器的数据线数决定的。如 2716 有 8 根数据线，表示 8 位数据可同时从 ROM 中读出。图 8-3 为 Intel 公司生产的几种 EPROM 的引脚图。其中，A0～A14 是地址输入线；D0～D7 是数据线；$\overline{CE}$ 是片选信号输入线，低电平有效；$\overline{OE}$ 是读选通信号输入线，低电平有效；$\overline{PGM}$ 是编程脉冲输入端，高电平有效；V_{pp} 是编程时的编程电压输入端。

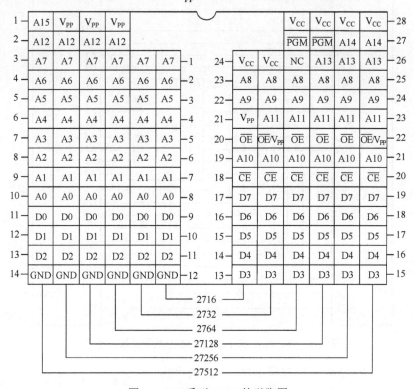

图 8-3   27 系列 ROM 的引脚图

典型的 E^2PROM 芯片有 Intel 公司的 2816（2 K×8 bit）、2864（8 K×8 bit）、28256（32 K×8 bit）、28C010（128 K×8 bit，1 Mbit）等。典型的 Flash ROM 芯片有 Intel 公司的 28F256（32 K×8 bit）、28F516（64 K×8 bit）等。

单片机的内部和外部 ROM 是统一编址的。当 $\overline{EA}$ 接地时，只能读外部 ROM；当 $\overline{EA}$ 接高电平时，从内部 ROM 开始读，而当地址超过 0FFFH 时，读外部 ROM。在访问外部 ROM 时，控制信号有 ALE 和 $\overline{PSEN}$。

存储器扩展时的主要问题是对芯片进行编址。常用的编址方法有两种，分别是线选法和译码法。

1）线选法

所谓线选法，就是直接以系统的某高位地址线作为存储芯片的片选信号，为此只需要把高位地址线与存储芯片的片选信号 $\overline{CE}$ 直接相连即可。

例 8-1　用线选法为 80C31 扩展 4 KB 的 ROM，并分析所扩展芯片的单元地址范围。

解： 由于外扩 4 KB 的 ROM，如果以 EPROM 作为扩展的芯片，则优先选用存储容量为 4 KB 的 2732。2732 有 12 根地址线（A0～A11），8 根数据线。低 8 位地址由 P0.0～P0.7 经地址锁存器后提供，高 4 位地址由 P2.0～P2.3 提供。因为只有一片 2732，那么 $\overline{CE}$ 可以直接接地。为了说明线选法，假设由高位地址线 P2.7 提供片选信号，低电平有效，则系统扩展原理图如图 8-4 所示。P2 口的 P2.4、P2.5 和 P2.6 没有用，其状态任意。图 8-4 中 2732 芯片的地址范围是 0xxx 0000 0000 0000B～0xxx 1111 1111 1111B。没有用的 P2.4、P2.5 和 P2.6 有 8 种组合，即 000～111。表 8-1 是 P2.4、P2.5、P2.6 为不同组合时 2732 对应的地址范围。

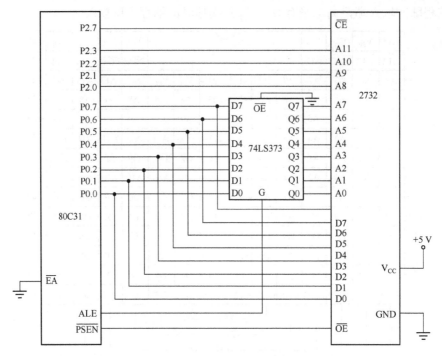

图 8-4　80C31 扩展 4 KB ROM 的系统扩展原理图

由表 8-1 可见，2732 的地址范围不唯一。在表中所给出的地址范围内都能访问到 2732 芯片。这种现象是由线选法本身造成的，因此映像区的非唯一性是线选法编址的主要缺点。为了使地址唯一，可以使 P2.4、P2.5 和 P2.6 有固定的值，如全部接地，则 2732 的地址只能是 0～0FFFH。线选法的优点是简单明了，不需要增加额外的电路，最适用于单片存储器的扩展。

读取外部 ROM 与读取内部 ROM 的操作码都是 MOVC，指令有"MOVC A，@A+PC"和"MOVC A，@A+DPTR"。

表 8-1　图 8-4 中 2732 的地址范围

P2.6	P2.5	P2.4	地址范围
0	0	0	0000H～0FFFH
0	0	1	1000H～1FFFH
0	1	0	2000H～2FFFH
0	1	1	3000H～3FFFH
1	0	0	4000H～4FFFH
1	0	1	5000H～5FFFH
1	1	0	6000H～6FFFH
1	1	1	7000H～7FFFH

单片机读外部 ROM 时的操作时序如图 8-5 所示。其操作过程说明如下。

（1）在 S1P2 时刻产生 ALE 信号。

（2）由 P0、P2 口送出 16 位地址。由于 P0 口送出的低 8 位地址只保持到 S2P2，所以要利用 ALE 的下降沿信号将 P0 口送出的低 8 位地址信号锁存到地址锁存器中。而 P2 口送出的高 8 位地址在整个读指令的过程中都有效，因此不需要对其进行锁存。从 S2P2 起，ALE 信号失效。

（3）从 S3P1 开始，$\overline{\text{PSEN}}$ 开始有效，对外部 ROM 进行读操作，将选中单元中的指令代码从 P0 口读入，在 S4P2 时刻，$\overline{\text{PSEN}}$ 失效。

（4）从 S4P2 后开始第二次读入，过程与第一次相似。

如果需要扩展多片存储器，则必须注意各个芯片的地址范围不能重叠。图 8-6 所示的是 80C31 单片机扩展 24 KB 的程序存储器。P0 提供低 8 位地址和 8 位数据，P2.0～P2.4 提供高 5 位地址，P2.5～P2.7 分别作为 3 片 2764 芯片的片选信号端，低电平有效，每一时刻只能有 1 个芯片被选通。表 8-2 是图 8-6 中 3 片 2764 的地址范围。

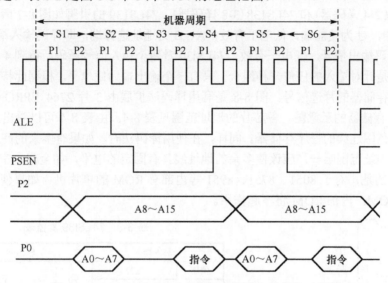

图 8-5　MCS-51 系列单片机读外部程序存储器的时序图

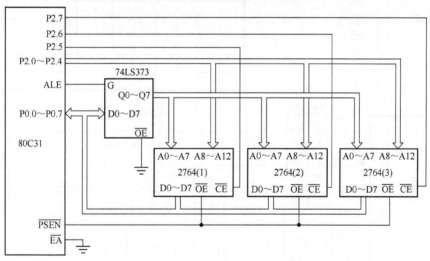

图 8-6　线选法扩展 3 片 2764 EPROM 芯片

表 8-2　图 8-6 中 3 片 2764 的地址范围

P2.7	P2.6	P2.5	选中芯片	地址范围
1	1	0	2764(1)	0C000H～0DFFFH
1	0	1	2764(2)	0A000H～0BFFFH
0	1	1	2764(3)	6000H～7FFFH

由表 8-2 可知，虽然此时每个存储器芯片的地址范围是唯一的，但各芯片的地址范围不连续，这将给存储程序带来很大的不便。多片存储芯片扩展中，地址范围的不连续是线选法

的另一个缺点。为了使各存储器芯片的地址范围连续，可以采用译码法。

2）译码法

译码法是使用译码器对 MCS-51 单片机的高位地址线进行译码，以译码输出作为存储器芯片的片选信号。这是最常用的存储器编址方法，适合多片存储器芯片的扩展。最常用的译码器是 74LS139（双 2-4 译码器）和 74LS138（3-8 译码器）。74LS139 的引脚如图 8-7 所示，其真值表见表 8-3。图中，$\overline{G}$ 为使能端，低电平有效；A、B 为地址选择端，即译码输入端；$\overline{Y0}$、$\overline{Y1}$、$\overline{Y2}$、$\overline{Y3}$ 为译码输出信号，低电平有效。74LS139 对两个输入信号译码后得到 4 个输出状态。译码器的特点是针对输入的任何一种组合，只有一个输出端为低电平。根据此特点，可将译码器的输出作为存储器的片选信号。图 8-8 是利用译码法扩展由 3 片 2764 EPROM 芯片组成的 24 KB 的程序存储器的示意图。各芯片的地址范围见表 8-4。由表 8-4 可以看出，采用译码法可以得到地址范围连续的程序存储器。同样，在使用译码法时，如果有多余的高位地址线，为了确保芯片的地址范围唯一，应该使多余的地址线具有固定的电平，如全部悬空或接地。

需要强调的是，对于 8051、8751、8951 等内部有 ROM 的单片机，如果使 $\overline{EA}$ 接地，则直接读外部 ROM，内部 ROM 将不起作用。

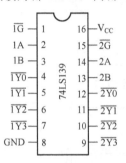

图 8-7　74LS139 引脚图

表 8-3　74LS139 真值表

输入端			输出端			
使能	选择		$\overline{Y0}$	$\overline{Y1}$	$\overline{Y2}$	$\overline{Y3}$
$\overline{G}$	B	A				
1	×	×	1	1	1	1
0	0	0	0	1	1	1
0	0	1	1	0	1	1
0	1	0	1	1	0	1
0	1	1	1	1	1	0

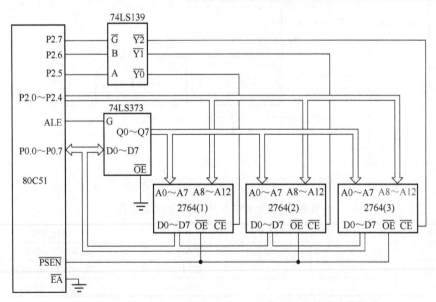

图 8-8　译码法扩展由 3 片 2764 EPROM 芯片组成的程序存储器

表 8-4　图 8-8 中 3 片 2764 对应地址范围

P2.7	P2.6	P2.5	选中芯片	地址范围
0	0	0	2764(1)	0000H～1FFFH
0	0	1	2764(2)	2000H～3FFFH
0	1	0	2764(3)	4000H～5FFFH

例 8-2　对 80C31 单片机扩展 1 片 2764，并编程使 P1 口低 4 位上所连接的 LED 以 1 s 间隔交替闪烁，即先使 P1.3、P1.1 亮 1 s，然后熄灭，再使 P1.2、P1.0 亮 1 s，然后熄灭，依次交替闪烁。

解：电路图如图 8-9 所示。因为 80C31 单片机内部没有 ROM，则使 $\overline{EA}$ 接低电平，CPU 执行 2764 中存放的机器代码(注：需要将生成的 hex 文件加载到 2764 中)。

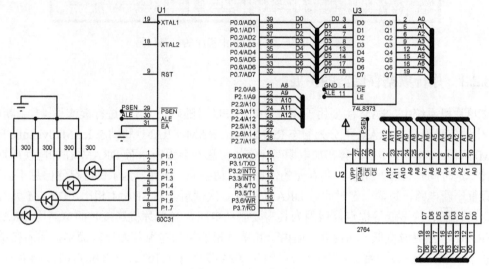

图 8-9　例 8-2 电路图

当 $f_{OSC}=6$ MHz 时，汇编语言程序如下：

```
        ORG    0000H
START:  MOV    A, #0
        MOV    DPTR, #TAB       ; 数据以表的形式给出，指向表头
        MOVC   A, @A+DPTR       ; 取数据
        MOV    P1, A            ; 使相应灯亮
        LCALL  DELAY            ; 延时
        MOV    A, #1            ; 偏移量
        MOV    DPTR, #TAB       ; 取第二个数据
        MOVC   A, @A+DPTR
        MOV    P1, A
        LCALL  DELAY
        SJMP   START            ; 实现反复循环点亮
DELAY:  MOV    R5, #20          ; 1 s 延时
DELY0:  MOV    R6, #200
DELY1:  MOV    R7, #125
DELY2:  DJNZ   R7, DELY2
        DJNZ   R6, DELY1
        DJNZ   R5, DELY0
        RET
TAB:    DB     0AH, 05H         ; 0000 1010 和 0000 0101，间隔点亮灯
        END
```

当在 Proteus 中运行时，在运行状态下单击" ▐▐ "按钮暂停，然后在 Debug 菜单的
"Memory Contents"下可以看到存于 2764(U2)中本程序的机器代码，如图 8-10 所示。

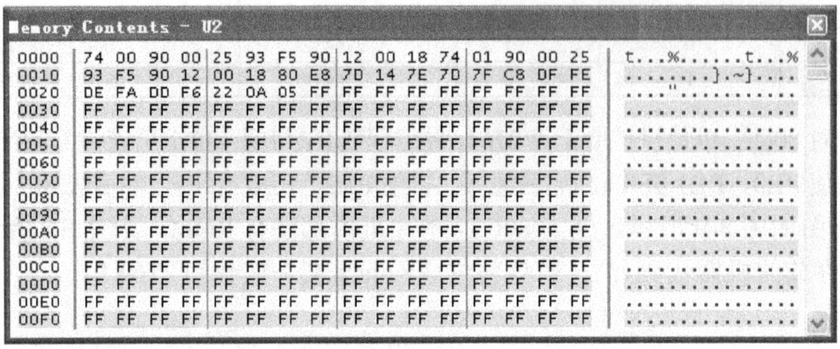

图 8-10　存于 2764(U2)中程序的机器代码

8.2.2　并行数据存储器的扩展

在单片机系统中，RAM 主要用于存放数据，CPU 可随时对 RAM 进行读或写操作。断电后，
RAM 中的信息将丢失。RAM 可分为静态 RAM(static RAM，SRAM)和动态 RAM(dynamic RAM，
DRAM)两种。SRAM 中的内容在加电期间存储的信息不会丢失；而 DRAM 在加电使用期间，
当超过一定时间时(大约 2 ms)，其存储的信息会自动丢失，因此，为了保持存储信息不会丢失，
必须设置刷新电路，每隔一定时间对 DRAM 进行一次刷新。与 SRAM 相比，DRAM 具有集成
度高、功耗低、价格低等优点，但因为其需要刷新电路，与单片机连接时的电路比 SRAM 复
杂。SRAM 虽然集成度低、功耗高，但由于和单片机的接口电路相对比较简单，因而在单片机
系统扩展中被广泛采用。常见的 Intel 公司的 SRAM 芯片有 6116(2 K× 8 bit)，6232(4 K×8 bit)、
6264(8 K×8 bit)、62128(16 K×8 bit)、62256(32 K×8 bit)等。

图 8-11 为 Intel 公司生产的几款 RAM 的引脚图。其中，

- A0～A14：地址输入线；
- D0～D7：数据线；
- $\overline{CE}$ ：片选信号线，低电平有效；
- $\overline{OE}$ ：读选通信号输入线，低电平有效；
- $\overline{WE}$ ：写选通信号输入线，低电平有效；
- CS：6264 芯片的高电平有效选通端；
- NC：空脚。

数据存储器的扩展方法和程序存储器的扩展方法一样，也有线选法和译码法。与扩展程
序存储器不同之处在于数据存储器可以写入数据，也可以读出数据，因此用单片机的 2 个控
制信号引脚 $\overline{WR}$ 和 $\overline{RD}$ 分别控制数据存储器的写入和输出。给 89C51 单片机扩展一片 SRAM
6264 的连接示意图如图 8-12 所示。经常为了简化总线的画法，用一根线外加"/"和线数表
示总线，如图 8-12 中"/8"表示该总线内有 8 根线。该图所扩展的外部 RAM 的地址范围是
0～1FFFH(设未用地址线为 0)。

对外部 RAM 的访问是通过执行操作码为 MOVX 的指令实现的。执行"MOVX　A，
@DPTR"是完成对外部 RAM 的读操作，执行"MOVX　@DPTR, A"是执行对外部 RAM
的写操作。对外部 RAM 有读和写两种操作，因此就有读时序和写时序两种。

读和写两种操作过程基本相同，不同之处在于读时序用到的控制信号是 $\overline{RD}$，写时序用到的控制信号是 $\overline{WR}$，其他相同。在此，以读操作为例介绍对外部 RAM 的操作。

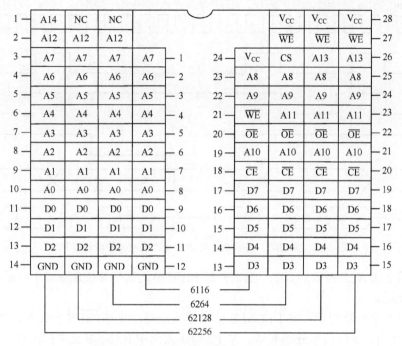

图 8-11　Intel 公司生产的 RAM 的引脚图

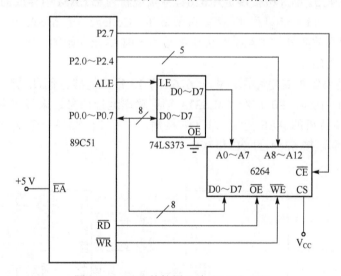

图 8-12　8051 外扩展 1 片 SRAM 6264

MOVX 指令是一种单字节双周期指令，从取指令到执行指令需要 2 个机器周期的时间。第 1 个机器周期是取指令周期，是从 ROM 中读取指令数据，第 2 个机器周期才开始读取外部 RAM 中的内容。图 8-13 所示的是读外部 RAM 的操作时序，其操作过程如下。

（1）从第 1 次 ALE 有效到第 2 次 ALE 开始有效期间，P0 口送出外部 ROM 单元的低 8 位地址，P2 口送出外部 ROM 单元的高 8 位地址，并在 $\overline{PSEN}$ 有效期间，读入外部 ROM 单元中的指令代码。

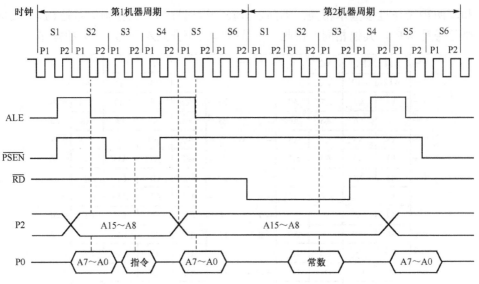

图 8-13 MCS-51 系列单片机访问外部 RAM 的操作时序

（2）在第 2 次 ALE 有效后，P0 口送出外部 RAM 单元的低 8 位地址，P2 口送出外部 RAM 单元高 8 位地址。

（3）在第 2 个机器周期，第 1 次 ALE 信号不再出现，此时 $\overline{PSEN}$ 也失效，并在第 2 个机器周期的 S1P1 时，$\overline{RD}$ 信号开始有效，从 P0 口读入选中 RAM 单元中的内容。

例 8-3   给某 89C51 单片机扩展 1 片 6264，并实现将内部 RAM 中存放的字符串"Welcome to Northwest A&F University!"和 "Welcome to College of Mechanical and Electronic Engineering!"分别存放到外部 RAM 中从 0 单元和 50H 单元开始的地方。当传送结束时，点亮连接于 P1.0 口的 LED。

解： 图 8-14 是系统扩展电路图。由于 6264 有 13 根地址线，因此用到了 P0 口的全部 8 位和 P2 口的 P2.0～P2.4。P0 口经 74LS373 锁存输出地址信号，未经锁存输出数据信号。74LS373 的 LE 由单片机的 ALE 控制，其 $\overline{OE}$ 接地，表示 74LS373 一直处于选通状态。单片机的 $\overline{RD}$ 和 $\overline{WR}$ 分别连接 6264 的 $\overline{OE}$ 和 $\overline{WE}$。

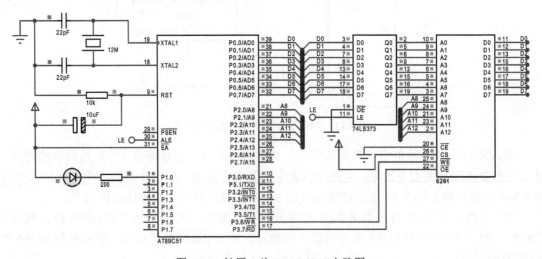

图 8-14 扩展 1 片 RAM 6264 电路图

C51 语言程序如下：

```c
#include <reg51.h>
#include <absacc.h>
#define uchar unsigned char
#define uint unsigned int
/*定义内部 RAM 中的两个字符串*/
unsigned char idata table[]="Welcome to Northwest A&F University!$";
unsigned char idata table1[]="Welcome to College of Mechanical and Electronic Engineering!$";
sbit LED = P1^0;
void main()
{
uint i = 0;
LED = 1;
while(table[i] != '$')               /*判断是否结束标志*/
  {
    XBYTE[i] = table[i];             /*相当于汇编语言中的 MOVX   A, @ A+DPTR*/
    i++;
  }
i = 0;
while(table1[i] != '$')
  {
    XBYTE[i + 0x50] = table1[i];
    i++;
  }
LED = 0;
while(1);
}
```

当数据传送结束时，LED 点亮，此时单击 " ▐▐ " 按钮暂停，打开菜单 Debug 下的 "Memory Contents" 可查看 6264 中的内容，如图 8-15 所示。大家也可以试一下，如果最后的 while(1) 没有，运行结果有没有变化。

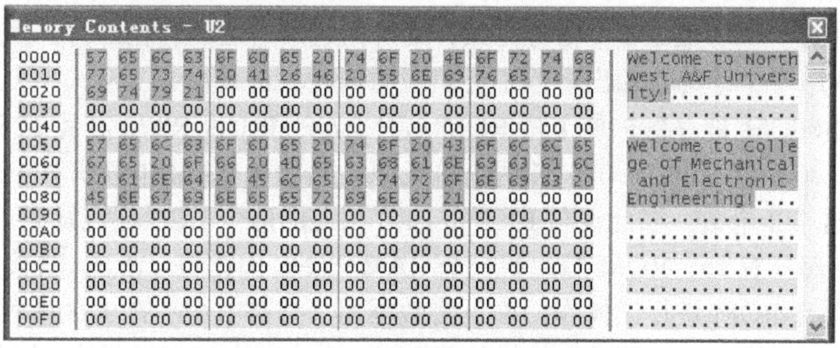

图 8-15　6264 RAM 存储结果

8.2.3　并行程序存储器和数据存储器的混合扩展

前面介绍的是单独扩展程序存储器或数据存储器。如果单片机内部的 ROM 和 RAM 都不够用，则需要对程序存储器和数据存储器同时进行扩展，即混合扩展。外部 RAM 和外部 ROM 的最大地址空间都是 64 KB。在混合扩展中，ROM 和 RAM 芯片与单片机的连接方法与前面介绍的相同，也分为线选法和译码法两种。

图 8-16 是给 80C51 单片机同时扩展 2 片 ROM 27128 和 2 片 RAM 62128 时的原理图。由图可见，访问外部 ROM 时的控制信号是 $\overline{\text{PSEN}}$，访问外部 RAM 时的控制信号是 $\overline{\text{RD}}$ 和 $\overline{\text{WR}}$，其他信号相同。这 4 个芯片的容量均为 128 Kbit，即 16 KB，所以要用 14 根地址线来寻址。由于程序存储器和数据存储器各有两片，为了保证 ROM 的区域是连续的，同时 RAM 的区域也是连续的，采用了译码法选择存储器芯片。另外，为了使外部 ROM 和外部 RAM 的起始地址都是 0，2 片 27128 和 2 片 62128 均分别连接到 74LS139 的 $\overline{\text{Y0}}$ 和 $\overline{\text{Y1}}$。此时，27128(1) 和 62128(1) 的地址范围是 0000～3FFFH，27128(2) 和 62128(2) 的地址范围是 4000H～7FFFH。

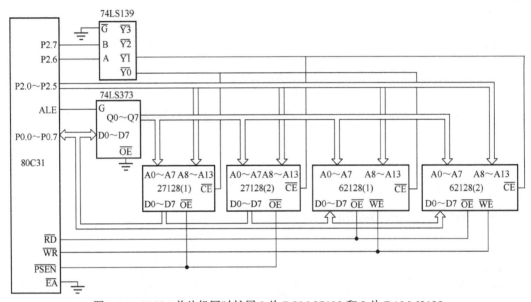

图 8-16　80C31 单片机同时扩展 2 片 ROM 27128 和 2 片 RAM 62128

在这样的连接方式下为什么不会出现访问外部 ROM 和外部 RAM 时混乱的问题呢？因为当对外部 ROM 操作时，执行 MOVC 的指令，此时 $\overline{\text{PSEN}}$ 有效；当对外部 RAM 操作时，执行 MOVX 的指令，此时 $\overline{\text{RD}}$ 或 $\overline{\text{WR}}$ 有效。CPU 在任一个时刻只能执行一条指令，即 $\overline{\text{PSEN}}$、$\overline{\text{RD}}$ 和 $\overline{\text{WR}}$ 只能有一个有效。哪个信号有效，就访问它所对应的存储芯片。因此，虽然 ROM 和 RAM 芯片共用一个译码器输出，但不会出现访问冲突的现象。

例 8-4　对 80C51 单片机扩展 1 片 ROM 芯片 2732 和 1 片 RAM 芯片 6264，并完成将 1 和 2 写入外部 RAM 的 0100H、0101H 两个单元中。然后从 RAM 中读出第 1 个数送 P1 口，延时 1 秒后再送第 2 个数。以此使与 P1.1 和 P1.0 相连的两个 LED 轮流发光。

解：由于外部只有一个 ROM 芯片和一个 RAM 芯片，因此将二者的 $\overline{\text{CE}}$ 接地。如果使 $\overline{\text{EA}}$ 接地，则只对外部 ROM 进行读操作。由于将数据写入外部 RAM 的 0100H 和 0101H 单元，则 RAM 的地址必须从 0000H 开始。如果外部 ROM 地址也从 0000H 开始，则外部 RAM 和外部 ROM 的地址范围分别是 0～1FFFH 和 0～0FFFH。存储器扩展电路连接图如图 8-17 所示。

假设 $f_{\text{OSC}} = 6$ MHz，则汇编语言程序如下：

```
        ORG     0000H
START:  MOV     DPTR, #0100H    ; 送外部 RAM 单元地址 0100H
        MOV     A, #1
        MOVX    @DPTR, A        ; 将数据 1 写到外部 RAM 0100H 单元
```

```
           INC      DPTR                    ; 指向下一个单元
           MOV      A, #2
           MOVX     @DPTR, A
    CYC:   MOV      DPTR, #0100H
           MOVX     A, @DPTR                ; 从外部 RAM 0100H 单元读数
           MOV      P1, A                   ; 从 P1 口输出数据
           ACALL    DELAY                   ; 延时
           INC      DPTR
           MOVX     A, @DPTR
           MOV      P1, A
           ACALL    DELAY
           SJMP     CYC                     ; 反复执行，循环点亮 LED
    DELAY: MOV      R7, #10                 ; 1 s 延时子程序
    DELY1: MOV      R6, #200
    DELY2: MOV      R5, #125
    DELY3: DJNZ     R5, DELY3
           DJNZ     R6, DELY2
           DJNZ     R7, DELY1
           RET
           END
```

上述程序的机器代码就存放在扩展的 2732 中，数据 1 和 2 则存放在扩展的 6264 中。

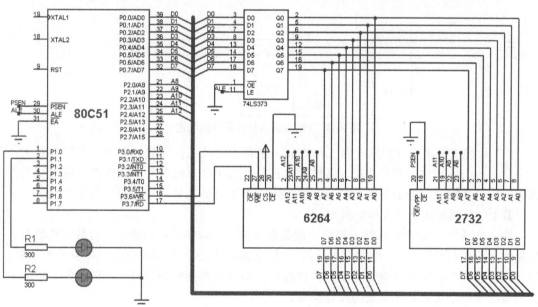

图 8-17　例 8-4 电路连接图

8.3　I²C 总线及串行 E²PROM 的扩展

8.3.1　I²C 总线概述

1) I²C 总线介绍

I²C(inter-integrated circuit)是由 Philips 公司推出的一种两线式串行总线，用于连接微控

制器及其外围设备，是近年来微电子通信控制领域广泛采用的一种新型总线标准。它是同步通信的一种特殊形式，具有接口线少、控制简单、器件封装小、通信速率高等优点。在主从通信中，可以有多个 I²C 总线器件同时接到 I²C 总线上，所有与 I²C 兼容的器件都具有标准的接口，通过地址来识别通信对象，使它们可以经由 I²C 总线互相直接通信。

I²C 总线由数据线 SDA 和时钟线 SCL 两条线构成通信线路，既可以发送数据，也可以接收数据。在 CPU 与被控集成电路(integrated circuit, IC)器件、IC 与 IC 之间都可以进行双向传送，最高传送速率为 400 kbit/s。各种被控器件均并联在总线上，但每个器件都有唯一的地址(无论是微控制器，还是 LCD 驱动器、存储器或键盘接口)，而且每一个器件都可以作为一个发送器或接收器(由器件的功能决定)。CPU 发出的控制信号分为地址码和数据码两部分。其中，地址码用于选址，即接通需要控制的电路，数据码是通信内容。虽然有多个器件挂接于总线上，却各自独立。

2) I²C 总线及硬件结构

图 8-18 所示的是 I²C 总线系统的硬件结构图。其中，SCL(serial clock)是时钟线，SDA(serial data)是数据线。总线上各器件都采用漏极开路结构与总线相连，因此 SCL 和 SDA 均需要接上拉电阻。总线在空闲状态下保持高电平，连接到总线上的任一器件输出的低电平都将使总线的信号变低，即各器件的 SDA 及 SCL 都是线"与"的关系。

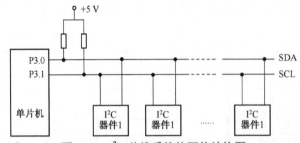

图 8-18　I²C 总线系统的硬件结构图

I²C 总线支持多个主机或主从工作方式，通常为主从工作方式。在主从工作方式中，系统中只有一个主器件，即单片机，其他器件都是具有 I²C 总线的外围从器件。在主从工作方式中，主器件启动数据的发送(发出启动信号)，产生时钟信号，发出停止信号。

3) I²C 总线通信格式及传输规则

图 8-19 所示的是 I²C 总线上进行一次数据传输的通信格式。在进行一次数据传输时，主机先发出起始(启动)信号，再发出寻址信号(包括器件地址和读/写控制)，当得到从机应答后，便开始传输数据。每次传输完 1 字节的数据后，都应在得到应答信号时再传送下一字节。在全部数据传送结束后，主机发出终止信号。

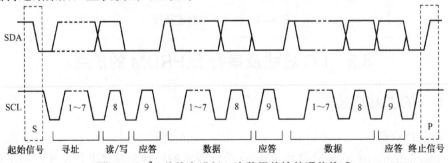

图 8-19　I²C 总线上进行一次数据传输的通信格式

（1）起始（启动）信号。

在利用 I^2C 总线进行一次数据传输时，首先由主机发出起始信号，启动 I^2C 总线。当 SCL 保持高电平期间，SDA 出现由高电平到低电平的下降沿时，则为起始信号，如图 8-20 所示。此时，I^2C 总线接口的从器件会检测到该信号。

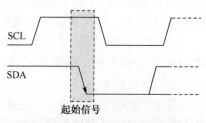

图 8-20　I^2C 总线的启动时序图

（2）寻址信号。

主机发出启动信号后，再发出寻址信号。器件地址有 7 位和 10 位两种，在此只介绍 7 位地址寻址方式。在 7 位寻址方式下，寻址信号由一个字节构成（见表 8-5），其中高 7 位为地址位，最低位为读/写控制位（或方向位），用于表明主机与从器件的数据传送方向。当 $R/\overline{W}=0$ 时，表示主机将对从器件进行写操作；当 $R/\overline{W}=1$ 时，表示主机将对从器件进行读操作。

当主机发送地址时，总线上的每个从机都将这 7 位地址码与自己的地址进行比较。如果相同，则认为自己正被主机寻址，根据 $R/\overline{W}$ 位将自己确定为发送器或接收器。

从机的 7 位地址由固定位和可编程部分组成。在一个系统中，可能希望接入多个相同的从机，从机地址中可编程部分决定了可接入同类型该器件的最大数目。如果一个从机的 7 位寻址位中有 4 位是固定的，3 位是可编程的，则主机能寻址该类型的从器件数为 8 个，即可以有 8 个同类型的器件接入 I^2C 总线系统中。

表 8-5　I^2C 总线上器件地址码格式

D7	D6	D5	D4	D3	D2	D1	D0
从机地址							$R/\overline{W}$

（3）数据传输。

主机发出寻址信号并得到从器件的应答后，便可进行数据传输，每次 1 字节。I^2C 总线进行数据传送时，SCL 为高电平期间，SDA 线上的数据必须保持稳定，只有在 SCL 上的信号为低电平期间，SDA 线上的高电平或低电平状态才允许变化，如图 8-21 所示。每次传输都应在得到应答信号后再进行下一字节的传送。

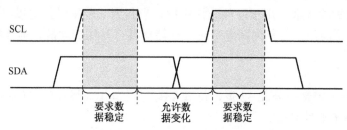

要求数据稳定　　允许数据变化　　要求数据稳定

图 8-21　I^2C 器件数据位的有效性

（4）应答信号。

I^2C 总线协议规定，每传送一字节的数据（含地址及命令字）后，都要有一个应答信号，以确定是否收到对方发送的数据。应答信号由接收设备产生，在 SCL 信号为高电平期间，接收设备将 SDA 拉为低电平，表示数据传输正确，产生应答。应答信号如图 8-22（a）所示。如果接收器件在完成其他功能（如内部中断）前不能接收另一数据的完整字节，则它可以保持时钟线 SCL 为低电平，以促使发送器进入等待状态；当接收器准备好接收数据的其他字节并释放时钟 SCL 后，数据传输继续进行。

当主机为接收设备时，主机对最后一字节不应答，以向发送设备表示数据传输结束，此时 SDA 保持高电平，如图 8-22(b)所示。

（5）终止信号。

在全部数据传送完毕后，主机发送停止信号，即在 SCL 为高电平期间，SDA 上产生一个上升沿信号，其时序如图 8-23 所示。

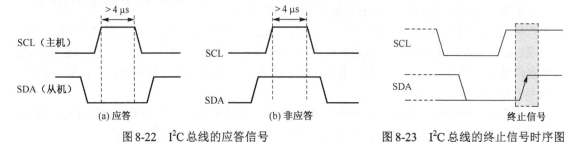

图 8-22　I^2C 总线的应答信号　　　　图 8-23　I^2C 总线的终止信号时序图

8.3.2　基于 I^2C 总线的串行 E^2PROM 的扩展

使用 I^2C 总线设计的计算机系统具有方便、灵活、体积小等优点，因而 I^2C 总线得到了广泛的应用。具有 I^2C 总线接口的 E^2PROM 有多个厂家的多种类型，在此介绍 ATMEL 公司的 AT24C 系列 E^2PROM，主要有 AT24C01、AT24C02、AT24C04、AT24C08、AT24C16 等，其对应的存储容量分别为 $128 \times 8\ bit(128\ B)$、$256 \times 8\ bit(256\ B)$、$512 \times 8\ bit(512\ B)$、$1024 \times 8\ bit(1\ KB)$ 和 $2048 \times 8\ bit(2\ KB)$。下面以 AT24C02 为例说明 I^2C 总线接口的 E^2PROM 的具体应用。

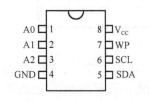

图 8-24　AT24C02 的引脚图

AT24C02 是一个 2 Kbit 的串行 CMOS 型 E^2PROM，其引脚如图 8-24 所示。各引脚功能说明如下：

● A0、A1、A2：器件地址选择输入端；
● SDA：串行数据/地址输入/输出端；
● SCL：串行时钟输入端；
● WP：写保护输入端，用于硬件数据保护，当其为低电平时，可以对整个存储器进行正常的读/写操作；当其为高电平时，存储器具有写保护功能，但读操作不受影响；
● V_{CC}：电源；
● GND：地。

AT24C02 的整个容量被分成 32 页，每页 8 B，共 256 B。操作时有两种寻址方式，分别为芯片寻址和片内子地址寻址。

1）芯片寻址

AT24C02 的寻址格式为 $1010A_2A_1A_0\ R/\overline{W}$，其中 1010 为 AT24C02 的芯片地址，A_2、A_1、A_0 为可编程地址选择位。A_2、A_1 和 A_0 有 8 种组合，说明 I^2C 总线系统中可以有 8 个 AT24C02。具体是哪一个，要根据 A_2、A_1 和 A_0 的值决定。7 位编码 $1010A_2A_1A_0$ 就是 AT24C02 的地址码。$R/\overline{W}$ 为读写控制位，该位为 0，表示对芯片进行写操作；该位为 1，则进行读操作。

2）片内子地址寻址

芯片寻址可对内部 256 B 的任一字节进行读/写操作，其寻址范围为 0～0FFH。

接线时，SDA 线和 SCL 线要接上拉电阻后接至单片机的 I/O 口，另外，因为要完成读/写操作，因而要将 WP 接低电平。

例 8-5 给 P1 口连接了 4 个键，当按下 K1 时，将数字 9 存到给 80C51 单片机扩展的 AT24C02 中；当按下 K2 时，将存在 AT24C02 中的数字 9 取出，并通过与 P0 口相连的 4 个 LED 显示二进制数；当按下 K3 时，将数字 14 存到 AT24C02 中，当按下 K4 时，从 AT24C02 中取出数字 14，并由 LED 显示。给出实现该功能的硬件系统图和 C51 语言程序。

解：将 AT24C02 的 SDA 和 SCL（Proteus 中为 SCK）分别连接至 80C51 单片机的 P2.1 和 P2.0，P1 口低四位接 4 个独立键 K1、K2、K3 和 K4，P0 口低四位接 4 个 LED，电路图如图 8-25 所示。

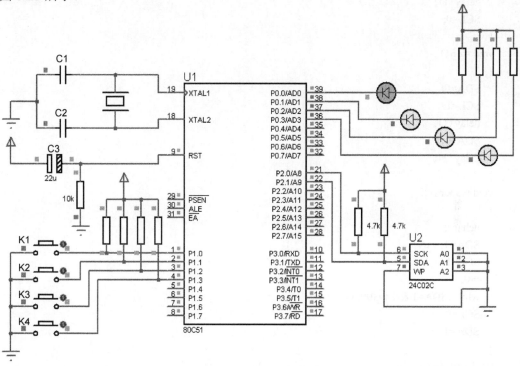

图 8-25　例 8-5 电路图

C51 语言程序如下：

```
#include<reg51.h>
#define uchar unsigned char
#define uint unsigned int
sbit SCL=P2^0;
sbit SDA=P2^1;
sbit key1=P1^0;
sbit key2=P1^1;
sbit key3=P1^2;
sbit key4=P1^3;
uchar data1, data2, sec1, sec2;
void delay（uint z）
{
    uint x,y;
```

```
        for(x=z; x>0; x--)
            for(y=115; y>0; y--);
    }
    void start()
    {
        SCL=0;
        SDA=1;
        SCL=1;
        delay(1);
        SDA=0;
        delay(1);
        SCL=0;
    }
    void stop()
    {
        SDA=0;
        SCL=1;
        delay(1);
        SDA=1;
        delay(1);
    }
    void respons()
    {
        uchar i;
        SDA=1;
        SCL=1;
        i=0;
        while(SDA=1 && i>100)i++;
        SCL=0;
        SDA=1;
    }
    void write(uchar dat)
    {
        uchar i;
        for(i=0;i<8;i++)
        {
            dat=dat<<1;
            SCL=0;
            SDA=CY;
            SCL=1;
            delay(1);
            SCL=0;
            delay(1);
        }
    }
    uchar read()
    {
```

```c
    uchar tmp;
    uchar i;
    for (i=0;i<8;i++)
    {
        tmp=tmp<<1;
        SCL=0;
        SCL=1;
        delay(1);
        tmp=tmp | SDA;
        SCL=0;
        delay(1);
    }
    return tmp;
}
void   write_addr(uchar addr,uchar dat)
{
    start();
    write(0xa0);
    respons();
    write(addr);
    respons();
    write(dat);
    respons();
    stop();
}
uchar   read_addr(uchar addr)
{
    uchar tmp;
    start();
    write(0xa0);
    respons();
    write(addr);
    respons();
    start();
    write(0xa1);
    respons();
    tmp=read();
    respons();
    stop();
    return tmp;
}
void init()
{
    SDA=1;
    delay(1);
    SCL=1;
    delay(1);
}
```

```
void main()
{
    init();
    while(1)
    {
        if(key1==0)
        {
            delay(10);                          //延时消抖
            if(key1==0)
            {
             data1=0x09;
                    data1=~data1;
                    write_addr(0x02,data1);
            }
             while(!key1);                      //松键检测
             delay(10);                         //消抖
             while(!key1);                      //确认松键
          }

        if(key2==0)
        {
            delay(10);                          //延时消抖
            if(key2==0)
            {
                sec1=read_addr(0x02);
                P0=sec1;
            }
             while(!key2);                      //松键检测
             delay(10);                         //消抖
             while(!key2);                      //确认松键
         }
         if(key3==0)
         {
            delay(10);                          //延时消抖
            if(key3==0)
            {
             data2=0xfe;//11111110
                    data2=~data2; //00000001
                    write_addr(0x02,data2);
            }
             while(!key3);                      //松手检测
             delay(10);                         //消抖
             while(!key3);                      //确实松键
          }

        if(key4==0)
        {
            delay(10);                          //延时消抖
            if(key4==0)
            {
```

```
                    sec2=read_addr(0x02);
                    P0=sec2;
                }
            while(!key4);                    //松键检测
            delay(10);                       //消抖
            while(!key4);                    //确认松键
        }
    }
}
```

本 章 小 结

存储器按照功能可分为两大类：ROM 和 RAM。ROM 主要存放程序，只能读取。RAM 主要存放各种数据，随机存取。ROM 可分为掩模 ROM、PROM、EPROM、E²PROM 和 Flash ROM。目前，单片机系统常用的有并行存储器芯片 Intel 27 系列的 EPROM 和 28 系列的 E²PROM。RAM 可分为 SRAM 和 DRAM，常用的有 Intel 的 62 系列芯片。

MCS-51 型单片机的 51 子系列内部真正只有 128 B 的 RAM，若不够用，则可以扩展外部 RAM。8031 和 80C31 无片内 ROM，因此必须扩展外部 ROM，其他类型的单片机在内部 ROM 不够用时，也需要扩展外部 ROM。在选择单片机时，尽量选择内部 ROM 和 RAM 够用的单片机。当必须外扩时，也尽可能选用一片容量足够的芯片，建议不要采用多片小容量芯片扩展。线选法连接电路简单，但是地址空间不连续、地址重叠。译码法电路稍微复杂，但地址空间连续。I²C 总线器件和单片机连接只需要 SDA 和 SCL 两根线，因节省 I/O 口、电路连接简单得到了较为广泛的应用。

思考题与习题

8-1 简述单片机系统存储器扩展的基本方法。

8-2 单片机为什么要进行存储器扩展？并行存储器扩展包括哪些内容？

8-3 并行存储器芯片地址引脚数与容量有什么关系？

8-4 已知 8031 扩展了 1 片 2716 程序存储器芯片（2 K × 8 bit），其片选信号 $\overline{CE}$ 端与 P2.6 相连，分析该 2716 占用了多少个重叠的地址范围？写出各个地址空间。

8-5 只读存储器的分类有哪些，各有什么特点？

8-6 试说明并行存储器扩展时的片选方法，各自有哪些特点？

8-7 对 89C51 单片机扩展 1 片 2732 和 1 片 6232，并根据电路图写出能够访问到它们的地址范围。

8-8 MCS-51 单片机系统中，外扩的 ROM 和 RAM 共用 16 位地址线和 8 位数据线，为什么不会发生冲突？

8-9 试用 1 片二–四译码器、4 片 2764 和 4 片 6264 给单片机扩展 32 KB 的地址连续的程序存储器和 32 KB 的地址连续的数据存储器。要求各自的起始地址都是 0，请画出逻辑连接图，并说明各芯片的地址范围。

第9章 单片机并行 I/O 接口扩展

MCS-51 系列单片机内部仅有 4 个 8 位双向并行 I/O 接口(P0～P3),在应用无内部 ROM 的单片机(如 8031)或组成复杂的应用系统时,往往需要扩展外部 RAM 和 ROM。在这种情况下,P0 口分时作为低 8 位地址线和数据线,P2 口作为高 8 位地址线。此时,真正可以作为双向 I/O 口应用的就只有 P1 口和未用作第二功能 P3 口的部分引脚了。但在大多数应用中,这些口远不能满足众多的外部设备,如键盘、显示器、ADC、DAC 及其他执行机构的需求,为此就需要扩展 I/O 口。本章将介绍简单并行 I/O 口的扩展方法、8255A 可编程并行接口芯片,以及显示器、键盘接口的扩展技术。

9.1 I/O 接口扩展概述

9.1.1 I/O 接口电路应具有的功能

CPU 和外部设备之间的数据输入/输出传送十分复杂,其复杂性主要体现在以下几个方面。

(1) 外部设备的工作速度差异很大。有的设备速度很慢,如开关,每秒钟提供不了一个数据,而有的设备速度很快,如显示器,每秒钟可传送几千位数据。速度上的差异使得 CPU 无法按固定的时序与外部设备以同步方式协调工作。

(2) 外部设备种类繁多,既有机械式的,又有机电式的,还有电子式的。不同种类外部设备性能各异,对数据传送的要求也各不相同,无法按统一格式进行。

(3) 外部设备的信号形式多样,既有电压信号,也有电流信号;既有数字形式,也有模拟形式。而计算机处理的是数字信号,这就必须要完成模拟量到数字量的转变或数字量到模拟量的转变。

(4) 外设的数据传送形式有差异。对于近距离传送,一般用并行传送,而对于远距离传送,一般采用串行传送。为此,有时需要并行到串行的转换或串行到并行的转换。

正是上述原因使数据的 I/O 操作变得十分复杂,无法实现外部设备与 CPU 之间直接进行数据的同步传送,而必须在 CPU 和外设之间设置一个接口电路(如图 9-1 所示)。PC 与显示器之间的显卡其实就是一个接口电路。由于接口电路可以对 CPU 与外设之间的数据传送进行协调,因此接口电路就成了数据 I/O 操作的核心内容。

针对以上存在的问题,要求接口电路应具有以下功能。

(1) 协调速度。由于速度上的差异,使得数据的 I/O 传送只能以异步方式进行,即只能在确认外设已为数据传送做好准备的前提下才能进行 I/O 操作。而要知道外设是否准备好,就需要通过接口电路传送外设的状态信息,以实现 CPU 与外设之间的速度协调。

(2) 锁存数据。数据输出都是通过系统的数据总线进行的,而 CPU 输出的数据在数据总线上保留的时间十分短暂,无法满足慢速输出设备的需要。为此,需在接口电路中设置数据锁存器,以保存输出的数据,直至为输出设备所接收。锁存数据就成为接口电路的一项重要功能。

(3) 三态缓冲。为了维护数据总线上数据传送的"秩序",只允许当前时刻正在进行数据传送的数据源使用数据总线向 CPU 输入数据，其余数据源都必须与数据总线处于隔离状态，为此，要求接口电路能为数据输入提供三态缓冲功能。

（4）转换数据。其中包括模－数转换、数－模转换、串－并转换和并－串转换等。

可见，接口电路对数据的 I/O 传送是非常重要的，因此接口电路也就成为 I/O 数据传送的核心内容，是计算机中不可缺少的组成部分。

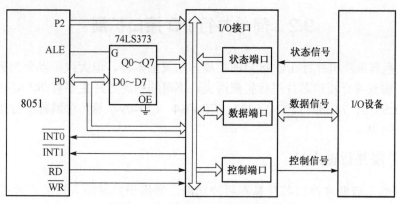

图 9-1　单片机与外设的接口示意图

9.1.2　I/O 接口的基本结构

单片机与外设的 I/O 接口基本结构如图 9-1 所示，每个接口电路中包含一组寄存器。CPU 与外设交换信息时，不同的信息存入接口中不同的寄存器中，一般称这些寄存器为 I/O 端口或 I/O 口。用来保存 CPU 与外设之间传送的数据、对输入/输出数据起缓冲作用的数据寄存器称为数据端口；用来存放外设或者接口部件本身状态的状态寄存器称为状态端口；用来存放 CPU 发往外设控制命令的控制寄存器称为控制端口或命令端口。

正如存储器中的每个存储单元都有一个物理地址一样，每个端口也有一个地址与之相对应，该地址称为端口地址。有了端口地址，CPU 与外设之间的输入/输出操作实际上就是对 I/O 接口中各端口的读/写操作。数据端口一般是双向的，数据是输入还是输出，取决于对该端口地址进行操作时 CPU 发往接口电路的读/写控制信号。由于状态端口为输入操作提供接口的状态，控制端口为输出操作提供控制信号，二者的方向不同。经常为了节省系统地址空间，在设计端口时往往将这两个端口共用一个端口地址，再用读/写控制信号识别操作对象。

应该指出，I/O 操作所用到的地址是对端口而言的，而不是对接口而言的。接口和端口是两个不同的概念，若干个端口加上相应的控制电路才构成接口。

9.1.3　I/O 接口的操作

在单片机中采用统一编址方式对扩展的 I/O 接口和外部数据存储器进行编址。这种方式下，把 I/O 接口中的寄存器（即端口）与外部数据存储器中的存储单元同等对待。CPU 对 I/O 端口的读/写操作和对外部数据存储器的读/写操作过程及指令完全相同。对于 51 系列单片机，I/O 端口和外部数据存储器共同拥有 64 KB 的空间。至于 I/O 端口和外部数据存储器具体占用哪些单元，要根据具体接口电路而定。

对 I/O 端口的操作采用与外部 RAM 操作相同的指令——MOVX，使用相同的控制信号（$\overline{\text{RD}}$ 和 $\overline{\text{WR}}$）。对于扩展的 I/O 口的输入、输出指令，分别是：

```
MOVX    @DPTR, A        ; I/O 口输出指令(对外部 RAM 是写指令)
MOVX    @Ri, A
MOVX    A, @DPTR        ; I/O 口输入指令(对外部 RAM 是读指令)
MOVX    A, @Ri
```

从理论上讲，单片机的 I/O 口最多可扩展 64 K 个。

9.2 简单并行 I/O 接口扩展

MCS-51 系列单片机并行 I/O 接口的扩展方法灵活多样，但大致可以分为采用不可编程芯片和采用可编程并行接口芯片进行扩展两类。不可编程的芯片主要有 74LS244、74LS245、74LS273、74LS373、74LS367、74LS377、CD4014、CD4094 等，可编程并行接口芯片主要有 8155、8255A 等。

9.2.1 扩展并行输入口

扩展并行输入口要求接口芯片具有缓冲功能，常用于扩展输入口的芯片有 74LS244、74LS245。图 9-2 和表 9-1 分别是 74LS245 的引脚图和逻辑功能表。74LS245 是 8 路同相三态双向总线缓冲器，可双向传输数据，因此既可以用于输入口的扩展，也可以用于输出口的扩展。

● 当 $\overline{OE}$ = 0 且 DIR = "0" 时，信号由 B 向 A 传输；
● 当 $\overline{OE}$ = 0 且 DIR = "1" 时，信号由 A 向 B 传输；
● 当 $\overline{OE}$ = 1 时，输出为高阻态。

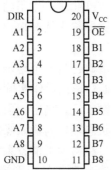

图 9-2 74LS245 的引脚图

表 9-1 74LS245 逻辑功能表(DIR=1)

输　入		输　出
$\overline{OE}$	A	B
0	0	0
0	1	1
1	×	高阻

在构成单片机系统时，74LS245 通常用作输入设备的缓冲器。它除了具有能将外设送来的数据暂时存放，以便处理器可靠地将它取走的作用之外，还能实现高阻输出作用，隔断处理器和外设，以便处理器处理其他数据时不会受到外设的干扰。

74LS245 与 MCS-51 单片机之间的典型连接关系如图 9-3 所示。Proteus 中 74LS245 的 AB/$\overline{BA}$ 和 $\overline{CE}$ 分别对应图 9-2 中的 DIR 和 $\overline{OE}$。由单片机读指令引脚 $\overline{RD}$ 和 P2.7 经 74LS32 相 "或" 后接至 74LS245 的 $\overline{CE}$，P2.7 决定了该 74LS245 的地址为 7FFFH(假设其他未用地址线为高电平)。当然，也可用 P2.0～P2.7 的任意一个引脚限定它的地址。采用汇编语言读取该输入设备数据的指令是：

```
MOV     DPTR, #7FFFH    ; 指向 74LS245 端口
MOVX    A, @DPTR        ; 读指令，即执行输入功能
```

通过以上指令，CPU 将输入设备的数据通过数据总线 P0 口读入寄存器 A 中。

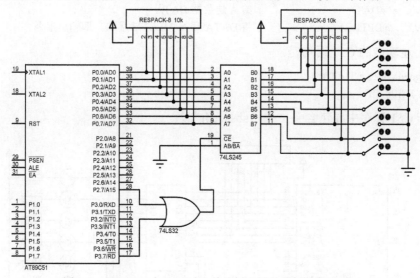

图 9-3 74LS245 与 MCS-51 单片机之间的典型连接关系

C51 语言实现上述功能的语句是：

    unsigned char a;
    a = XBYTE[0x7fff];

由于涉及外部 I/O 端口，因此程序中应该包含头文件"absacc.h"。

9.2.2 扩展并行输出口

扩展并行输出口要求接口芯片具有锁存功能，常用的接口芯片有 74LS373、74LS273、74LS573、74LS377 等。在此介绍用 74LS373 扩展并行输出口的方法。

74LS373 的引脚图和逻辑功能表分别见图 9-4 和表 9-2。该芯片是一个 8D 三态同相锁存器，内部有 8 个相同的 D 触发器。当 $\overline{OE}=0$ 且 G=1 时，D 端数据被锁存；当 $\overline{OE}=1$ 时，输出为高阻状态，故能实现三态输出。

```
OE  [1      20] V_CC
Q0  [2      19] D7
D0  [3      18] Q7
Q1  [4      17] D6
D1  [5      16] Q6
Q2  [6  74LS373  15] D5
D2  [7      14] Q5
Q3  [8      13] D4
D3  [9      12] Q4
GND [10     11] G
```

图 9-4 74LS373 的引脚图

表 9-2 74LS373 的逻辑功能表

输　　入			输　　出
$\overline{OE}$	G	D	Q
0	1	1	1
0	1	0	0
0	0	×	不变
1	×	×	高阻

74LS373 与 MCS-51 单片机的典型连接如图 9-5 所示。Proteus 中 74LS373 的 LE(对应图 9-4 中的 G)接高电平，门控始终有效；由 P2.7 和 $\overline{WR}$ 经过或门与 74LS373 的 $\overline{OE}$ 端相连。假设图 9-5 中无关的地址位为 1，则实现输出数据的汇编语言语句是：

MOV DPTR, #7FFFH	; 指向 74LS373 端口
MOV A, #DATA	; 给 A 送数据 DATA
MOVX @DPTR, A	; 将 DATA 写入 74LS373 端口，即输出指令

实现上述功能的 C51 语句是：

unsigned char a = DATA;
XBYTE[0x7fff] = a;

同样，C51 程序中要包含头文件"absacc.h"。

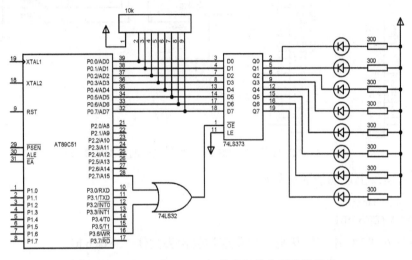

图 9-5   74LS373 与 MCS-51 单片机的典型连接关系

例 9-1   假设图 9-5 中的输出设备是 8 个共阳极 LED，由 74LS373 的每一位输出控制一个 LED 的亮灭，编程使 8 个 LED 轮流点亮。

解： 实现该功能的汇编语言程序如下：

	ORG	0	
	MOV	DPTR, #7FFFH	; 指向 74LS373 端口
	MOV	A, #0FEH	; 给 A 送数据 0FEH, Q0 对应的 LED 亮
LOOP:	MOVX	@DPTR, A	; 将数据 1 写入 74LS373 端口
	RL	A	; 循环左移
	SJMP	LOOP	; 循环
	END		

实现该功能的 C51 语言程序如下：

```
#include <absacc.h>
#include <intrins.h>
unsigned char a = 0xfe;
main()
{   while(1)
    {   XBYTE[0x7fff] = a;
        a = _crol_(a,1);          // 循环左移
    }
}
```

P2.7 决定了 74LS373 的地址为 7FFFH（不是唯一地址）。执行 MOVX 输出指令时，$\overline{\text{WR}}$ 信号自动有效。$\overline{\text{WR}}$ 与 P2.7 相"或"后，产生 74LS373 片选端 $\overline{\text{OE}}$ 所需的低电平信号，从而将 CPU 的数据通过 P0 口经 74LS373 锁存后传送给外部设备。

9.3 可编程并行 I/O 接口芯片 8255A

在简单 I/O 口扩展中，扩展输入口时需要缓冲器，扩展输出口时需要锁存器，而且一个缓冲器或锁存器只能扩展 8 位，当扩展的位比较多时，就需要用多个芯片。芯片功能的单一、多芯片的使用是简单接口扩展的主要缺点。为了减少芯片的使用，同时使输入输出口灵活应用，通常采用能实现复杂 I/O 接口扩展的可编程并行接口芯片扩展接口。常用的可编程并行接口芯片有 8255A、8155 等。该类芯片的最大特点在于工作方式的确定和改变是以软件方法实现的，因此称之为可编程接口芯片。本节以 8255A 为例介绍其结构、功能、控制字、工作方式及与单片机的接口方法。

9.3.1   8255A 芯片内部结构及功能

8255A 是 Intel 公司生产的 40 引脚的可编程并行接口芯片，其引脚图如图 9-6 所示。由于可以通过软件设置其工作方式，所以在用 8255A 连接外部设备时，通常不需再附加外部电路，给使用者带来很大方便。图 9-7 是 8255A 的内部逻辑结构，该图说明 8255A 由以下几部分组成。

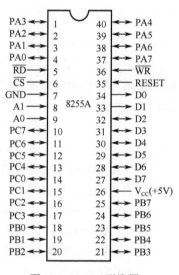

图 9-6 8255A 引脚图

1）并行 I/O 端口

8255A 芯片内部包含 3 个 8 位端口，分别是端口 A（或称 A 口，记作 PA），端口 B（或称 B 口，记作 PB）和端口 C（或称 C 口，记作 PC）。其中，A 口包含一个 8 位数据输出锁存/缓冲存储器和一个 8 位数据输入锁存器；B 口包含一个 8 位数据输入/输出、锁存/缓冲存储器和一个 8 位数据输入缓冲存储器；C 口包含一个 8 位数据输出锁存/缓冲存储器和一个 8 位数据输入缓冲存储器（无输入锁存器）。必要时 C 口可分成两个 4 位口，分别与 A 口和 B 口配合工作。通常将 A 口和 B 口定义为数据的输入/输出端口，而 C 口除作为输入、输出口使用外，还可作为 A 口和 B 口选通方式操作时的状态控制信号。

2）A 组和 B 组控制部件

端口 A 和端口 C 的高 4 位（PC4～PC7）构成 A 组，由 A 组控制部件实现控制功能；端口 B 和端口 C 的低 4 位（PC0～PC3）构成 B 组，由 B 组控制部件控制。控制电路的工作受控制寄存器的控制，控制寄存器中存放着决定端口工作方式的信息，即工作方式控制字。

3）数据总线缓冲存储器

这是一个三态双向的 8 位数据缓冲存储器，用于将 8255A 的数据线 D0～D7 和单片机的数据总线（P0 口）连接，以实现单片机和接口之间的数据传送。

4）读/写控制逻辑

这是 8255A 内部完成读/写控制功能的部件，它能接收单片机的控制命令，并向片内各功能部件发出操作命令。可接收的控制命令有：

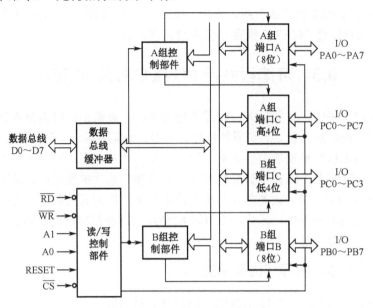

图 9-7　8255A 内部逻辑结构

（1）$\overline{CS}$——片选信号，低电平有效。$\overline{CS}$ 有效时，表示该 8255A 被选中。

（2）$\overline{RD}$、$\overline{WR}$——读、写控制信号，低电平有效。$\overline{RD}$ 有效，表示读 8255A，应由 8255A 向单片机传送数据或状态信息。$\overline{WR}$ 有效，表示写 8255A，应由单片机将控制字或数据写入 8255A。

（3）RESET——复位信号，高电平有效。RESET 有效时，清除 8255A 中所有控制字寄存器内容，并将各端口置成输入方式。

（4）A1 和 A0——端口选择信号。A1 和 A0 分别与单片机的低二位地址线 P0.1 和 P0.0 相连，用于选择不同的端口。

当 A1 A0 = 00B 时，选择 A 口；
当 A1 A0 = 01B 时，选择 B 口；
当 A1 A0 = 10B 时，选择 C 口；
当 A1 A0 = 11B 时，选择控制字寄存器。

因此，8255A 的 A 口地址肯定是能被 4 整除的。若 A 口的地址为 7FF0H，则 B 口、C 口和控制字寄存器的地址分别为 7FF1H、7FF2H 和 7FF3H。

由地址 A1、A0 和相应控制信号组合起来可定义各端口的操作方式，如表 9-3 所示。

表 9-3　8255A 的读写操作控制

$\overline{CS}$	A1	A0	$\overline{RD}$	$\overline{WR}$	操　作
0	0	0	0	1	读端口 A
0	0	1	0	1	读端口 B
0	1	0	0	1	读端口 C
0	0	0	1	0	写端口 A
0	0	1	1	0	写端口 B
0	1	0	1	0	写端口 C
0	1	1	1	0	写控制字寄存器
0	1	1	0	1	非法操作
0	×	×	1	1	数据总线悬空
1	×	×	×	×	芯片未被选中，数据总线悬空

9.3.2　8255A 的操作说明

1）8255A 的控制字和状态字

8255A 是可编程接口芯片，因此用户可以通过编程设定其工作方式。8255A 共有两个控制字，即控制 A、B 和 C 口工作方式的控制字（工作方式控制字）和专门用于 C 口的置位/复位控制字，它们以 D7 位的状态为标志。用户通过程序可以把这两个控制字送到 8255A 的控制字寄存器（A1A0 = 11B 时）以设定 8255A 的工作方式和 C 口各位的状态。

（1）工作方式控制字。

工作方式控制字用于确定各口的工作方式及数据传送方向，其格式如表 9-4 所示。

表 9-4　工作方式控制字格式

位序	D7	D6	D5	D4	D3	D2	D1	D0
功能	1: 工作方式字标志位	A　组				B　组		
		A组工作方式	A 口	C 口（高4位）	B组工作方式	B 口	C 口（低4位）
		0　0：方式 0 0　1：方式 1 1　×：方式 2	0：输出 1：输入	0：输出 1：输入	0：方式 0 1：方式 1	0：输出 1：输入	0：输出 1：输入

对工作方式控制字做如下说明：

＊ A 口有 3 种工作方式，而 B 口只有 2 种工作方式。方式 0 为基本 I/O 方式，方式 1 为选通 I/O 方式，方式 2 为双向传送方式（仅用于 A 口）。

＊ 在方式 1 或方式 2 下，对 C 口的定义（输入或输出）不影响作为联络线使用时的 C 口各位的功能。

＊ 最高位（D7）是标志位，其状态固定为 1，用于表明本字节是方式控制字。

（2）C 口置位/复位控制字。

某些情况下，C 口用于定义控制信号和状态信号，因此 C 口的每一位都可以被置位或复位。对 C 口各位的置位或复位是由 C 口置位/复位控制字进行的，其控制字格式如表 9-5 所示。其中，D7 是该控制字的标志，其状态固定为 0。

表 9-5　C 口置位/复位控制字格式

位　序	D7	D6	D5	D4	D3	D2	D1	D0
功　能	0:C 口置位/复位控制字标志位	×	×	×	0　0　0：PC0 0　0　1：PC1 0　1　0：PC2 0　1　1：PC3 1　0　0：PC4 1　0　1：PC5 1　1　0：PC6 1　1　1：PC7			0：复位 1：置位
		无　关						

需要注意的是，控制字每次只能置位或复位 C 口中的一个位。例如，若想把 PC5 置 1，则相应的控制字为 00001011B，即 0BH。如果要置位或复位多个位，则需要多次写 C 口置位/复位控制字到控制字寄存器。

（3）初始化编程。

8255A 初始化的内容就是向控制字寄存器写入工作方式控制字和 C 口位的置位/复位控制字。这两个控制字因标志位状态不同，8255A 能加以区别，为此两个控制字按同一地址写入且不受先后顺序限制。

例 9-2　若 8255A 的 A 口工作在方式 0 下，作为输入口；B 口工作在方式 1 下，作为输出口；C 口高位部分为输出口，而低位部分为输入口。若 A 口的地址为 1B00H，请完成对 8255A 的初始化。

解：因为该 8255A 的 A 口地址为 1B00H，则控制字寄存器地址为 1B03H。根据题意，

8255A 的工作方式控制字为 10010101B(95H)，则汇编语言的初始化程序段为：

```
MOV        DPTR，#1B03H
MOV        A，#95H
MOVX       @DPTR，A
```

C51 语言的初始化语句为：

```
XBYTE[0x1b03]=0x95;
```

2) 8255A 的工作方式

8255A 共有三种工作方式，即方式 0、方式 1 及方式 2，分别说明如下。

(1) 方式 0——基本 I/O 方式。

这种工作方式不需要任何选通信号，A 口、B 口及 C 口的高 4 位和低 4 位都可以设定为输入或输出。作为输出口时，输出的数据被锁存；作为输入口时，输入的数据不被锁存。这种方式适用于无条件传送数据的设备，如读一组开关状态、控制一组指示灯等。此时不需要联络信号，CPU 可随时读入外设状态或随时将一组数据送给外设。在方式 0 下，也可以把 C 口的某一位作为状态位，按查询方式实现数据传送。

(2) 方式 1——选通 I/O 方式。

选通 I/O 方式是指具有握手信号的 I/O 方式，只有 A 口和 B 口可以选择方式 1。此时可固定 C 口中的某些位，使其作为 A 口和 B 口数据传送的联络信号，以便 8255A 与外设之间，或者是 8255A 与 CPU 之间传送状态信息以及中断请求信号等。方式 1 下，A、B、C 三个口被分为两组，A 组包括 A 口和 C 口的高 4 位，B 组包括 B 口和 C 口的低 4 位。A 口和 B 口可由程序设定为输入或输出口，其输入或输出数据都被锁存。C 口的高 4 位和低 4 位分别作为 A 口和 B 口输入/输出操作的控制和联络信号，见表 9-6。表中的空白位置表示这些位没有用作联络线，它们还可以用于一般的 I/O 操作。

表 9-6 8255A 端口 C 的联络信号

C 口的位	方 式 1		方 式 2	
	输入	输出	输入	输出
PC7		$\overline{OBFA}$	×	$\overline{OBFA}$
PC6		$\overline{ACKA}$	×	$\overline{ACKA}$
PC5	IBFA		IBFA	×
PC4	$\overline{STBA}$		$\overline{STBA}$	×
PC3	INTRA	INTRA	INTRA	INTRA
PC2	$\overline{STBB}$	$\overline{ACKB}$		
PC1	IBFB	$\overline{OBFB}$		
PC0	INTRB	INTRB		

用于输入操作的联络信号有：

- $\overline{STB}$ (Strobe)——选通脉冲(输入)，低电平有效。下降沿时将端口数据线上的信息送入端口锁存器。
- IBF (Input Buffer Full)——输入缓冲器满信号(输出)，高电平有效。当 IBF = 1 时，表明数据已装入锁存器，但 CPU 还未读取。当 CPU 读取了端口数据时，IBF 变为低电平。因此 IBF 由 $\overline{STB}$ 信号的下降沿置位，由 $\overline{RD}$ 信号的上升沿复位。
- INTR (Interrupt Request)——中断请求信号(输出)，高电平有效，是由 8255A 向 CPU 发出的中断请求。

数据输入操作过程说明：

当外设准备好输入数据时，发出 $\overline{STB}$ = 0 的信号，输入的数据装入 8255A，并使 IBF = 1。如果使用查询方式，则 CPU 可以查询这个状态信号，以决定是否可以读数据。如果使用中断方式，则当 $\overline{STB}$ 由低电平变为高电平时，产生 INTR 信号，向 CPU 发出中断请求。CPU 在

响应中断后，执行中断服务程序时读入数据，并使 INTR 信号变为低电平。数据被读入后使
IBF 信号变为低电平，以此通知外设准备下一次数据输入。数据输入操作的信号关系图如图 9-8
所示。

用于数据输出操作的联络信号有：

- $\overline{OBF}$ (output buffer full)——输出缓冲器满信号(输出)，低电乎有效。当 CPU 把输出
  数据写入 8255A 锁存器后，$\overline{OBF}$=0，用来通知外设可以接收数据。它由 $\overline{WR}$ 信号的
  上升沿清 0(有效)，由 $\overline{ACK}$ 信号的下降沿置 1(无效)。
- $\overline{ACK}$ (acknowledge)——外设响应信号(输入)，低电平有效。当 CPU 输出给 8255A
  的数据已被外围设备取走时，$\overline{ACK}$ 变为低电平，并使 $\overline{OBF}$ = 1。
- INTR——中断请求信号(输出)，高电平有效。表示数据已被外设取走，请求 CPU 继
  续输出数据。INTR 由 $\overline{WR}$ 的下降沿复位。

数据输出操作过程说明：

外设接收并处理完一组数据后，发回 $\overline{ACK}$ 信号。该信号使 $\overline{OBF}$ 变高电平，表明输出缓
冲器已空(实际上是表明输出缓冲器中的数据已无保留之必要)。如使用查询方式，则 $\overline{OBF}$ 可
作为状态信号供查询使用；如使用中断方式，则当 $\overline{ACK}$ 信号结束时，使 INTR 有效，向 CPU
发出中断请求。在中断服务过程中，把下一个输出数据写入 8255A 的输出缓冲器。写入后 $\overline{OBF}$
有效，表明输出数据已到，并以此信号启动外设工作，取走并处理 8255A 中的输出数据。数
据输出操作的信号关系图如图 9-9 所示。

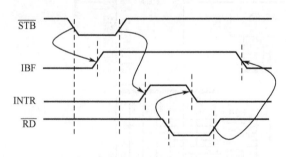

图 9-8　数据输入操作的信号关系图

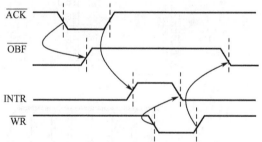

图 9-9　数据输出操作的信号关系图

综上，方式 1 适用于查询或中断方式下的数据输入或输出。

(3) 方式 2——双向传送方式。

只有 A 口才能选择方式 2，这时 A 口是双向 8 位 I/O 口，C 口的高 5 位(PC3～PC7)作为
A 口输入/输出的同步控制信号。当 A 口作为输入口使用时，其受 $\overline{STBA}$ 和 IBFA 控制，其工
作过程和方式 1 输入时相同；当作为输出口时，受 $\overline{OBFA}$ 和 $\overline{ACKA}$ 控制，其工作过程和方式
1 输出时相同。方式 2 下，B 口和 PC0～PC2 工作在方式 0 或方式 1 下。

9.3.3　8255A 与单片机的接口设计

8255A 的可编程、多端口以及多工作方式的特点为 I/O 接口的扩展提供了方便。同存储
器的扩展以及简单 I/O 口的扩展方法一样，在使用 8255A 扩展 I/O 接口时，必须处理好三总
线的连接。无论 8255A 工作在哪种工作方式下，数据线和地址线的连接方法不变，即 8255A
的数据线 D0～D7 同 MCS-51 单片机的数据线 P0.0～P0.7 相连，8255A 的地址线 A0、A1 连
接单片机的地址线 A0 和 A1(P0.0 和 P0.1 经锁存器送出的信号)。

不同工作方式下涉及的控制线不同。在方式 0 下，因为 A、B 和 C 口都作为 I/O 口，因此涉及的控制信号较少。此时，只需将 8255A 的 RESET、$\overline{RD}$ 和 $\overline{WR}$ 与单片机的相应信号连接，片选信号 $\overline{CS}$ 可连接单片机的某高位地址线或译码器的输出（同存储器及简单 I/O 接口的扩展方法相同）。在方式 1 和方式 2 下，C 口作为联络信号，因此，要根据外设的情况将 C 口的某些位与单片机或外设相连。例如，如果用到中断，则将 PC3（INTR）连接到单片机的 $\overline{INT0}$ 或 $\overline{INT1}$。除此之外，A、B 和 C 口（或 C 口的某些位）同外设的连接方法根据题意而定。下面举例说明 8255A 与单片机的接口设计方法。

例 9-3 将 8255A 的 A 口作为输出口，B 口作为输入口，将 B 口开关的状态由与 A 口相连的 LED 显示出来。当开关闭合时，LED 亮。假设 A 口和 B 口皆工作于方式 0，8255A 的 $\overline{CS}$ 连接于 89C51 单片机的 P2.7。

解：本设计中没有用到 C 口，且 A 口和 B 口皆工作于方式 0。根据题意，其接口电路图如图 9-10 所示。

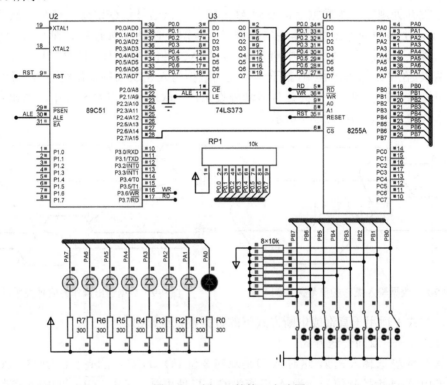

图 9-10 例 9-3 的接口电路图

因 A 口工作于输出、B 口工作于输入，则 8255A 的工作方式控制字为 82H。假设除 A0、A1 和 P2.7 外，其他地址线皆为高电平，则 8255A 的 A、B、C 口和控制字寄存器的口地址分别为 7FFCH、7FFDH、7FFEH 和 7FFFH。汇编语言程序如下：

```
        ORG    0
        SJMP   START
        ORG    100H
START:  MOV    DPTR, #7FFFH      ; 命令口地址
        MOV    A, #82H           ; 工作方式控制字
        MOVX   @DPTR, A          ; 写工作方式控制字
```

```
LOOP:    MOV    DPTR, #7FFDH              ; B 口地址
         MOVX   A, @DPTR                  ; 从 B 口输入
         MOV         DPTR, #7FFCH         ; A 口地址
         MOVX   @DPTR, A                  ; 从 A 口输出
         SJMP   LOOP
         END
```

C51 语言程序如下：

```
#include <absacc.h>
void main()
{ unsigned char key;
  XBYTE[0x7fff]=0x82;                     // 给命令口送控制字
  while(1)
    { key=XBYTE[0x7ffd];                  // 从 B 口输入
      XBYTE[0x7ffc]=key;                  // 从 A 口输出
    }
}
```

例 9-4 若通过 8255A 的 A 口传送 89C51 单片机发送给打印机的数据，8255A 的片选线与单片机的 P2.6 相连。要求设计利用 8255A 扩展 89C51 单片机与微型打印机接口的电路，并编写向打印机输出从内部 RAM 20H 开始的 80 个数据的程序。设 8255A 的 A、B、C 口和控制字寄存器的地址分别为 0BFFCH、0BFFDH、0BFFEH、0BFFFH。

解：除电源端和接地端外，微型打印机的一般端口包括 8 根数据线 D0～D7、打印机"忙"状态信号 BUSY（输出信号）、打印机的应答信号 $\overline{ACK}$（输出信号）和数据选通信号 $\overline{STB}$（输入信号）。在单片机系统中，BUSY 和 $\overline{ACK}$ 信号两者取一作为打印机的反馈信号，通常选用 BUSY 信号。在 $\overline{STB}$ 信号的下降沿，数据线上的 8 位并行数据被打印机读入机内锁存，并开始处理输入的数据，同时置 BUSY 为"1"（表示打印机正处理数据）。当数据处理完时，清 BUSY 为"0"（表示打印机空闲）。

针对此问题可以有两种编程方法，一是用程序查询方式，二是用中断方式。

（1）程序查询方式。

假设 8255A 的 A 口工作于方式 0 输出，C 口的上半部工作于输入方式，C 口的下半部工作于输出方式，B 口没有使用，可置为方式 0 输入。可将打印机的输出 BUSY 连接到 PC7，将 $\overline{STB}$ 与 PC0 相连。操作时，先检查打印机状态。若忙则循环等待，若空闲则送打印数据到 A 口，然后发 $\overline{STB}$ 选通脉冲。再检查打印机状态，等待打印机处理完时，再发下一个打印数据。接口示意如图 9-11 所示。

根据如上规定，8255A 的方式控制字为 10001010B（8AH），汇编语言程序如下：

```
         ORG    0
         SJMP   START
START:   MOV    DPTR, #0BFFFH            ; 8255A 控制字寄存器端口
         MOV    A, #8AH                  ; 方式控制字 8AH
         MOVX   @DPTR, A                 ; 送方式控制字到控制口
         MOV    R1, #20H                 ; 送内部 RAM 数据块首地址
         MOV    R2, #80                  ; 置数据块长度
         MOV    DPTR, #0BFFEH            ; C 口地址
```

```
         MOV      A, #01H
         MOVX     @DPTR, A        ; PC0=1, 即 STB = 1
LP:      MOV      DPTR, #0BFFEH   ; C 口地址
LP1:     MOVX     A, @DPTR        ; 读 PC7 连接的 BUSY 状态
         JB       ACC.7, LP1      ; BUSY=1, 转 LP1, 继续查询
         MOV      DPTR, #0BFFCH   ; A 口地址
         MOV      A, @R1          ; 取 RAM 数据
         MOVX     @DPTR, A        ; 数据送到 8255A 的 A 口
         INC      R1              ; RAM 地址加 1
         MOV      DPTR, #0BFFEH   ; R0 指向 8255A 的 C 口
         MOV      A, #00H         ; C 口输出全 0
         MOVX     @DPTR, A        ; 产生 STB 的下降沿, 使数据送入打印机
         MOV      A, #01H
         MOVX     @DPTR, A        ; PC0=1, 产生 STB 的上升沿
         DJNZ     R2, LP          ; 数据未送完, 则循环发送
         END
```

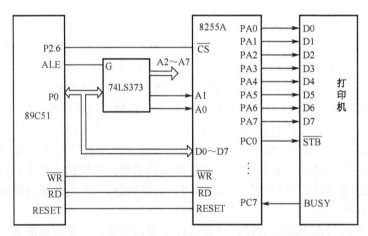

图 9-11　利用 8255A 扩展 89C51 与打印机的接口示意图

(2) 中断方式。

此方式下, 8255A 的 A 口可工作于方式 1 或方式 2 的输出状态。此时可用 8255A 的 $\overline{OBFA}$(输出缓冲器满信号)作打印机的选通脉冲 $\overline{STB}$, 而用打印机状态信号 BUSY 作 8255A 的应答信号 $\overline{ACKA}$, INTRA 作为中断请求信号, 可连接至 89C51 单片机的 $\overline{INT0}$ 或 $\overline{INT1}$。操作时, CPU 先发一个打印数据到 A 口, 然后等待打印机处理完时发回应答信号 $\overline{ACKA}$ 引发中断, CPU 响应中断再发下一个打印数据。中断方式的接口电路和程序略。

9.4　数码管接口技术

单片机应用系统中最常用的显示器是发光二极管(LED)显示器和液晶显示器(LCD)。这两种显示器可显示数字、字符及系统的状态。它们的驱动电路简单、易于实现且价格低廉, 因此得到了广泛的应用。常用的 LED 显示器有 LED 状态显示器(常称为发光二极管)、LED 七段显示器(常称为数码管)和 LED 十六段显示器。发光二极管仅有两种状态, 故常用于显示

系统状态，而数码管用于显示数字。本节主要介绍数码管的接口电路及设计方法。

9.4.1　数码管简介

数码管由 8 个发光二极管(以下简称字段)构成，不同的组合可用于显示十六进制数字 0～F 和一些字符。数码管的外形结构如图 9-12(a)所示。根据连接方式不同，数码管又分为共阴极和共阳极两种，分别如图 9-12(b)和图 9-12(c)所示。

共阳极数码管的 8 个发光二极管的阳极(PN 结的 P 端)连接在一起。公共阳极接高电平(一般接电源)，其他管脚接段驱动电路输出端。当某段驱动电路的输出端为低电平时，该端所连接的字段导通并点亮。共阴极数码管的 8 个发光二极管的阴极(PN 结的 N 端)连接在一起。公共阴极接低电平(一般接地)，其他管脚接段驱动电路输出端，当某段驱动电路的输出端为高电平时，则该端所连接的字段导通并点亮。根据发光字段的不同组合可显示出各种数字或字符。要求段驱动电路能提供额定的段导通电流，因此需要根据外接电源及额定段导通电流确定相应的限流电阻。限流电阻越大，电流越小，则亮度越小。表 9-7 给出了数码管共阴极和共阳极接法时显示各种字符时的字形代码。一般情况下选择共阳极数码管，此时由外电源给各个 LED 提供电流，可保证 LED 有一定的亮度。

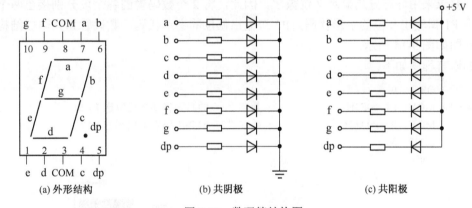

(a) 外形结构　　　　(b) 共阴极　　　　(c) 共阳极

图 9-12　数码管结构图

表 9-7　数码管字形代码表

字形	共阳极	共阴极	字形	共阳极	共阴极
0	C0H	3FH	d	A1H	5EH
1	F9H	06H	E	86H	79H
2	A4H	5BH	F	8EH	71H
3	B0H	4FH	H	89H	76H
4	99H	66H	L	C7H	38H
5	92H	6DH	P	8CH	73H
6	82H	7DH	Γ	CEH	31H
7	F8H	07H	U	C1H	3EH
8	80H	7FH	y	91H	6EH
9	90H	6FH	—	BFH	40H
A	88H	77H	.	7FH	80H
b	83H	7CH	(灭)	FFH	00H
C	C6H	39H			

9.4.2 静态显示接口

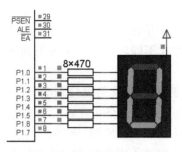

图 9-13 例 9-5 的接口电路图

数码管有静态和动态两种显示方式。静态显示是指数码管显示某一字符时,相应的发光二极管恒定导通或恒定截止。这种显示方式下,各位数码管相互独立,公共端恒定接地(共阴极)或接电源(共阳极)。每个数码管的 8 个字段分别与一个 8 位 I/O 口相连,I/O 口只要有段码输出,相应字符即显示出来,并保持不变,直到 I/O 口输出新的段码。

例 9-5 在一位数码管上显示字母 U。

解:假设数码管为共阳极,则其字形代码为 0C1H。实现该功能的接口电路图如图 9-13 所示。C51 语言程序如下:

```
#include<reg51.h>
void main( )
{ P1=0xc1; }                        //U 的共阳极字形代码
```

例 9-6 89C51 单片机接 2 个数码管,采用静态显示方式显示数字 12。

解:要求采用静态方式显示 2 位数字,因此,将 2 个数码管的各个段分别接至两个并行口。假设 P1 口输出高位的字形代码,P2 口输出低位的字形代码,数码管为共阳极结构,则接口电路图如图 9-14 所示。

汇编语言程序如下:

```
        ORG   0
MAIN:   MOV   P1, #0F9H        ; 数字"1"的共阳极字形代码送 P1 口
        MOV   P2, #0A4H        ; 数字"2"的共阳码字形代码送 P2 口
        SJMP  $
        END
```

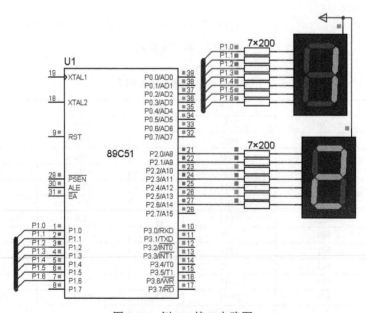

图 9-14 例 9-6 接口电路图

采用静态显示方式时，较小的电流即可获得较高的亮度，且占用 CPU 的时间短，编程简单，显示便于监测和控制。但当显示的位数多时，占用的口线多。例如，若显示 5 位数字，则需要用 5 个并行口，而单片机仅有 4 个并行口。即使各个并行口全用于显示数字，I/O 口也不够用，此时就需要外扩 I/O 口，导致硬件电路复杂，成本增大。因此，静态方式只适用于显示位数较少的场合。

9.4.3　动态显示接口

动态显示是一位一位地轮流点亮各位数码管，这种逐位点亮显示器的方式称为位扫描。通常，各位数码管的段线并联在一起，由一个 8 位的 I/O 口控制；各位的位线(公共阴极或公共阳极)由另外的 I/O 口控制。控制数码管段输出的口称为段控口，控制选择数码管位的口称为位控口。动态显示方式下，各数码管分时轮流选通。要使其稳定显示必须采用扫描方式，即在某一时刻只选通一位数码管，并送出相应的段码；在另一时刻选通另一位数码管，并送出相应的段码，依此规律循环，则可使各位数码管显示将要显示的字符。虽然这些字符是在不同的时刻分别显示的，但由于人眼存在视觉暂留现象，只要循环一周的时间小于 0.1 s，就给人同时显示的感觉。电视机、显示器、广告牌等均是采用动态方式显示信息的。下面举例说明多位动态显示电路的设计与编程方法。

例 9-7　用动态显示方式显示数字 12。假设晶振频率 f_{osc} = 6 MHz。

解： 当采用动态方式显示多位(小于 8 位)数字时，需要采用两个端口。其中一个端口作为控制数码管各个段输出的段控口，而另一个端口作为控制数码管各位是否显示的位控口。在此，将 P1 口作为段控口输出字形代码，将 P2 口作为位控口选择显示的数码管。数码管仍采用共阳极结构，则接口电路图如图 9-15 所示。图中 7407 用于驱动数码管，因为 7407 是集电极开路器件，所以位选端要接上拉电阻。

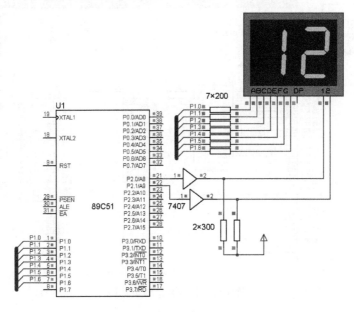

图 9-15　例 9-7 接口电路图

实现该功能的汇编语言程序如下：

```
              ORG     0
START:        CLR     P2.0
              SETB    P2.1            ; 第 2 位选通
              MOV     P1, #0A4H       ; "2" 的字形代码送 P1 口
              LCALL   DELAY           ; 延时消除频闪
              CLR     P2.1
              SETB    P2.0            ; 第 1 位选通
              MOV     P1, #0F9H       ; "1" 的字形代码送 P1 口
              LCALL   DELAY           ; 延时消除频闪
              SJMP    START           ; 返回再次扫描
DELAY:        MOV     R7, #0FFH       ; 延时一段时间
              DJNZ    R7, $
              RET
              END
```

比较例 9-6 与例 9-7 可知，二者功能完全相同，但是静态方式下数码管较亮，且显示程序占用 CPU 的时间较短；而动态方式下数码管较暗，显示程序占用较多的 CPU 时间。对于 2 位数码管的情况，硬件电路结构上的差异不太明显。但当数码管位数多于 2 位时，静态方式将占用较多的单片机 I/O 口线。

例 9-8 如图 9-16 所示，利用 8255A 的 A 口作为数码管的段控口，B 口作为数码管的位控口，编程使数码管显示 12345678。若 f_{OSC} = 11.059 2 MHz。

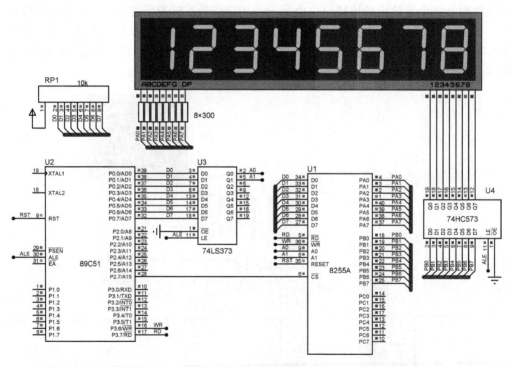

图 9-16　例 9-8 接口电路图

解：因为多位数码管同时显示，所以采用动态扫描法，图中 74HC573 用于驱动数码管。C51 语言程序如下：

```
#include <intrins.h>                        //包含_nop_()的头文件
#include <absacc.h>                          //包含绝对地址的头文件
#define uchar unsigned char
#define uint unsigned int
#define portA XBYTE [0x7ffc]                 //A 口地址，设无关地址位为 1
#define portB XBYTE [0x7ffd]                 //B 口地址
#define portCTR XBYTE [0x7fff]               //控制字寄存器地址。
uchar code tab[]={0xf9,0xa4,0xb0,0x99,0x92,0x82,0xf8,0x80};  //1～8 共阳极字形代码
void delayms (uint i)                        //延时程序
{    uint j, k;
     for (j = i; j > 0; j --)
        for (k = 115; k > 0; k --);          //延时 1 ms
}
void main ( )                                //主函数
{  uchar  n, b=0x01;
   portCTR = 0x80;                           //A 口和 B 口均为输出口，因此控制字为 80H
   portB = 0x00;                             //所有数码管不被选通，即熄灭所有数码管
   delayms (10);
   while (1)
   {    for (n = 0; n<8; n++)
        {    portA = 0xff;
             portB = b;
             _nop_ ( );_nop_ ( );_nop_ ( );  //使数据稳定
             portA = tab[n];
             delayms (5);                     //延时 5 ms
             b=_crol_ (b, 1);                 //准备下一位显示的位码
        }
   }
}
```

将上述程序中的 delayms (5) 改为 delayms (500)，就可以看到字符是轮流显示的。另外，Proteus 仿真与实际还有一些差距。在仿真时，若数码管不显示数字或显示不稳定，可试着修改一下数码管的最小激发时间。

9.5 LCD 接口技术

液晶是一种高分子材料，因其有特殊的物理、化学和光学特性，20 世纪中叶开始被广泛应用于轻薄型显示技术上。LCD 以其功耗低、体积小、字形美观、显示功能丰富等突出优点，在目前单片机应用系统中得到了广泛应用。本节主要介绍 LCD1602 的基本知识及使用方法。

9.5.1 LCD1602 简介

LCD 的主要原理是以电流刺激液晶分子，进而产生点、线、面，并配合背部灯管构成画面。液晶显示器有段型、字符型和图形型。段型同数码管一样，只能用于显示数字。字符型则只能显示 ASCII 码字符，如数字、大小写英文字母、各种符号等。各种字符型和图形型液

晶的型号通常是按照显示字符的行数或液晶点阵的行、列数命名的。例如，LCD1602中的1602表示该LCD每行显示16个字符，共可显示2行。类似的命名有1601、0801、0802等。图形型液晶不仅可以显示ASCII码，也可以显示汉字字符和各种图形。图形型液晶的命名是按照液晶显示器中每列和每行的点数命名的。如LCD12864是指该液晶的点有128列、64行，共有128×64个点。类似的有12232、19264、192128、320240等。本节主要以LCD1602为例，说明字符型液晶的使用方法。

　　LCD1602的操作方式有并行操作和串行操作两种。多数1602只有并行操作，但也有同时具有并行操作和串行操作的。在Proteus中，字符型液晶有LM016L(16×2)、LM017L(32×2)、LM018L(40×2)、LM020L(16×1)、LM032L(20×2)、LM041L(16×4)和LM044L(20×4)，这些都是并行操作的LCD。LCD1602实物的正面和背面如图9-17所示。

　　1) LCD1602基本技术参数

- 显示容量：16×2个字符。
- 芯片工作电压：4.5～5.5 V。
- 工作电流：2.0 mA(5.0 V)。
- 模块最佳工作电压：5.0 V。
- 字符尺寸：2.95×4.35(W×H)mm。

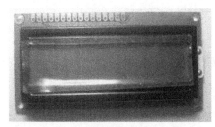

(a) 正面图　　　　　　　　　　　　　　　　(b) 背面图

图9-17　LCD1602字符型液晶显示器实物图

2) LCD1602的引脚功能

LCD1602的引脚功能见表9-8。

需要说明的是：

- V_{DD}：接+5 V正电源。
- V_O：液晶显示器对比度调整端。接正电源时对比度最弱，接地时对比度最高，对比度过高时会产生"鬼影"，使用时可以通过一个10 kΩ的电位器调整对比度。
- RS：数据/命令寄存器选择端。高电平时选择数据寄存器、低电平时选择命令寄存器。
- R/$\overline{W}$：读/写操作选择端。高电平时进行读操作，低电平时进行写操作。
- RS和R/$\overline{W}$在E为正脉冲期间基本操作功能见表9-9。
- D0～D7：8位双向数据线。
- BLA：背光源正极。可接+5 V电源，通常为防止直接+5 V电压烧坏背光灯，经常在该引脚串接一个10 Ω的电阻，用于限流。
- BLK：背光源负极，接地。

LCD1602的基本操作功能见表9-9。

表 9-8　LCD1602 引脚功能

编号	符号	引脚说明	编号	符号	引脚说明
1	V_{SS}	电源地	9	D2	数据
2	V_{DD}	电源正极	10	D3	数据
3	V_O	液晶显示对比度调节	11	D4	数据
4	RS	数据/命令选择端(H/L)	12	D5	数据
5	$R/\overline{W}$	读/写选择端(H/L)	13	D6	数据
6	E	使能信号	14	D7	数据
7	D0	数据	15	BLA	背光源正极
8	D1	数据	16	BLK	背光源负极

表 9-9　LCD1602 的基本操作功能

$R/\overline{W}$ (读/写)	RS(数据/命令)	E	功能	D0~D7
0	0	↑(正脉冲)	写命令	数据
0	1	↑	写数据	
1	0	1	读状态	状态字
1	1	1	读数据	

3）RAM 地址映射图

控制器内部有 80 B 的 RAM 缓冲区，对应关系如图 9-18 所示。每行有 40 B，图中的数据是每个 RAM 的地址单元号。当向 00~0FH 和 40~40F 中的任何一处写入欲显示的数据时，数据可以立即显示出来。当写入到 10~27H 或 50~67H 时，需要运用移屏指令将这些数据移动到可显示区域才能正常显示。

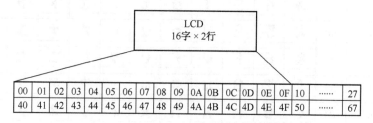

图 9-18　LCD1602 内部 RAM 地址映像图

4）状态字说明

LCD1602 的状态字中各位的含义见表 9-10。原则上，对 LCD 操作时每次都必须进行读、写检查，确保 D7 = 0，即允许操作。但事实上 LCD 的反应速度很快，在纳秒级，而单片机的工作速度在微秒级，因此，通常不检查状态，而是直接对其进行读写操作或只进行简短延时即可。

表 9-10　LCD1602 状态字含义

位序号	D7	D6	D5	D4	D3	D2	D1	D0
位功能	读写操作使能	当前地址指针的数值						
	1：禁止，0：允许							

5）LCD1602 的标准字库

LCD1602 液晶模块内带标准字库，内部的字符发生存储器（CGROM）已经存储了 192 个 5×7 点阵字符，见表 9-11。这些字符有阿拉伯数字、英文字母的大小写、常用的符号和日文假名等，每一个字符都有一个固定的代码，如大写的英文字母"A"的代码是 01000001B（41H），显示时模块把地址 41H 中的点阵字符图形显示出来，就能看到字母"A"。此外，1602 还有字符生成 RAM（CGRAM）512B，供用户自定义字符。

① 显示模式设置
● 指令码：38H，用于设置 16×2 显示，5×7 点阵，8 位数据接口。
② 显示开/关及光标设置指令码
● 光标左移：10H；
● 光标右移：14H；
● 整屏左移，同时光标跟随移动：18H；
● 整屏右移，同时光标跟随移动：1CH。

表 9-11　CGROM 中字符码与字符字模关系对照表

显示开/关及光标设置见表 9-12。

表 9-12　显示开/关及光标设置

指令码									功能
0	0	0	0	1	D	C	B		D＝1, 开显示；D＝0,关显示 C＝1, 显示光标；C＝0,不显示 B＝1, 光标闪烁；B＝0,不闪烁
0	0	0	0	0	1	N	S		N＝1, 当读/写下一个字符后地址指针加1, 且光标加1 N＝0, 均减1 S＝1, 当写一个字符时,整屏显示左移(N＝1)或右移(N＝0)；S＝0, 当写一个字符时, 整屏不移动

6) LCD1602 的写操作时序

LCD1602 的写操作时序如图 9-19 所示。其写操作的流程如下。

① 通过 RS 确定是写数据，还是写命令。写命令包括设置是否显示光标，光标是否闪烁，是否需要移屏，在什么位置显示。写数据是指要显示的内容。

② R/$\overline{\text{W}}$ 设置为写模式(低电平)。

③ 将数据或命令送往数据总线。

④ 给 E 加一个正脉冲信号，完成写操作。

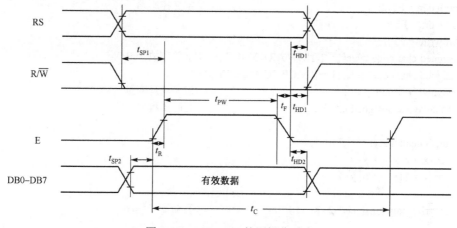

图 9-19　LCD1602 的写操作时序

注意，时序图上的时间间隔均在纳秒级，而单片机的工作时间是微秒级，因此，无须专门设置延时。另外，不同公司生产的芯片在时间间隔上有所差异。

9.5.2　LCD1602 应用举例

在应用 LCD1602 时，首先应正确地设计 LCD1602 与单片机的接口。除电源线外，应将 LCD1602 的数据引脚 D0～D7 与单片机的 P0 口相连。在采用时序方式编程时，可用 P0 口外任何没有用的 I/O 口线控制 LCD1602 的 RS、R/$\overline{\text{W}}$ 和 E。在对 LCD1602 进行编程前，应首先对其初始化，包括显示方式、整屏是否移动、光标是否闪烁等。

例 9-9　利用 LCD1602 显示两行字符,第 1 行显示"HOW ARE YOU!",第 2 行显示"NICE TO MEET YOU"。要求光标闪烁，从右移入。

解：接口电路图如图 9-20 所示，C51 语言程序如下：

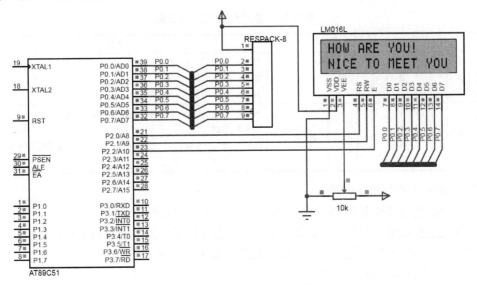

图 9-20 例 9-9 的接口电路图

```
#include<reg52.h>
sbit lcden = P2^2;                               //定义控制端
sbit lcdrs = P2^0;
sbit write = P2^1;
unsigned char code table[] = {"HOW ARE YOU!"};    //字符存放于 ROM
unsigned char code table1[] = {"NICE TO MEET YOU"};
unsigned char num = 0;                           //定义全局变量
void delayms(unsigned int z)                     //延时子程序
{
    unsigned int x,y;
    for(x = z; x > 0; x--)
    for(y = 115; y > 0; y--);
}
void write_com(unsigned char com)                //写命令子程序
{
    lcdrs = 0;                                   //选择写命令模式
    P0 = com;                                    //将要写的命令送到数据总线
    delayms(5);                                  //延时，以待数据稳定
    lcden = 1;                                   //使能端加一正脉冲
    delayms(5);                                  //延时
    lcden = 0;                                   //使能端置 0 已完成正脉冲
}
void write_data(unsigned char dat)               //写数据子程序
{
    lcdrs = 1;
    P0 = dat;
    delayms(5);
    lcden = 1;
    delayms(5);
```

```
        lcden = 0;
    }
    void init()                          //LCD1602 初始化
    {
        lcden = 0;
        write_com(0x38);                 //设置 16×2 显示，5×7 点阵，8 位数据接口
        write_com(0x0f);                 //设置开显示，显示光标，闪烁
        write_com(0x06);                 //显示 1 个字符号地址指针自动加 1
        write_com(0x01);
        write_com(0x80 + 0x10);          //初始化数据指针在 10H 处
    }
    void main()                          //主程序
    {
        write = 0;
        init();
        for(num = 0; num < 12; num++)
        {
            write_data(table[num]);      //显示 table 中的字符串
            delayms(50);
        }
        write_com(0x80 + 0x50);          //初始化数据指针在 10H 处换行
        for(num = 0; num < 16; num++)
        {
            write_data(table1[num]);     //显示 table 中的字符串
            delayms(50);
        }
        for(num = 0; num < 16; num++)    //实现移屏
        {
            write_com(0x18);             //整屏左移
            delayms(500);
        }
        while(1);
    }
```

9.6 键盘接口技术

9.6.1 键盘结构及闭合键的识别方法

1) 按键的基本知识

按键实际上是一个开关元件。通常，单片机中使用的键是一种常开型按钮开关，平时（常态下）键的两个触点处于断开状态，按下时它们才闭合（短路）。如图 9-21 所示，当键未被按下时，P1.0 输入高电平；当键闭合时，P1.0 输入低电平。

按照结构不同，可将键分为两类：触点式开关键（如机械式开关、导电橡胶式开关等）和无触点开关按键（如电气式键、磁感应键等）。前者造价低，后者寿命长。单片机系统中最常用的是触点式开关键，在这种形式中常用机械

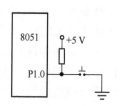

图 9-21 按键电路

式开关结构。当键被按下时，由于机械触点的弹性及电压突跳等原因，在触点闭合或断开的瞬间会出现电压抖动，如图 9-22 所示。抖动时间长短与键的机械特性有关，一般为 5～10 ms。而键的闭合时间与操作者的键动作有关，大约为十分之几秒到几秒不等。

如果在键抖动期间采集键的状态，可能会得到错误的信息。为了确保得到正确的按键信息，必须消除抖动或者避开抖动。可以采用硬件或软件方法消除抖动。硬件消除抖动的方法是在键的输出端加一个 RS 触发器，如图 9-23 所示。软件去抖动的方法是当检查到按键闭合或断开时，执行一个 5～10 ms 的延时程序，保证在前沿抖动或后沿抖动消失后，即按键稳定闭合或稳定释放期间再一次检查按键的状态，此时将得到正确的键状态。

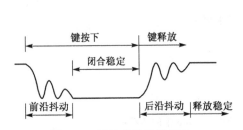

图 9-22　键触点的机械抖动

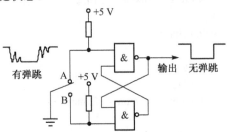

图 9-23　RS 触发器去抖动电路

2) 键盘结构

键盘是由一组规则排列的键组成的，是单片机中最常用的输入设备。根据键盘中键的识别方式不同，将键盘分为编码键盘和非编码键盘两类。编码键盘主要用硬件识别按键，如 PC 中用的键盘就属于编码键盘。非编码键盘主要用软件实现键盘的定义与识别。非编码键盘具有结构简单、成本低廉的特点，因而常用于单片机系统设计。

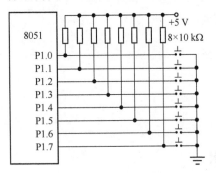

图 9-24　独立式非编码键盘

根据键盘中键的连接方式不同，又分为独立式键盘和行列式（又称为矩阵式）键盘两大类。每一类都有编码键盘和非编码键盘之分。在此主要介绍独立式和行列式非编码键盘的原理、接口技术和程序设计方法。

（1）独立式非编码键盘。

独立式键盘是各键互相独立地接通一条输入数据线，如图 9-24 所示，这是最简单的键盘结构。当没有键按下时，P1.x(x = 0～7)输入为高电平，当有键按下时，与之相连的 P1.x 变为低电平。由于键在任何时刻都具有稳定的状态，因此在查询方式下，利用汇编语言中的位处理指令(JB 或 JNB)可十分方便地识别按下的键。如果用 C51 语言实现，可以用 if…else…语句实现。

例 9-10　在如图 9-25 所示的电路中，根据 P1.0 的值控制与 P1.4 相连的 LED 的亮灭。当 P1.0 为 0 时，LED 亮；否则 LED 灭。

解：前面也碰到过采集键状态的示例，但都没有对键的抖动进行处理，因此不能保证采集状态的可靠性。为了得到可靠的状态信息，用软件延时 5～10 ms 避开抖动区域。假设 f_{osc} = 11.059 2 MHz，则 C51 语言程序如下：

```
#include<reg51.h>
#define uint unsigned int
```

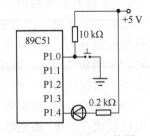

图 9-25　例 9-10 的图

```c
sbit key = P1^0;
sbit led = P1^4;
void delayms(uint xms)                    //延时函数
{ uint i, j;
    for(i = xms; i > 0; i --)
        for(j = 115; j > 0; j --);
}
void main()                               //独立键扫描函数
{ while(1)                                //循环检测按键
    { if(key == 0)                        //检测键是否被按下
        {
        delayms(10);                      //延时 10 ms，消除抖动
        if(key == 0)                      //再次检测键是否被按下
        { led = 0;                        //点亮 LED
            while(!key);                  //等待按键释放
            led = 1;
        }
        }
    }
}
```

　　独立式键盘的优点是电路结构简单，编程容易；缺点是当键数较多时，要占用较多的 I/O 口线，因此该方法只适合键较少的场合。

　　(2) 行列式非编码键盘。

　　为了减少键盘与单片机接口时占用 I/O 口线的数量，当键数较多时，通常将键盘排列成行列式或矩阵式，如图 9-26 所示，每一水平线(行线)与垂直线(列线)的交叉处不相通，而是通过一个键连通。在这种行列结构下，只需要 N 条行线和 M 条列线，即可组成 $N \times M$ 个键的键盘。

　　为了实现键盘的数据输入功能和命令处理功能，每个键都有其处理子程序。为此，每个键对应一个键值或键号，以便根据该结果转到相应的键处理子程序。常用的键识别方法有两种，一种是较常用的逐行(或逐列)扫描查询法，另一种是速度较快的线反转法。在此，以 4 行 × 8 列键盘为例说明行(列)扫描法识别键的全过程。

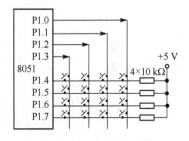

图 9-26 行列式键盘连接方式

　　① 测试是否有键被按下

　　图 9-27 是由 8255A 扩展的 4 行 ×8 列行列式键盘。键盘的行线一端经 10 kΩ 电阻接+5 V 电源，另一端接单片机的输入口(PC0～PC3)。列线的一端接单片机的输出口(PA0～PA7)，另一端悬空。假设图 9-27 中的 21 号键被按下。测试时，先由单片机 A 口向所有列线输出低电平，即向列口写入 00H〔图 9-28(a)中点 A 对应图 9-27 中的 21 号键〕；然后读入各行线(即 PC0～PC3)的状态，进而比较。若 PC0～PC3 全为高电平，则表明无键被按下；若 PC0～PC3 中有低电平，则表明有键被按下。

　　② 消抖动

　　当有键按下时，紧接着进行消抖动处理，一般采用软件延时的方法。延时时间应稍大于键的抖动时间。

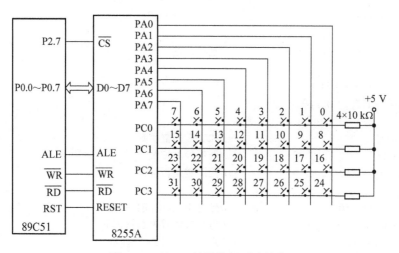

图 9-27　8255A 扩展的行列式键盘

③ 扫描键盘以确定被按键的物理位置

图 9-28 中，当键 A 被按下时，键盘矩阵中点 A 处的行线和列线相通。通过扫描键盘应知道被按键所处的行线和列线。列扫描法的基本原理是：首先使最低位的列线为低电平，即写入字 0FEH 至输出口，如果这条列线上没有闭合键，则各行线的状态都为高电平；如果这条列线上有闭合键，则相应的行线变为低电平，如图 9-28(b)所示。如果按键不在第 1 列，则相继向列口写入 0FDH，如图 9-28(c)所示。直到输入 0DFH 时，读入行线上的字为非全"1"，如图 9-28(d)所示。

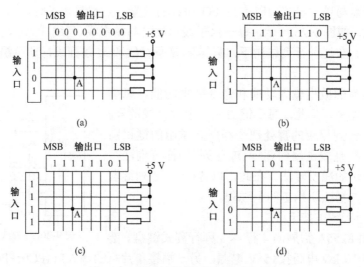

图 9-28　测试键按下及键盘扫描过程

根据输出的列线值及输入的行线值就可以确定被按下的键。将该列线值与行线值的组合称为该键的键值。图 9-28 中各键的键值由 3 位 16 进制数组成，高 1 位是行的输入值，低 2 位是列的输出值，见表 9-13。

表 9-13　图 9-28 中各键的键值(十六进制)

列\行	PA7	PA6	PA5	PA4	PA3	PA2	PA1	PA0
PC0	E7F	EBF	EDF	EEF	EF7	EFB	EFD	EFE
PC1	D7F	DBF	DDF	DEF	DF7	DFB	DFD	DFE
PC2	B7F	BBF	BDF	BEF	BF7	BFB	BFD	BFE
PC3	77F	7BF	7DF	7EF	7F7	7FB	7FD	7FE

④ 判断键号

根据得到的被按键所处的行号和列号,按照一定的算法可求出被按键的键号。如果在图 9-27 中,键号按从右至左,从上到下的顺序编排,若各行的首键号依次是 0、8、16、24,各行从右至左按 0~7 的顺序编号,则可得键号的计算公式为:键号=本行首键号 + 列号。如 21 号键的键号 = 16 + 5 = 21。

⑤ 等待和判定键释放

在获得键号之后,再以延时和扫描的方法等待和判定键释放。键释放之后就可以根据键号,转到相应的键处理子程序,进行数据的输入或命令的处理。图 9-29 为识别键的流程图。

3) 扫描键盘的方式

在系统运行过程中,为了及时响应键盘操作,需要对键盘进行扫描。扫描键盘有编程扫描方式、定时扫描方式和中断扫描方式三种,各种方式下识别键的流程都如图 9-29 所示。

图 9-29　识别键流程图

(1) 编程扫描方式。

编程扫描方式利用 CPU 完成其他工作的空余时间调用键盘扫描子程序来响应键盘输入的要求。在执行键处理功能程序时,CPU 不能及时响应键的输入要求,直到 CPU 重新扫描键盘为止。

(2) 定时扫描方式。

定时扫描方式是每隔一段时间对键盘扫描一次。其原理是利用单片机内部的定时器产生一定时间(如 10 ms)的定时,当定时时间到时,就产生定时器溢出中断,CPU 响应中断后对键盘进行扫描。定时扫描方式的硬件电路与编程扫描方式相同。

(3) 中断扫描方式。

在上述两种键盘扫描方式下,无论是否按键,CPU 都要定时扫描键盘。而键的输入是随机的,不可预测的,这就使得 CPU 经常处于空扫描状态。为提高 CPU 工作效率,可采用中断扫描工作方式。其工作原理是当无键按下时,CPU 处理当前任务;当有键被按下时,产生中断请求,CPU 转去执行键盘扫描子程序,并识别键号。

图 9-30 是一种简易的中断扫描键盘接口电路,该键盘是由 8031 P1 口构成的 4×4 键盘。键盘的列线与 P1 口的高 4 位相连,键盘的行线与 P1 口的低 4 位相连,因此,P1.4~P1.7 是列输出线,P1.0~P1.3 是行输入线。图中的 4 输入与门用于产生按键中断,其输入端与各列线相连,再通过上拉电阻接至+5V 电源,输出端接至 8031 的外部中断输入

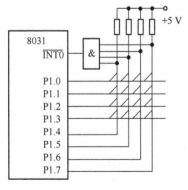

图 9-30　中断扫描键盘接口电路

端 $\overline{\text{INT0}}$。当无键被按下时，与门各输入端均为高电平，使得 $\overline{\text{INT0}}$ 保持高电平；当有键被按下时，向 $\overline{\text{INT0}}$ 输入低电平，向 CPU 申请中断。若 CPU 开放外部中断，则会响应中断请求，转去执行键盘扫描子程序。

综上所述，中断扫描方式可提高 CPU 的效率，但要增加相应的硬件电路。

9.6.2 行列式键盘接口举例

例 9-11 利用 89C51 单片机的 P1 口扩展一个 4 × 4 的行列式键盘，16 个键的键号从 0 到 F。当按下键时，将所按键号通过 P0 口外接的共阳极数码管显示出来，同时使 P3.0 外接的喇叭响一次(频率不要求)。设计硬件电路和实现该功能的程序。

解：接口电路图如图 9-31 所示。由 P1.0～P1.3 作为行列式键盘的列线，P1.4～P1.7 作为行线。采用逐列扫描法，C51 语言程序如下：

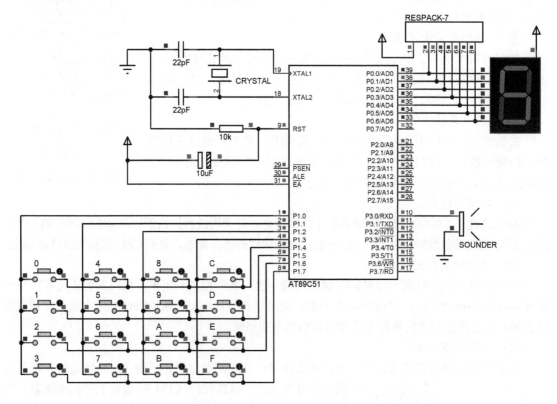

图 9-31 例 9-11 的接口电路图

```c
#include <reg51.h>
#define uchar unsigned char
#define uint unsigned int
uchar temp, key;
sbit LABA = P3^0;                        //喇叭
uchar code table[] = {0xc0, 0xf9, 0xa4, 0xb0, 0x99, 0x92, 0x82, 0xf8,
              0x80, 0x90, 0x88, 0x83, 0xc6, 0xa1, 0x86, 0x8e};   //0～F 的共阳极字形代码
void delayms(uint z)                     //延时函数
{
```

```c
    uint x,y;
    for (x = z; x > 0; x--)
        for (y = 115; y > 0; y--);
}
void laba()                               //喇叭响一声子函数
{  uint b,r;
    for (b = 0; b < 50; b++)
    {
        LABA = 0;
        for (r = 50; r > 0; r--);
        LABA = 1;
        for (r = 50; r > 0; r--);
    }
}
void scan()                               //键盘扫描子函数
{  P1 = 0xf0;                             //将 P1.0~P1.3 列线置低电平，其余行为高电平
    temp = P1;                            //采集 P1 口的当前状态，赋给临时变量 temp
    temp = temp&0xf0;                     //二者相与
    if(temp != 0xf0)                      //判断结果是否为 0xf0，如果不是，说明有键被按下
    {
        delayms(10);
    }                                     //延时去抖动 10 ms
    P1 = 0xfe;                            //将 P1.0 列线置低电平，其余列为高电平
    temp = P1;                            //重新读 P1 口数据
    temp = temp&0xf0;                     //重新进行与运算
    if(temp != 0xf0)                      //如果 temp 不等于 0xf0，说明 P1.0 列有键按下
    {
        switch(temp)
        {
            case 0xe0: key = 0;   break;  //key 是图 9-31 中的键号
            case 0xd0: key = 1;   break;
            case 0xb0: key = 2;   break;
            case 0x70: key = 3;   break;
        }
        while(temp != 0xf0)              //等待键释放。若 temp ≠ 0xf0，则说明键未释放
        {
            temp = P1;                    //采集按键状态
            temp = temp&0xf0;
        }
        laba();                           //调用喇叭响一声子函数
    }
    P1 = 0xfd;                            //使 P1.1 列输出 0
    temp = P1;
    temp = temp&0xf0;
    if(temp != 0xf0)
    {
        switch(temp)
```

```
      {
        case 0xe0:  key = 4;    break;
        case 0xd0:  key = 5;    break;
        case 0xb0:  key = 6;    break;
        case 0x70:  key = 7;    break;
      }
      while (temp != 0xf0)
      {
        temp = P1;
        temp = temp&0xf0;
      }
      laba ();
    }
P1=0xfb;                              //使 P1.2 列输出 0
temp = P1;
temp = temp&0xf0;
if(temp != 0xf0)
{
    switch (temp)
    {
      case 0xe0:  key = 8;    break;
      case 0xd0:  key = 9;    break;
      case 0xb0:  key = 10;   break;
      case 0x70:  key = 11;   break;
    }
    while (temp != 0xf0)
    {
      temp = P1;
      temp = temp&0xf0;
    }
    laba ();
}
P1 = 0xf7;                            //使 P1.3 列输出 0
temp = P1;
temp = temp&0xf0;
if(temp != 0xf0)
{
    switch (temp)
      {
        case 0xe0:  key = 12;   break;
        case 0xd0:  key = 13;   break;
        case 0xb0:  key = 14;   break;
        case 0x70:  key = 15;   brcak;
      }
    while (temp != 0xf0)
      {
        temp = P1;
```

```
              temp = temp&0xf0;
          }
        laba();
      }
  }
  void main()                          //主函数
  {
    P0 = 0xbf;                         //让数码管中间"g"段码亮
    while(1)
    {
      scan();                          //调用键盘扫描子函数
      if(key < 16)
      {  P0 = table[key];  }
    }
  }
```

本 章 小 结

　　MCS-51 系列单片机虽有 4 个并行口(P0~P3)，在系统比较复杂时能供外部输入/输出(I/O)设备使用的只有 P1 口，为此就需要扩展 I/O 口。每个扩展的 I/O 口都有地址，操作同外部 RAM 的操作。从口读入数据时用"MOVX　A，@DPTR"指令，此时 $\overline{RD}$ 有效；向口输出时用"MOVX　@DPTR，A"指令，此时 $\overline{WR}$ 有效。

　　在扩展 I/O 口时，要求输入口能够缓冲，输出口能够锁存。常用小规模集成电路芯片74LS244 或 74LS245 等扩展输入口，用 74LS273、74LS373 和 74LS377 扩展输出口。这种扩展方法的特点是电路简单，但功能单一、灵活性差。为此，常用中规模的可编程并行接口芯片(如 8155)扩展输入输出接口。接口芯片的片选方法与扩展存储器芯片的片选方法相同。

　　可编程并行 I/O 接口芯片 8255A 内有 3 个并行可编程 I/O 口，有 3 种工作方式，可以为 A口、B 口提供状态和控制信号。在使用 8255A 前，必须对其进行初始化编程。

　　单片机中最常用的外部设备是显示器和键盘。单片机应用系统中使用的显示器一般为 LED和 LCD。LED 显示器中的发光二极管有共阳极和共阴极两种接法，有静态和动态两种显示方法。静态显示的软件简单，但硬件成本高，适合显示位数少的场合。动态显示的电路简单，但扫描数码管占用 CPU 时间，适合多位数显示场合。经常采用动态方法显示多位数据。LCD显示器是一种无源式的显示器，根据显示形式的不同，LCD 有段型、字符型和图形型。

　　计算机系统中的键盘按其译码形式不同可分为编码键盘和非编码键盘。单片机中常用行列式非编码键盘。在识别键时必须消除抖动，键数较少时，可用硬件方法消除键抖动。如果键数较多，用软件延时方法消除抖动。用逐行(或逐列)扫描查询法或线反转法识别键。识别键的过程包括测试是否有键被按下、消除抖动、扫描键盘、计算键值或键号、等待和判定键释放等步骤。在键释放后，应转去执行相应的键处理子程序。

　　接口电路的硬件和软件设计是本章的重点和难点，也是本课程的重点和难点。在硬件设计中，必须解决好单片机和外设之间的地址、数据和控制信号线的连接问题。在了解硬件接口特点的基础上，完成软件设计。

思考题与习题

9-1 给 8051 单片机扩展了 1 片 74LS377 作为输出口，1 片 74LS244 作为输入口，硬件系统示意图如图 9-32 所示。试分析 74LS244 和 74LS377 芯片的地址是多少？编程采集开关的状态并通过 LED 显示出来。

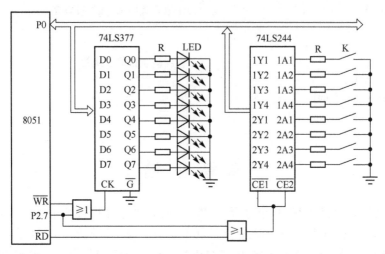

图 9-32 习题 9-1 图

9-2 若让图 9-33 中的共阳极数码管工作，则 P3.3 应该输出低电平还是高电平？编程使图 9-33 中的数码管以 1 s 的间隔显示十六进制数字 0~F。假设 $f_{OSC} = 11.0592$ MHz。

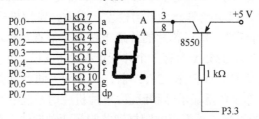

图 9-33 习题 9-2 图

9-3 给 89C51 单片机扩展 3 个数码管。假设用单片机的 P0 口作为段控口，P2 口作为位控口，实现三位数字 123 的动态显示，请给出硬件电路图，并编写实现该功能的 C51 语言程序。假设 $f_{OSC} = 11.0592$ MHz。

9-4 利用 8255A 给单片机 89C51 扩展一个 4×4 的键盘，请给出硬件系统图。当有键被按下时，由与 P3.0 相连的喇叭响一声，编程实现该功能。假设 $f_{OSC} = 11.0592$ MHz。

9-5 假设采集的环境温度值以十六进制的形式存放在内部 RAM 的 40H 单元，该温度值以十进制的形式显示在给 89C51 扩展的 LCD1602 上，显示形式是 "Temperature：XXX℃"。给出系统的硬件电路图，并编程实现该功能。假设 $f_{OSC} = 11.0592$ MHz。

9-6 在图 9-10 中，如果 8255A 的 A0 和 A1 不连接于 74LS373 的输出，而是直接连 P2 口的某两根地址线，例如 P2.0 和 P2.1，分析一下此时应如何修改程序？编程并上机调试。

9-7 如果运行例 9-1 的软硬件系统，会看到 LED 全亮、全灭或亮灭不定，这是因为每个 LED 亮的时间非常短暂。如果想使每个 LED 亮的时间为 1 s，将例 9-1 的 C51 语言程序修改成如下形式，大家分析一下能否达到预期的效果，为什么？

```c
#include <absacc.h>
#include <intrins.h>
unsigned char a = 0xfe;
void delay1s()                                          //1 s 延时子函数，假设 $f_{OSC}$ = 11.059 2 MHz。
{
    unsigned int i, j;
    for (i = 1000; i > 0; i --)
        for (j = 115; j > 0; j --);
}
main()
{
    while (1)
    {
        XBYTE[0x7fff] = a;
        a = _crol_(a, 1);                               //循环左移
        delay1s();
    }
}
```

第10章 并行 A/D 及 D/A 转换器接口技术

计算机经常要处理模拟量，此时外界的模拟量就需要经 A/D 转换器转换成数字量，才能输入给计算机进行各种处理；而计算机中要输出的各种数字量必须通过 D/A 转换器转换成模拟量输出。实现 A/D 或 D/A 转换的器件有并行和串行两种数据传输形式。本章将以并行传输为例，介绍几种典型的并行 A/D 和 D/A 转换器，及其与 MCS-51 单片机的接口技术。

10.1 A/D 及 D/A 转换器主要参数

A/D 转换器(analogue – digital converter，ADC)用于实现将模拟量转换成与输入量成比例的数字量。A/D 转换过程主要包括采样、量化与编码 3 个环节。根据转换原理，可将 ADC 分为逐次逼近式、双积分式、并行式、计数式等。D/A 转换器(digital – analogue converter，DAC)为微机系统所处理的数字量与外部环境的模拟量提供了一种接口，因而被广泛地应用于数据采集与模拟输入/输出系统中。由于实现 D/A 转换的原理、电路结构、转换精度、转换速度及工艺技术有所不同，因而出现了各种各样的 DAC。本节介绍评价 ADC 和 DAC 的主要参数。

10.1.1 A/D 转换器主要参数

(1) 分辨率(resolution)。

分辨率说明 ADC 对输入模拟信号的分辨能力。ADC 的分辨率以输出二进制的位数表示。从理论上讲，n 位二进制数输出的 ADC 能区分 2^n 个不同等级的模拟电压，能区分输入模拟电压的最小值为满量程输入(V_{FS})的 $1/2^n$，即 $V_{FS}/2^n$。当 V_{FS} 一定时，输出位数越多，量化单位越小，则分辨率越高。例如，若 ADC 的 V_{FS} 为 10 V，当 ADC 的输出为 8 位、10 位和 12 位数字量时，其可分辨的最小电压分别为 39.06 mV、9.77 mV 和 2.44 mV。当电压的变化低于这些值时，ADC 不能分辨。

(2) 转换误差(conversion error)。

转换误差表示 ADC 实际输出的数字量与理论输出数字量之间的差值，即实际转换点偏离理想特性的误差，常用最低有效位的倍数表示。例如，给出相对误差≤±LSB/2(LSB，least significant bit，最低有效位)，表明实际输出的数字量和理论上应得到的输出数字量之间的误差小于最低位的一半。

有时也用满量程输出的百分数给出转换误差。例如，ADC 的输出为十进制的 $3\frac{1}{2}$ 位(即所谓的三位半)，转换误差为±0.005%V_{FS}，则满量程输出为 1999，最大输出误差小于最低位的 1。

值得指出的是，手册中给出的转换误差是一定电源电压和环境温度下得到的数据，如果条件发生了变化，也将引起附加的转换误差。

分别率和转换误差描述了 ADC 的转换精度。

(3) 转换时间(conversion time)。

转换时间是指转换器从接到转换启动信号开始，到输出端得到稳定的数字信号所经过的时间。ADC 的转换时间主要取决于转换电路的类型，不同类型 ADC 的转换时间相差很大。其中，并行 ADC 转换时间最短，速度最高，仅需几十纳秒；逐次逼近型 ADC 次之，转换时间一般在几十微秒；双积分式 ADC 转换速度最慢，转换时间一般在几十至几百毫秒。

实际应用中，应从系统的位数、精度要求、输入模拟信号的范围及输入信号极性等方面综合考虑 ADC 的选用。

10.1.2 D/A 转换器主要参数及输入/输出特性

1) DAC 的主要参数

衡量一个 DAC 的主要参数有分辨率、转换误差和建立时间。

(1) 分辨率(resolution)。

分辨率是指输入数字量的最低有效位发生变化时，所对应的输出模拟量(常为电压)的变化量，它反映了输出模拟量的最小变化值。对于 n 位的 DAC，若电压满量程为 5 V，则其分辨率为 $\dfrac{5}{2^n-1}$ V。当 n=8 时，分辨率为 19.61 mV；而当 n=10 时，分辨率为 4.89 mV。通常也用 DAC 中二进制数的位数说明分辨率，例如 8 位、10 位等。

(2) 转换误差(conversion error)。

转换误差是指 DAC 实际输出的模拟量与理论输出模拟量之间的差值。转换误差的来源很多，如转换器中各元件参数值的误差、基准电源的不稳定、运算放大器的零漂等都是误差的来源。DAC 的绝对误差(或绝对精度)是指加入最大数字量(全 1)时 DAC 的理论值与实际值之差，通常，用分辨率和转换误差描述 DAC 的转换精度。

(3) 建立时间(setting time)。

从输入的数字量发生突变开始，直到输出电压进入与稳态值相差± 1/2 LSB 范围以内的这段时间称为建立时间，也可称之为转换时间。不同类型 DAC 的建立时间是不同的。电流型 DAC 转换较快，一般在几微秒至几百微秒之间；电压型转换器的速度较慢，主要取决于运算放大器的响应时间。

由于计算机的运行速度高于 D/A 转换速度，因此无论是什么类型的 DAC，都必须在接口中安置锁存器，锁存短暂的输出信号，为 D/A 转换提供足够的时间和稳定的数字信号。

2) DAC 的输入/输出特性

反映 DAC 的输入/输出特性有以下几方面。

(1) 输入缓冲能力。

DAC 是否带有三态缓冲器来保存输入数字量，这对 DAC 与微机接口的设计很重要。

(2) 输入数据的宽度。

DAC 通常有 8 位、10 位、12 位、14 位和 16 位之分。当 DAC 的位数高于计算机系统总线的宽度时，需要 2 次分别输入数字量。

(3) 电流型还是电压型。

指 DAC 输出的是电压型还是电流型。对于电流输出型，在几毫安到几十毫安；对于电压输出型，电压一般在 5～10 V 之间，有些高电压型可达 24～30 V。

(4) 输入码制。

指 DAC 能接收哪些码制的数字量输入。一般单极性输出的 DAC 只能接收二进制码或 BCD 码；双极性输出的 DAC 只能接收偏移二进制码或补码。

(5) 单极性还是双极性输出。

指输出电压是一种极性(正或负极性)还是正负两种极性。对于一些需要正负电压控制的设备，应该使用双极性 DAC，或在输出电路中采取相应措施，使输出电压有极性变化。

10.2　8 位并行 DAC0832 及其接口技术

10.2.1　DAC0832 简介

1) DAC0832 的内部结构及引脚特性

DAC0832 是美国国家半导体公司(NSC)的产品，是一种具有两个输入数据寄存器的 8 位电流输出型 DAC，电流建立时间为 1 μs。采用单一电源供电(+5～+15 V)，能直接与 MCS-51 单片机相接，不需要附加任何其他 I/O 接口芯片。与 DAC0832 功能相同的有 DAC0830、DAC0831 等，属于 DAC0830 系列，都是 8 位 DAC，可以相互代换。

DAC0832 的内部结构如图 10-1 所示。它由 3 部分组成，分别是 1 个 8 位输入寄存器、1 个 8 位 DAC 寄存器和 1 个 8 位 DAC。在 DAC 中，采用 T 型 R-2R 电阻网络实现数字量到模拟量的转换。采用 8 位输入寄存器和 8 位 DAC 寄存器两次缓冲方式，可以实现在 D/A 输出的同时，送入下一个数据，以便提高转换速度。当各寄存器的 $\overline{LE}=1$ 时，寄存器的输出跟随输入变化；当 $\overline{LE}=0$ 时，数据锁存在寄存器中，而不随输入数据变化。对于输入寄存器，$\overline{LE_1}=ILE\cdot\overline{CS}\cdot\overline{WR_1}$，因此，当 ILE = 1，$\overline{CS}=\overline{WR_1}=0$ 时，$\overline{LE_1}=1$，输入寄存器的输出跟随输入；对于 DAC 寄存器，$\overline{LE_2}=\overline{WR_2}\cdot\overline{XFER}$，因此当 $\overline{XFER}=\overline{WR_2}=0$ 时，DAC 寄存器的输出跟随输入。

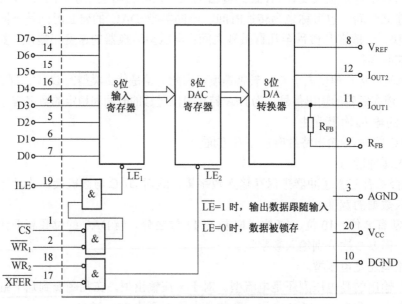

图 10-1　DAC0832 的内部结构

DAC0832 的双列直插封装式引脚排列如图 10-2 所示，各引脚的含义如下：

● $\overline{CS}$：片选信号，低电平有效。

- $\overline{WR_1}$：输入寄存器的写选通输入端，负脉冲有效(脉冲宽度应大于 500 ns)。当 $\overline{CS}=0$，ILE = 1 且 $\overline{WR_1}$ 有效时，$D_0 \sim D_7$ 的状态被传送到输入寄存器。

- AGND、DGND：模拟地和数字地，是两种不同性质的地。模拟地为模拟信号与基准电源参考地，数字地为工作电源地与数字逻辑地。两地最好在基准电源处连在一起，以提高抗干扰能力。

- D0~D7：数据输入端，TTL 电平，有效时间大于 90 ns。

- ILE：数据输入锁存允许信号，高电平有效。

- V_{REF}：基准电压输入，电压范围为-10~+10 V。

- R_{FB}：反馈电阻端。在芯片内部，此端与 I_{OUT1} 接有一个 15 kΩ 的电阻。由于 DAC0832 是电流输出型，而经常需要的是电压信号，因此，在输出端通过运算放大器和反馈电阻将输出电流转换为电压。注意，经常用内部的 R_{FB} 将输出电流转换为电压。

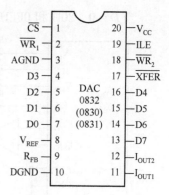

图 10-2　DAC0832 引脚图

- I_{OUT1}：电流输出 1 端。$I_{OUT1} = \dfrac{V_{REF}}{15 \text{ kΩ}} \times \dfrac{D}{256}$。当 DAC 寄存器中的内容为全 1 时，$I_{OUT1}$ 为最大值；当为全 0 时，I_{OUT1} 为 0。

- I_{OUT2}：电流输出 2 端。$I_{OUT2} = \dfrac{V_{REF}}{15 \text{ kΩ}} \times \dfrac{255-D}{256}$。$I_{OUT1} + I_{OUT2} =$ 常数，该常数约为 330 μA。在单极性输出时，I_{OUT2} 通常接地。

- $\overline{XFER}$：数据传送控制信号输入端，低电平有效。$\overline{XFER}$ 与 $\overline{WR_2}$ 一起控制 DAC 寄存器的开通，构成第二级锁存。

- $\overline{WR_2}$：DAC 寄存器写选通输入端，负脉冲有效(脉冲宽度应大于 500 ns)。当 $\overline{XFER}=0$ 且 $\overline{WR_2}$ 有效时，输入寄存器的数据被传到 DAC 寄存器中。

- V_{CC}：电源电压端，电压范围为+5~+15 V。

2) DAC 的输出电路

DAC 输出分为单极性和双极性两种形式。其输出方式只与模拟量输出端的连接方法有关，而与其位数无关。

(1) 单极性输出。

典型的单极性输出电路如图 10-3 所示，此时 I_{OUT2} 接地，I_{OUT1} 接运算放大器的反相输入端。输出模拟量的电压 V_{OUT} 与被转换的数字量 D 的关系为

$$V_{OUT} = -\frac{D}{256} \times V_{REF} \tag{10-1}$$

(2) 双极性输出。

一般需要两级运算放大器才能实现双极性输出。DAC0832 双极性输出电路如图 10-4 所示。由图 10-4 可求出 DAC 的总输出电压为

$$V_{OUT2} = -\left(\frac{R_3}{R_2} \times V_{OUT1} + \frac{R_3}{R_1} \times V_{REF} \right)$$

当 $R_1 = R_3 = 2R$，$R_2 = R$ 时，$V_{OUT2} = -(2V_{OUT1} + V_{REF})$

又因为

$$V_{\text{OUT1}} = -\left(\frac{D}{256} \times V_{\text{REF}}\right)$$

所以，输出模拟量 V_{OUT2} 与被转换的数字量 D 的关系为

$$V_{\text{OUT2}} = \frac{D-128}{128} \times V_{\text{REF}} \tag{10-2}$$

当 $D = 0$、80H 和 0FFH 时，V_{OUT2} 的值分别为 $-V_{\text{REF}}$、0 和 $127V_{\text{REF}}/128$。

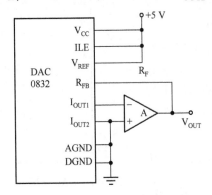

图 10-3 典型的单极性输出方式

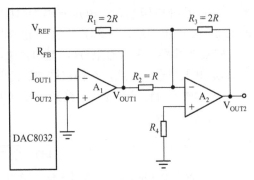

图 10-4 DAC0832 双极性输出电路

10.2.2 DAC0832 与单片机的接口及编程

根据对 DAC0832 的输入寄存器和 DAC 寄存器的不同控制方法，DAC0832 有 3 种工作方式：直通型、单缓冲型和双缓冲型。

- 直通型：当 DAC0832 芯片的 $\overline{\text{CS}}$、$\overline{\text{WR}_1}$、$\overline{\text{WR}_2}$ 和 $\overline{\text{XFER}}$ 全部接地，而 ILE 接+5 V 时，DAC0832 芯片处于直通型工作方式。数字量一旦输入，就直接进入 DAC 开始转换。此时若让芯片连续转换，只需连续改变数字输入端的数字信号即可。

- 单缓冲型：如果只让输入寄存器或 DAC 寄存器中的其中之一直通（即各自的信号电平满足要求），另一个处于受控的锁存方式，或者两个寄存器同时选通及锁存，这种工作方式称为单缓冲型。

- 双缓冲型：如果输入寄存器和 DAC 寄存器的锁存信号都是受控的，而且两个寄存器的锁存信号不同时有效，则称为双缓冲型。双缓冲型主要用于同时输出多路模拟信号的场合。

如图 10-5 所示的接口电路为单缓冲型工作方式。在该电路中，ILE 接高电平，$\overline{\text{WR}_2}$ 和 $\overline{\text{XFER}}$ 接地，因此 DAC 寄存器处于直通。由于 $\overline{\text{CS}}$ 与高位地址线 P2.6 相连，$\overline{\text{WR}_1}$ 与单片机的 $\overline{\text{WR}}$ 端相连，因此输入寄存器处于受控状态。

对 DAC0832 的编程方法有两种，分别是基于地址和基于时序的编程方法。下面分别说明这两种方法的具体接口和编程方法。

1) 基于地址的编程方法

当 DAC0832 芯片的 $\overline{\text{CS}}$、$\overline{\text{XFER}}$ 和 ILE 中的部分引脚直接或间接（指经译码器输出引脚）连接到单片机的高位地址线时，由于高位地址线与地址有关，这就决定了该芯片有一个地址。在如图 10-5 所示的电路中，DAC0832 的端口地址就是使输入寄存器有效时的地址。当 P2.6 =

0时,输入寄存器工作。若其他地址线均为高电平"1",则该DAC0832的端口地址为0BFFFH。前述,对这些地址的操作同对外部RAM单元的操作。在采用地址编程时,要求DAC0832的$\overline{WR}$($\overline{WR_1}$或$\overline{WR_2}$)与单片机的相应$\overline{WR}$相连。

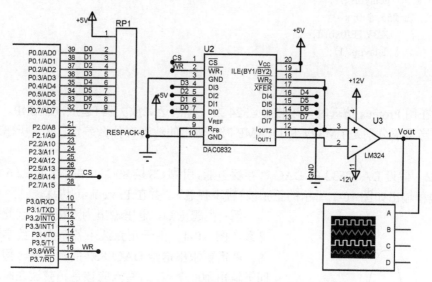

图 10-5　DAC 寄存器直通的单缓冲型工作方式

在已知DAC0832端口地址的情况下就可以通过执行下面汇编语言程序段使DAC0832进行D/A转换,并输出该数字量对应的模拟量。

```
MOV    DPTR, #0BFFFH          ; 送端口地址,假设为 0BFFFH
MOV    A, #data               ; 送欲转换的数据
MOVX   @ DPTR, A              ; 写数据至端口
```

CPU执行"MOVX @DPTR, A"指令时,便产生写操作,使得$\overline{WR_1}$有效。同时由于DPTR送出的地址线中的P2.6 = 0,则打开了DAC0832的输入寄存器。而DAC寄存器是直通的,因而输入数据就送给DAC,输出了该数字量所对应的模拟量。

此段汇编程序对应的C51程序如下:

```
unsigned char a = data;          //给变量 a 赋值 8 位数据 data
XBYTE[0xbfff] = a;               //将 a 送给外部 RAM 的 0xbfff 单元, 即写数据
```

例 10-1　DAC0832与89C51的接口如图10-5所示,编程使DAC0832输出一个电压在0～−5 V的三角波(频率任意),如图10-6所示,并在Proteus下仿真(假设f_{OSC}=11.059 2 MHz)。

解: C51语言参考程序如下:

```
#include <absacc.h>
void delayms (unsigned int xms)      //延时 x ms
{unsigned int i, j;
    for (i=xms; i>0; i--)
        for (j=115; j>0; j--) ;
}
void main ()
{   unsigned char a;
```

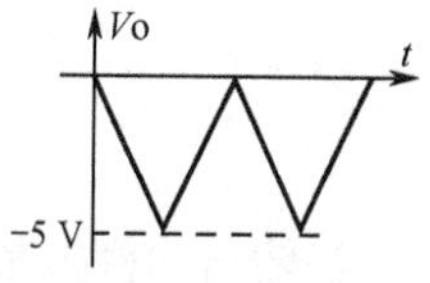

图 10-6　例 10-1 图

```
while (1)
{ for (a=0; a<255; a++)
    {    XBYTE[0xbfff]=a;
         delayms(1);   }
  for (a=255; a>0; a--)
    {    XBYTE[0xbfff]=a;
         delayms(1);   }
  }
}
```

注意：在用 Proteus 仿真时可以将 LM324 换成理想运算放大器(运放)OPAMP。大家可以比较一下，当运放分别是 LM324 和 OPAMP 时，输出的波形有什么差别，并分析出现差别的原因。

例 10-2 假设 DAC0832 的 DAC 寄存器直通，引脚 $\overline{CS}$ 接 89C51 单片机的 P2.6 引脚，ILE 接+5 V，编程输出如图 10-7 所示的正弦波(频率任意)，并在 Proteus 下仿真。

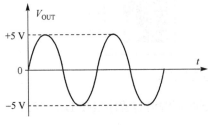

图 10-7　例 10-2 输出波形图

解：由题意知，电压输出为双极性，因此输出部分可参考图 10-4。由于正弦波中各个点的数字量是未知的，就需要求出送给 DAC0832 的数字量。假设每个周期下输出 100 个点，这些点应该是正弦波在时域中均匀分布的点。如果用 C51 编程，可以用 C51 头文件"math.h"中的 sin 函数先求出 100 个点下的电压值，然后根据式(10-2)求出各个点的整型数字量，进而输入给 DAC0832 进行转换。

有一些软件可以帮助大家确定这些点对应的数字量，例如"正弦波形表生成器""正弦表生成器"等。在选择波形、计算机位数和每周期输出点数的情况下，可以以汇编语言或 C51 语言形式给出这些点对应的数字量。图 10-8 是全波、8 位计算机和 100 个点下的输出界面。

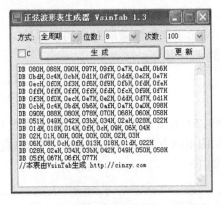

图 10-8　正弦波形表生成器示例图

当输出的模拟量有正、有负时，输出端必须采用双极性输出。参考电路如图 10-9 所示。在用 C51 语言编写时，会涉及浮点型变量，此时改变存储器的模式为 Compact 或 Large，使变量存放在外部 RAM 的低 256 单元或整个外部 RAM 的任意单元内，否则会出现"ADDRESS SPACE OVERFLOW"的问题。

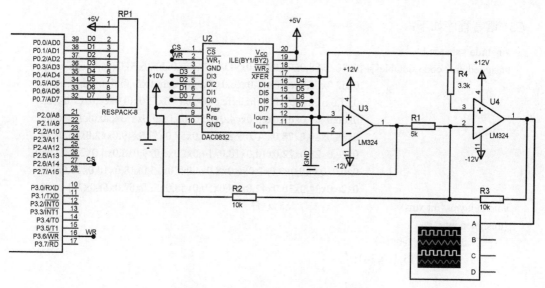

图 10-9　DAC0832 双极性输出电路

汇编语言程序如下:

```
              ORG     0
              LJMP    START
              ORG     0100H
START:        MOV     R0, #0              ; 置初值
              MOV     R1, #100           ; 循环次数，即每周期的输出点数
NEXT:         MOV     A, R0
              MOV     DPTR, #TAB         ; 设指针
              MOVC    A, @A+DPTR         ; 取数据
              MOV     DPTR, #0BFFFH      ; 指向输入寄存器
              MOVX    @DPTR, A
              CALL    DELAY1MS
              INC     R0
              DJNZ    R1, NEXT           ; 编写延时 1 ms 的程序
              SJMP    START              ; 修改偏移量
DELAY1MS:     MOV     R2, #2             ; 延时约 1 ms 子程序，f_OSC = 11.059 2 MHz
LOOP1:        MOV     R3, #230
LOOP:         DJNZ    R3, LOOP
              DJNZ    R2, LOOP1
              RET
TAB:          DB 80H, 88H, 90H, 97H, 9FH, 0A7H, 0AFH, 0B6H
              DB 0BDH, 0C4H, 0CBH, 0D1H, 0D7H, 0DDH, 0E2H, 0E7H
              DB 0ECH, 0F0H, 0F3H, 0F6H, 0F9H, 0FBH, 0FDH, 0FEH
              DB 0FFH, 0FFH, 0FFH, 0FFH, 0FDH, 0FCH, 0F9H, 0F7H
              DB 0F3H, 0F0H, 0ECH, 0E7H, 0E2H, 0DDH, 0D7H, 0D1H
              DB 0CBH, 0C4H, 0BDH, 0B6H, 0AFH, 0A7H, 0A0H, 98H
              DB 90H, 88H, 80H, 78H, 70H, 68H, 60H, 58H, 51H, 49H,
              DB 42H, 3BH, 34H, 2EH, 28H, 22H, 1DH, 18H, 14H, 0FH
              DB 0CH, 9H, 6H, 4H, 2H, 1H, 0, 0, 0, 0, 2H, 03H, 06H, 08H,
              DB 0CH, 0FH, 13H, 18H, 1DH, 22H,28H, 2EH, 34H, 3BH
              DB 42H, 49H, 50H, 58H, 5FH, 67H, 6FH, 77H
              END
```

C51 语言程序如下：

```
#include <absacc.h>
unsigned char code sintable[]={0x80,0x88,0x90,0x97,0x9f,0xa7,0xaf,0xb6,0xbd,0xc4,0xcb,0xd1,
                   0xd7,0xdd,0xe2,0xe7,0xec,0xf0,0xf3,0xf6,0xf9,0xfb,0xfd,0xfe,
                   0xff,0xff,0xff,0xff,0xfd,0xfc,0xf9,0xf7,0xf3,0xf0,0xec,0xe7,0xe2,
                   0xdd,0xd7,0xd1,0xcb,0xc4,0xbd,0xb6,0xaf,0xa7,0xa0,0x98,0x90,
                   0x88,0x80,0x78,0x70,0x68,0x60,0x58,0x51,0x49,0x42,0x3b,0x34,
                   0x2e,0x28,0x22,0x1d,0x18,0x14,0xf,0xc,0x9,0x6,0x4,0x2,0x1, 0x0,
                   0x0,0x0,0x0,0x0,0x2,0x3,0x6,0x8,0xc,0xf,0x13,0x18,0x1d,0x22,0x28,
                   0x2e,0x34,0x3b,0x42,0x49,0x50,0x58,0x5f,0x67,0x6f,0x77} ;
void delayms(int xms)                    //延时程序
{unsigned int i, j;
        for(i=xms; i>0; i--)
            for(j=115; j>0; j--);
}
void main( )
{ unsigned char k;
   while(1)
    { for (k=0; k<100; k++)
        { XBYTE[0xbfff]=sintable[k];
          delayms(1);              //当 f_OSC=11.059 2 MHz 时，点与点之间的间隔是 1 ms
        }
      }
    }
}
```

在该例中，由于点与点之间的间隔时间是 1 ms，故当 1 个周期是 100 个点时，所输出正弦波的周期应该稍大于 100 ms，因为执行其他语句也需要花费时间。

2）基于时序的编程方法

DAC0832 的操作时序图如图 10-10 所示。当 $\overline{CS}$、$\overline{WR}$、$\overline{XFER}$ 和 ILE 没有连接至单片机的地址线，或者未连接至经地址线译码后的输出线时，此时就不知道 DAC0832 的地址，因此可以根据 DAC0832 的操作时序对 DAC0832 进行编程。

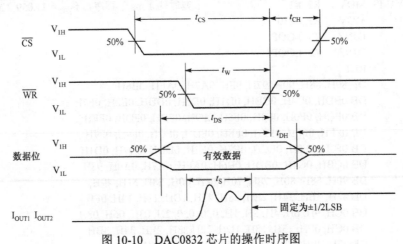

图 10-10 DAC0832 芯片的操作时序图

由图 10-10 可以看出，当 $\overline{CS}$ 为低电平后，数据总线才开始保持有效，然后再将 $\overline{WR}$ 置低，从 I_{OUT} 线上可看出，在 $\overline{WR}$ 置低 t_s 后 D/A 转换结束，I_{OUT} 输出稳定。若只控制完成一次的转换，接下来只需将 $\overline{WR}$ 和 $\overline{CS}$ 置成高电平即可。若连续转换，则只需改变 DAC0832 的输入数据。

例 10-3 使用 DAC0832 输出一个电压在 $-5 \sim 0$ V 之间的反向锯齿波（见图 10-11，频率任意），并在 Proteus 下仿真。

解： 系统的硬件电路图如图 10-12 所示。C51 语言程序如下所示：

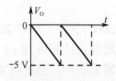

图 10-11 例 10-3 的锯齿波图

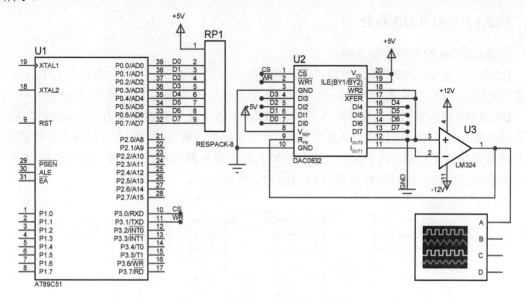

图 10-12 例 10-3 系统硬件电路图

```c
#include <reg51.h>
sbit daccs = P3^0;                    //定义 CS 位
sbit dacwr = P3^1;                    //定义 WR 位
void delayms(unsigned int xms)
{
    unsigned int i, j;
    for(i = xms; i > 0; i--)
        for(j = 115; j > 0; j--);     //对于 11.059 2 MHz 的晶振，本句延时约 1 ms
}
void main()
{
    unsigned char a;
    daccs = 0;                        //拉低 CS
    dacwr = 0;                        //拉低 WR
    while(1)
    {   for(a = 0; a < 255; a++)
        {   P0 = a;
            delayms(1);
        }
    }
}
```

10.3 12 位并行 DAC1210 及其接口技术

DAC1208、DAC1209 和 DAC1210 是 DAC1208 系列 DAC 中的 3 种类型，它们都是与微处理器直接兼容的 12 位 D/A 转换器。其基本结构与 DAC0830 系列相似，也是由两级缓冲寄存器组成的，因此可不添加任何接口逻辑而直接与 CPU 相连，且同 DAC0832 一样有直通型、单缓冲型和双缓冲型 3 种接法。DAC1208 系列之间的差异主要是线性误差不同。在此主要以 DAC1210 为例说明 12 位并行 DAC 与 8 位的 MCS-51 系列单片机的接口技术。

10.3.1 DAC1210 简介

1）DAC1210 的主要性能及特点

DAC1210 是 24 引脚的集成电路芯片。输入数字为 12 位二进制数字，分辨率为 12 位，电流建立时间为 1 μs，供电电源为 +5～+15 V（单电源供电），基准电压 V_{REF} 的范围为 -10～+10 V。

DAC1210 的内部结构如图 10-13 所示。由图 10-13 可见，其逻辑结构与 DAC0832 类似，所不同的是 DAC1210 具有 12 位数据输入端、一个 8 位输入寄存器和一个 4 位输入寄存器组成 12 位的数据输入寄存器。两个输入寄存器的输入允许控制都要求 $\overline{CS}$ 和 $\overline{WR}$ 为低电平，8 位输入寄存器的数据输入还同时要求 BYTE1/$\overline{BYTE2}$ 为高电平。

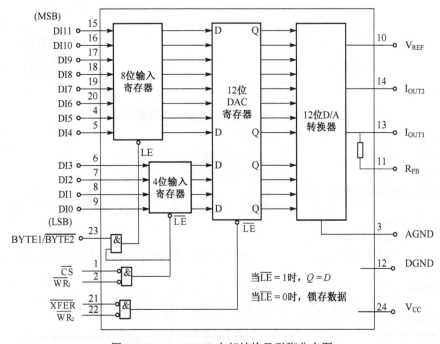

图 10-13 DAC1210 内部结构及引脚分布图

2）DAC1210 的部分引脚说明

- $\overline{WR_1}$：写入 1（低电平有效），用于将数字数据位（DI）送到输入锁存器。当 $\overline{WR_1}$ 为高电平时，输入锁存器中的数据被锁存。12 位输入锁存器分成 2 个锁存器，一个存放高 8 位的数据，而另一个存放低 4 位数据。BYTE1/$\overline{BYTE2}$ 控制脚为高电平时选择 2 个锁存器，处于低电平时则改写 4 位输入锁存器。

- BYTE1/$\overline{\text{BYTE2}}$：字节顺序控制。当此控制端为高电平时，输入锁存器中的 12 个单元都被使能。当为低电平时，只使能输入锁存器中的最低 4 位。
- $\overline{\text{XFER}}$：传送控制信号(低电平有效)。该信号与 $\overline{\text{WR}_2}$ 结合时，能将输入锁存器中的 12 位数据转移到 DAC 寄存器中。
- DI0～DI11：数据写入。DI0 是最低有效位(LSB)，DI11 是最高有效位(MSB)。
- V_{REF}：基准输入电压。该输入端把外部精密电压源与内部的 R-2R T 型网络连接起来。V_{REF} 的选择范围是-10～+10 V。
- V_{CC}：数字电源电压。V_{CC} 的范围为直流+5～+15 V，工作电压的最佳值为+15 V。

10.3.2 DAC1210 与单片机的接口技术

由于 MCS-51 单片机是 8 位计算机，而 DAC1210 的数据线是 12 根。为了用 8 位数据线(D0～D7)传送 12 位被转换的数据(DI0～DI11)，CPU 必须分两次传送该转换。第一步，使 BYTE1/$\overline{\text{BYTE2}}$ 为高电平，将被转换的高 8 位(DI4～DI11)传送给高 8 位输入寄存器；第二步，使 BYTE1/$\overline{\text{BYTE2}}$ 为低电平，将低 4 位(DI0～DI3)传送给低 4 位输入寄存器。在这两步中，还要求 $\overline{\text{CS}}$ 和 $\overline{\text{WR}_1}$ 为低电平。为避免两次输出指令之间在 D/A 转换器的输出端出现不需要的扰动模拟量输出，就必须使高 8 位和低 4 位数据同时送入 DAC1210 的 12 位输入寄存器。第三步，使 $\overline{\text{XFER}}$ 和 $\overline{\text{WR}_2}$ 有效，将 12 位输入寄存器的状态同时传给 12 位 DAC 寄存器，并启动 D/A 转换。在输出上，DAC1210 同 DAC0832 一样，是电流输出型 D/A 转换器，即 $I_{OUT1} + I_{OUT2} =$ 常数。通常使 I_{OUT2} 接地。其单极性输出和双极型输出时的电路接法与 DAC0832 相同。

图 10-14 是 DAC1210 与 89C51 单片机的一种连接方法。根据该图，可知当进行不同操作时，各引脚的电平、选通的寄存器及被选通寄存器的地址，见表 10-1(假设没用的地址线悬空)。

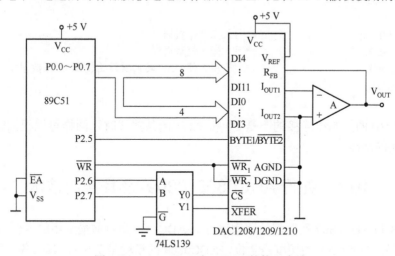

图 10-14 DAC1210 与 89C51 的接口电路

表 10-1 图 10-14 中 DAC1210 各寄存器的地址

P2.7	P2.6	P2.5	选通的寄存器	被选通寄存器的地址
0	0	1	8 路输入寄存器	3FFFH
0	0	0	4 路输入寄存器	1FFFH
0	1	0	12 位 D/A 转换器	5FFFH

例 10-4 89C51 单片机与 DAC1210 的接口电路如图 10-14 所示，编写程序将 12 位数字量 6A9H 送给 DAC1210，并输出模拟量。

解： 汇编语言程序如下：

```
              ORG     0000H
              LJMP    START
              ORG     0100H
      START:  MOV     DPTR, #3FFFH
              MOV     A, #6AH
              MOVX    @DPTR, A        ;高 8 位数据写入 8 路输入寄存器，形成 DI11～DI4
              MOV     DPTR, #1FFFH
              MOV     A, #9H
              MOVX    @DPTR, A        ;低 4 位数据写入 4 路输入寄存器，形成 DI3～DI0
              MOV     DPTR, #5FFFH
              MOVX    @DPTR, A        ;12 位数据同时送给 D/A 转换器进行转换。本句
                                      是一个虚拟写，即 A 中的值无关紧要，只是通过
                                      这一句使 XFER 和 WR₂ 有效
              SJMP    $
              END
```

对应的 C51 程序如下：

```
#include <reg51.h>
#include <absacc.h>
#define   reg8     XBYTE[0x3fff]
#define   reg4     XBYTE[0x1fff]
#define   dacreg   XBYTE[0x5fff]
main()
{
    reg8 = 0x6a;                /*写入高 8 位数据*/
    reg4 = 0x9;                 /*写入低 4 位数据*/
    dacreg = 0;                 /*虚拟写，使 DAC 转换器开始转换 12 位数据*/
    while(1);
}
```

当 DAC1210 的控制线连接的不是 P0 和 P2 中的某些线时，同样可以根据时序编程实现 12 位数据转换的功能。

10.4 并行 ADC0808(0809)及其接口技术

ADC0808 和 ADC0809 是典型的逐次逼近式 ADC，也是目前最常用的 8 位 ADC。二者除精度略有差别外(ADC0808 的精度是 8 位，ADC0809 的精度是 7 位)，其余各方面完全相同。

10.4.1 ADC0808 和 ADC0809 简介

1) 主要技术指标和特性

- 分辨率：8 位。
- 总的不可调误差：ADC0808 为 $\pm(1/2)$LSB，ADC0809 为 ±1LSB。
- 模拟量输入通道：8 路。

- 转换时间：取决于芯片的时钟频率，当 CLK = 500 kHz 时，转换时间为 128 μs。
- 单一电源：+5 V。
- 模拟输入电压范围：单极性为 0～+5 V，双极性为±5 V 或±10 V。
- 具有可控三态输出锁存器。
- 启动转换控制为脉冲式(正脉冲)，上升沿使内部所有寄存器清"0"，下降沿使 A/D 转换开始。
- 输出与 TTL 兼容。
- 使用时，不需要进行零点和满刻度调节。

2) 内部结构和工作原理

如图 10-15 所示，ADC0808 由两部分组成。第一部分为 8 通道多路模拟开关及相应的通道地址锁存与译码电路，可以实现 8 路模拟信号的分时采集，其 8 路模拟输入通道的选择见表 10-2。三个地址信号 ADDA、ADDB 和 ADDC 决定哪一路模拟信号被选中，并送到内部 ADC 中进行转换。

第二部分为一个逐次逼近式 ADC，它由比较器、控制逻辑、三态输出缓冲器、逐位逼近寄存器 SAR 及树状开关和 256R 梯形电阻网络组成。其中，由树状开关和 256R 梯形电阻网络构成 DAC。

逐次逼近式的转换原理是"逐位比较"，其过程类似于用砝码在天平上称物体质量。控制逻辑用来控制逐位逼近寄存器从高位至低位逐位取"1"，然后将此数字量经 D/A 转换后输出一个模拟电压 V_s，V_s 与输入模拟量 V_x 在比较器中进行比较，当 $V_s > V_x$ 时，该位 $Di = 0$，若 $V_s \leq V_x$ 时，该位 $Di = 1$。因此从 D7 至 D0 逐位逼近并比较 8 次，逐位逼近寄存器中的数字量，即为与模拟量 V_x 所对应的数字量。此数字量送入输出锁存缓冲器，并同时发出转换结束信号 EOC(高电平有效，经反相器后，可向 CPU 发中断请求)，表示一次转换结束。此时，CPU 发出一个输出允许命令 OE(高电平有效)即可读取数据。

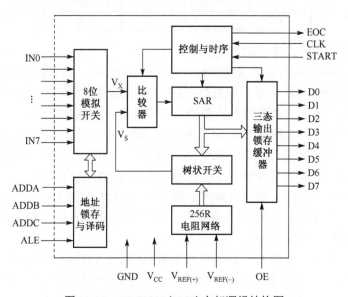

图 10-15　ADC0808(0809)内部逻辑结构图

3）引脚功能

ADC0808 的引脚如图 10-16 所示，各引脚功能说明如下。

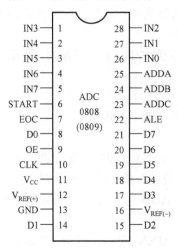

图 10-16　ADC0808（0809）引脚

表 10-2　8 路模拟输入通道寻址表

ADDC	ADDB	ADDA	输入通道
0	0	0	IN0
0	0	1	IN1
0	1	0	IN2
0	1	1	IN3
1	0	0	IN4
1	0	1	IN5
1	1	0	IN6
1	1	1	IN7

- IN0～IN7：8 路模拟量的输入端。
- D0～D7：A/D 转换后的数据输出端，为三态可控输出，可直接与计算机数据线相连。对于 ADC0809，D0 为最低有效位，D7 为最高有效位，而 ADC0808 正好相反，即 D7 为最低有效位，D0 为最高有效位。希望大家在连线时注意这一点。
- ADDA、ADDB、ADDC：模拟通道地址选择端，ADDC 为最高位，ADDA 为最低位。
- START：转换启动信号。为了启动 A/D 转换，应在此引脚加一个正脉冲，在脉冲的上升沿时将内部寄存器全部清 0，下降沿时开始 A/D 转换过程。
- EOC：转换结束信号。转换开始时，EOC 信号变为低电平；当转换结束后，转换后的数据可以读出时，EOC 变为高电平。此信号可用作 A/D 转换是否完成的查询信号或向 CPU 请求中断的信号。
- OE：输出允许信号或称为 A/D 数据读信号，高电平有效。OE 可与系统读选通信号 $\overline{\text{RD}}$ 相连。当计算机发出此信号时，ADC 的三态门被打开，此时可通过数据线读出转换结果。由于 OE 与 $\overline{\text{RD}}$ 的有效电平不同，因此，使用中要注意加非门。
- CLK：实时时钟，最高允许值为 640 kHz，可通过外接电路提供频率信号，也可用单片机 ALE 引脚信号分频获得。

- ALE：地址锁存允许，高电平有效。高电平时把由 ADDC、ADDB、ADDA 组成的地址信号送入地址锁存器，并经译码后得到地址输出，以选择相应的模拟输入通道。
- $V_{REF(+)}$、$V_{REF(-)}$：正、负参考电压输入端，用于提供片内 DAC 电阻网络的基准电压，其值决定了输入模拟量的量程范围。在单极性输入时，$V_{REF(+)}$ 接+5 V，$V_{REF(-)}$ 接地，但在双极性输入时，$V_{REF(+)}$ 和 $V_{REF(-)}$ 分别接正、负极性的参考电压。
- V_{CC}、GND：电源电压 V_{CC} 接+5 V，GND 为地。

Proteus 中有 ADC0808 的仿真模块，但没有 ADC0809 的仿真模块，因此，如果涉及 ADC0809 时，可用 ADC0808 代替 ADC0809。在仿真时，ADC0808 或 ADC0809 的 CLK 可以接一个 500 kHz 的时钟信号(实际电路中可以由单片机的 ALE 经过四分频供给 ADC0808 或 ADC0809)。

10.4.2　ADC0808(0809)与单片机的接口及编程

同 DAC0832 一样，ADC0808(0809)与单片机的接口及编程方法也有两种，即基于地址和基于时序。

1) 基于地址的编程方法

图 10-17 中，P0 口经 74LS373 输出的低 3 位地址 A2、A1 和 A0 分别作为 ADC0808 的地址信号 ADDC、ADDB 和 ADDA，而 ADC0808 的 START、ALE 和 OE 信号均由 P2.0 控制。当 P2.0 = 0 时，ADC0808 才可能工作，因此 ADC0808 的八路通道 IN0～IN7 的地址分别是 0FEF8H～0FEFFH(假设没有用的地址线为高电平)。

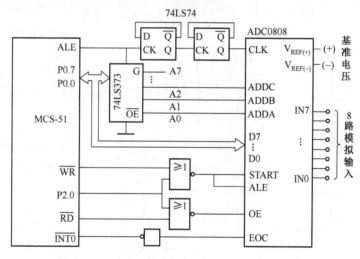

图 10-17　89C51 单片机与 ADC0808 的接口电路

当 MCS-51 产生 $\overline{WR}$ 写信号时，由 $\overline{WR}$ 和 P2.0 的或非输出作为转换器的 START 和 ALE(高电平有效)，同时将通道地址 ADDA、ADDB、ADDC 送地址总线，模拟量通过被选中的通道送到 ADC，并在 START 下降沿时开始逐位转换。当转换结束时，转换结束信号 EOC 变高电平。经反相器可向 CPU 发中断请求，也可采用查询方式检查 A/D 转换是否结束。

当 MCS-51 产生 $\overline{RD}$ 读信号时，由 $\overline{RD}$ 与 P2.0 的或非输出产生输出允许信号 OE(高电平有效)，使 A/D 转换结果读入 MCS-51 单片机。

假设图 10-17 中单片机的晶振频率为 12 MHz，而 ALE 信号的频率为晶振频率的 1/6，

ALE 经 74LS74 四分频后产生 500 kHz 信号，作为 ADC0808 所需的时钟信号 CLK。

根据测量系统要求不同及 CPU 忙闲程度，通常采用定时采样、程序查询和中断采样 3 种方式获取 A/D 转换结果。

（1）定时采样方式。

A/D 转换需要一段时间。当 CLK = 500 kHz 时，转换时间是 128 μs，如果在 CPU 发出转换启动命令后，而在 CPU 读取转换结果之前延时一段时间，而且保证延时时间大于完成一次 A/D 转换所需的时间，那么在延时结束时就可以从 ADC 中读取采样值。定时采样方式实际上是无条件 I/O 传送方式。

若 MCS-51 的晶振频率为 12 MHz，则汇编语言的延时程序为：

```
MOV    Rn,  #70
DJNZ   Rn,  $                  ; 重复执行一次 2 μs，则本句共耗时 140 μs
```

用 C51 语言编写则是

```
unsigned int i;
for (i = 0; i <= 15; i ++)
```

例 10-5　在图 10-18 的系统中，假设模拟量由通道 0 输入，将其转换成对应的二进制数字量后由与 P1 口相连的数码管显示出来。

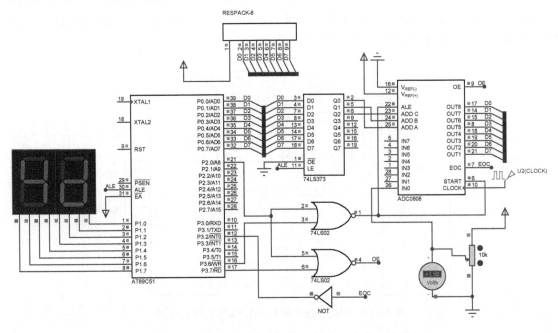

图 10-18　AT89C51 单片机与 ADC0808 的接口电路

解：由前分析可知图 10-18 中 IN0 通道的地址为 0FEF8H，若从启动转换开始延时 140 μs，则 C51 语言参考程序如下：

```
#include <reg51.h>
#include <absacc.h>
#define adc0808in0   XBYTE[0xfef8]
unsigned int i;
```

```
       void main()
       {  adc0808in0=a;
          for (i=0;i<15;i++);
          a=adc0808in0;
          P1=a;
          }
```

（2）程序查询方式。

对于 ADC 而言，程序查询方式即条件传送 I/O 方式。由于当转换开始时，EOC 信号变为低电平；当转换结束后，EOC 变为高电平，因此可以通过查询 EOC 的状态确认转换是否完成。如果完成，就可以读取转换后的数据。所以，只要将上例中的"for (i=0; i<15; i++);"语句改成"while (P3.2);"）即可。C51 语言程序如下：

```
#include <reg51.h>
#include <absacc.h>
#define adc0808in0   XBYTE[0xfef8]
sbit    EOC=P3^2;
unsigned char a;
void main()
{  adc0808in0=a;                //启动转换
   while(!EOC);                 //判断转换是否完成
   a=adc0808in0;               //采集 IN0 通道的值
   P1=a;
   }
```

这种方法较好地协调了 CPU 与 ADC 在速度上的差别，但通常用于检测回路较少而 CPU 工作不十分繁忙的情况下。

（3）中断采样方式。

不论是在查询方式下，还是在定时方式下，CPU 将大部分时间消耗在查询或延时等待上。当需要实现多路采样或者 CPU 工作繁忙时，中断采样方式无疑是最佳的选择。如图 10-18 所示，当 A/D 转换结束时发出转换结束信号 EOC，该信号经反相后接于 89C51 的 $\overline{INT0}$ (P3.2)引脚，便向 CPU 发出中断请求。CPU 响应中断后，可读入数据并进行处理。

C51 语言参考程序如下：

```
#include <reg51.h>
#include <absacc.h>
#define    adc0808in0   XBYTE[0xfef8]
sbit       EOC=P3^2;
unsigned char a;
void main()
{  EA=1;
   EX0=1;
   IT0=1;
   adc0808in0=a;
   while(1);
   }
void inter0() interrupt 0
```

```
    {  a=adc0808in0;
       P1=a;
       adc0808in0=a;
    }
```

2）基于时序的编程方法

如图 10-19 所示，初始化时，先使 START 和 OE 信号全为低电平，然后送要转换的通道地址给地址线 ADDA、ADDB 和 ADDC，再给 START 端送一个至少有 100 ns 宽的正脉冲信号，最后根据 EOC 是否为高电平判断数据是否转换完成。

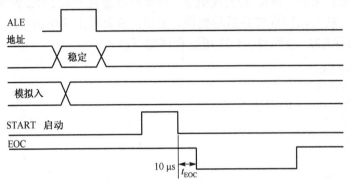

图 10-19　ADC0808 时序图

例 10-6　采用时序的方法实现例 10-5 的功能，用与 P1 口相连的 LED 显示转换得到的数字量。

解：硬件系统图如图 10-20 所示。

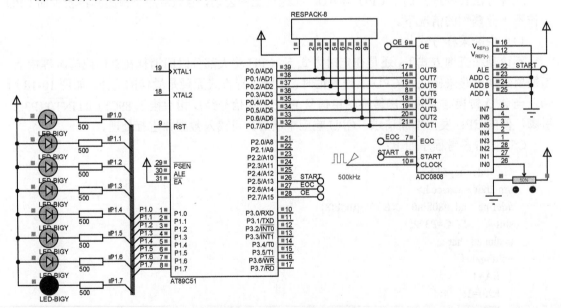

图 10-20　例 10-6 硬件系统图

C51 语言参考程序如下：

```
#include <reg51.h>
sbit START = P2^5;
```

```
sbit EOC = P2^6;
sbit OE = P2^7;
void delayms (unsigned int   ms)
{ unsigned int i;
   while (ms--)
   {   for (i = 0; i < 115; i++);  }

}
void main ()
{ unsigned int a;
   while (1)
   {    START = 0;
        OE = 0;
        START = 1;
        START = 0;
        while (!EOC);
        OE = 1;
        a = P0;
        OE = 0;
        P1 =~ a;
        delayms (1000);
   }
}
```

10.5　12 位并行 AD574A 及其接口技术

AD574A/AD674A 是美国 AD 公司生产的 12 位逐次逼近型 ADC 芯片,转换时间为 35 μs,转换精度为 0.05%。由于芯片内有三态输出缓冲电路,因而可直接与单片机的数据总线相连,而无须附加逻辑接口电路,且能与 CMOS 及 TTL 电路兼容。由于 AD574A 片内包含高精度的参考电压源和时钟电路,使 AD574A 在不需要任何外部电路和时钟信号的情况下完成 A/D 转换,应用非常方便。

10.5.1　AD574A 简介

1) AD574A 的结构框图

AD574A 的结构框图如图 10-21 所示。其内部有模拟和数字两种电路,模拟电路为 12 位 D/A 转换器,数字电路则包括比较器、逐次比较寄存器、时钟电路、逻辑控制电路和数据三态输出缓冲器,可进行 12 位或 8 位转换。12 位的输出可一次完成(与 16 位的数据总线相连),也可先输出高 8 位,后输出低 8 位,分两次完成。

2) AD574A 的外部引脚说明

AD574A 的外部引脚图如图 10-22 所示。其引脚功能如下。

● +5 V:数字逻辑部分供电电源。

● 12/$\overline{8}$:数据输出方式选择。高电平时,双字节输出,即输出为 12 位;低电平时,单字节输出,分两次输出高 8 位和低 4 位。

● $\overline{CS}$:片选信号,低电平有效。

- A0：转换数据长度选择。在启动转换的情况下，A0 为高时，进行 8 位转换；A0 为低时，进行 12 位转换。
- R/$\overline{\text{C}}$：读数据/转换控制信号。高电平时，可将转换后的数据读出；低电平时，启动转换。
- CE：芯片允许信号，用来控制转换或读操作。

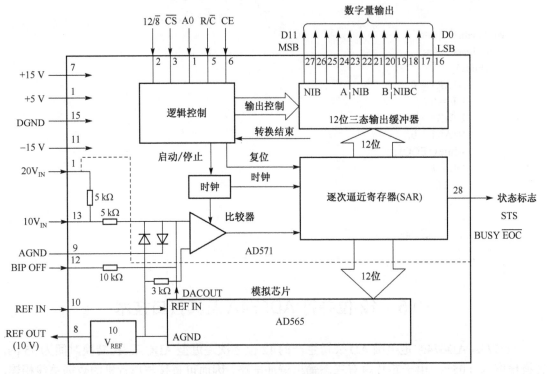

图 10-21　AD574A 的结构框图

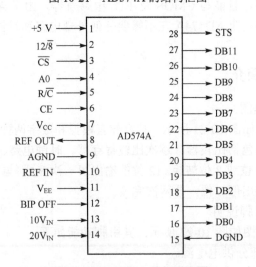

图 10-22　AD574A 外部引脚图

以上各控制信号的组合控制功能见表 10-3。

- V$_{CC}$ 和 V$_{EE}$：模拟部分供电电路的正电源和负电源，其范围为-12～+12 V 或-15～+15 V。

- REF OUT：+10 V 内部参考电压输出，具有 1.5 mA 的带负载能力。
- AGND：模拟信号公共地。它是 AD574A 的内部参考点，必须与系统的模拟参考点相连。
- REF IN：参考电压输入，与 REF OUT 相连可自行提供参考电压。
- BIP OFF：补偿调整，接至正负可调的分压网络，以调整 ADC 输出的零点。
- $10V_{IN}$：模拟信号输入端。输入电压范围是：单极性工作时，输入 0～10 V；双极性工作时输入 -5～+5 V。

表 10-3　AD574A 组合控制功能表

CE	$\overline{CS}$	R/$\overline{C}$	12/$\overline{8}$	A0	完成操作
1	0	0	x	0	启动 12 位 A/D 转换
1	0	0	x	1	启动 8 位 A/D 转换
1	0	1	1	x	12 位数字量输出
1	0	1	0	0	高 8 位数字量输出
1	0	1	0	1	低 4 位数字量输出
0	x	x	x	x	无操作
x	1	x	x	x	

- $20V_{IN}$：模拟信号输入端。输入电压范围是：单极性工作时，输入 0～20 V；双极性工作时输入 -10～+10 V。
- DGND：数字信号公共地。
- DB11～DB0：数字量输出。
- STS：转换状态输出。转换开始时及整个转换过程中，STS 一直保持高电平；转换结束，STS 立即返回低电平。可用查询方式检测此电位的变化，来判断转换是否结束，也可利用它的下降沿向 CPU 发出中断申请，通知 CPU A/D 转换已经完成，可以读取转换结果。

3）AD574A 单极性和双极性电路

通过改变 AD574A 引脚 8、10、12 的外接电路，可使 AD574A 进行单极性和双极性模拟信号的转换，其输入接线图如图 10-23 所示。其系统模拟信号地应与引脚 9 相连，使其地线接触电阻尽可能小。

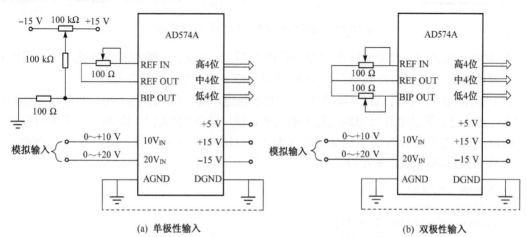

(a) 单极性输入　　　　　　　　　　(b) 双极性输入

图 10-23　AD574A 输入接线图

10.5.2　AD574A 与单片机的接口与编程

AD574A 与 MCS-51 系列单片机实用接口电路图如图 10-24 所示。由于 AD574A 片内有时钟，故无须外加时钟信号。该电路采用双极性输入，可对±5 V 或±10 V 模拟信号进行转换。当 AD574A 与 MCS-51 系列单片机相连时，由于 AD574A 输出 12 位数字量，所以当单片机读取转换结果时，需要分两次进行：先高 8 位、后低 4 位。由 A0 = 0 或 A0 = 1 来分别控制读取高 8 位或低 4 位。

单片机可以采用延时、查询、中断方式读取 AD574A 的转换结果，本电路采用查询方式，将转换结果状态线与单片机的 P1.0 线相连。当单片机执行对外部数据存储器的写指令，使 CE = 1，$\overline{\text{CS}}$ = 0，R/$\overline{\text{C}}$ = 0，A0 = 0 时，便启动转换。然后，单片机通过 P1.0 查询 STS 的状态，当 STS = 0 时，表示转换结束，单片机通过两次读外部数据存储器操作，读取 12 位转换结果。这时，当 CE = 1，$\overline{\text{CS}}$ = 0，R/$\overline{\text{C}}$ = 0，A0 = 0 时，读取高 8 位；当 CE = 1，$\overline{\text{CS}}$ = 0，R/$\overline{\text{C}}$ = 1，A0 = 1 时，读取低 4 位。

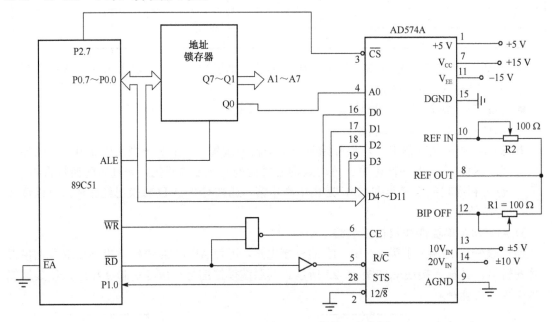

图 10-24　AD574A 与 89C51 的接口电路图

例 10-7　AD574A 与 89C51 的接口电路图如图 10-24 所示，编程实现将模拟输入量转换的数字量的高 8 位存到外部 RAM 的 100H 单元，低 4 位存到 101H 单元。

解： 由图 10-24 可知，AD574A 的 $\overline{\text{CS}}$ 与 P2.7 相连，A0 与 89C51 的 P0.0 经地址锁存器锁存地址 Q0 相连。假设没有用的地址线为高电平，则启动 AD574A 12 位 A/D 转换的端口地址为 7FFEH，启动 8 位 A/D 转换的端口地址为 7FFFH，读高 8 位结果的端口地址为 7FFEH，读低 4 位结果的端口地址为 7FFFH。

```
#include <reg51.h>
#include <absacc.h>
#define AD574_8 XBYTE[0x7ffe]
#define AD574_4 XBYTE[0x7fff]
```

```
sbit STS = P1^0;
unsigned char a;
main()
{
    AD574_8 = a;                //启动转换, a 的值无关紧要
    while(STS);                 //等待转换结束
    P0 = AD574;                 //取高 8 位转换结果
    XBYTE[0x100] = P0;          //存高 8 位转换结果
    P0 = AD574_4;               //取低 4 位转换结果
    a = P0&0x0f;                //屏蔽高 4 位
    XBYTE[0x101] = P0;          //存低 4 位转换结果
}
```

本 章 小 结

A/D 及 D/A 转换技术广泛应用于计算机控制系统及数字测量仪表中。将模拟量信号转换成数字量的器件称为模/数转换器(简称 ADC)，而将数字量信号转换成模拟量信号的器件称为数/模转换器(简称 DAC)。

分辨率、转换时间、转换精度是 DAC 的主要技术指标。ADC 的主要技术指标与 DAC 基本相同，只是转换时间的概念略有不同，DAC 的转换时间又称为建立时间，它是指当输入的二进制代码从最小值突然跳变至最大值时，其模拟输出电压相应的满度跳跃并达到稳定所需的时间。一般而言，D/A 的转换时间比 A/D 要短得多。

根据对 DAC0832 输入寄存器和 DAC 寄存器的控制方法不同，DAC0832 有 3 种工作方式：单缓冲型、双缓冲型和直通型。单缓冲型适用于只有一路模拟量输出或虽有几路模拟量，但并不要求同步输出的情况，双缓冲型主要用于同时输出多路模拟信号的场合，而直通型主要用于连续反馈控制系统。根据输出电压极性的不同，DAC 有单极性和双极性输出两种。在很多应用系统中，DAC 用作电压波形发生器。

ADC0808 和 ADC0809 是典型的逐次逼近式 ADC。根据测量系统要求不同及 CPU 忙闲程度，通常可采用程序查询、定时采样和中断采样 3 种编程方式获取 A/D 转换结果。

在控制指令上，对 ADC 和 DAC 的操作分别相当于对外部 RAM 的"读"和"写"操作。

思考题与习题

10-1 说明 A/D 和 D/A 转换器的作用。

10-2 说明 DAC0832 和 ADC0808 引脚的功能。

10-3 说明单片机与 DAC0832 连接时，单缓冲型与双缓冲型两种接口方法在应用时有何不同。

10-4 如图 10-5，若 DAC0832 的 $\overline{CS}$ 端与 MCS-51 单片机的 P2.7 相接，请说明 DAC0832 在系统中的地址，并编程产生一个梯形波的程序，变化幅度为 0～5 V，梯形波的周期自定。

10-5 指出图 10-25 中两种连接方式下 DAC0832 芯片的地址。

10-6 检测系统如图 10-20 所示，使得其以 1 s 间隔采集通道 0 的模拟量 5 次，将转换的数字量存到内部 RAM 从 40H 开始的单元，并求出该通道 5 次采样的平均值，并将平均值存于 45H 单元。要求分别采用延时、程序查询和中断采样方式编写相应的程序。

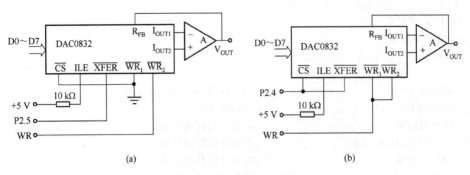

图 10-25 习题 10-5 图

10-7 设计 89C51 与 ADC0809 的接口，并请编写程序实现 8 路巡回检测。采样周期为 2 s，采样值保存在外部 RAM 从 1000H 开始的单元。采用中断方式完成，其他未列条件可自定。

第11章　单片机系统开发软件使用说明

在进行单片机开发时，离不开软件设计。开发者可以利用 C51 语言或汇编语言编写源程序，但是源程序不能被单片机直接执行，必须将其翻译成机器码。翻译成机器码有两种方法，即手工汇编和机器汇编。目前均采用机器汇编，即通过汇编软件将源程序翻译成机器码。由 Keil Software 公司出品的 Keil 软件是当前流行的 MCS-51 系列单片机系统的开发软件。

传统的电子设计流程是：方案讨论和确定、软件设计、硬件设计(购买元器件、制板、焊接)、调试和测试。在硬件设计不能达到要求时，还需重新制板、购置组件、焊接，这样不仅费时、费力，而且费用高、效率低。为了解决以上问题，可以通过 EDA 软件来模拟系统软硬件工作状态，Proteus 就是一款功能强大的 EDA 软件。本章将介绍单片机系统开发中常用的 Keil 和 Proteus 软件。

11.1　Keil 软件使用说明

Keil 提供了包括 C 编译器、宏汇编、链接器、库管理和一个功能强大的仿真调试器在内的完整开发方案，通过一个集成开发环境（μVision）将这些部分组合在一起。本章将以 Keil μVision4 为例介绍 Keil 软件的使用方法。

11.1.1　Keil 工程的建立

以图 3-12 的流水灯控制系统说明 Keil μVision4 的使用方法。单击安装的 Keil μVision4 的图标，进入 Keil 后，界面如图 11-1 所示。

图 11-1　启动 Keil 软件时的界面

1）建立一个工程

选择菜单【Project】|【New μVision Project】，界面如图 11-2 所示。

图 11-2　新建工程文件界面

2) 选择工程要保存的路径, 输入工程名

例如, 建立的文件夹名为 "流水灯", 工程名也命名为 "流水灯", 然后单击 "保存" 按钮。此时, 该工程已经建立, 扩展名为.uvproj, 即项目名为 "流水灯.uvproj"。

3) 选择系统开发要用的单片机

保存文件后, 在弹出的对话框里选择本次开发要用的单片机, 如图 11-3 所示。

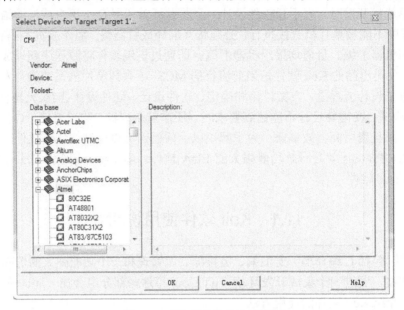

图 11-3 "选择单片机" 对话框

本次示例中选择 Atmel 公司的 AT89C51 单片机, 此时可以在界面的右边看到相应单片机的性能。单击 "OK" 按钮后, 弹出如图 11-4 所示的对话框, 提示是否将 8051 的标准启动代码和文件添加进本项目。如果不添加, 就用 Keil 下默认的启动代码; 如果添加了但没有修改这段代码, 则还相当于默认的启动代码, 则添加与不添加的效果一样, 所以一般情况下选择 "否"。

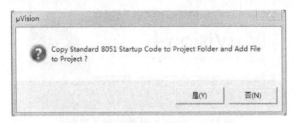

图 11-4 "添加启动文件" 对话框

以上任务完成后, 界面如图 11-5 所示。

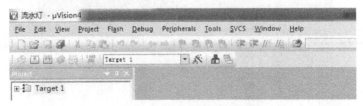

图 11-5 添加单片机后的界面

4）建立文件

接下来在项目下面添加文件，对项目进行完善。选择菜单【File】|【New】，此时出现如图 11-6 所示界面。在编辑窗口可输入编写的源程序。流水灯的汇编语言程序如下所示。此时，编辑窗口中源程序的字体颜色均为黑色。

```
            ORG     0
            LJMP    START
            ORG     0030H
START:      MOV     A, #0FEH        ; 共阳极接法中循环时的初始数据
LOOP:       MOV     P1, A           ; 点亮 LED0
            RL      A
            LCALL   DELAY
            LJMP    LOOP
DELAY:      MOV     R5, #10         ; 1 s 延时程序，f_OSC = 12 MHz
DELAY0:     MOV     R6, #200
DELAY1:     MOV     R7, #250
DELAY2:     DJNZ    R7, DELAY2
            DJNZ    R6, DELAY1
            DJNZ    R5, DELAY0
            RET
            END
```

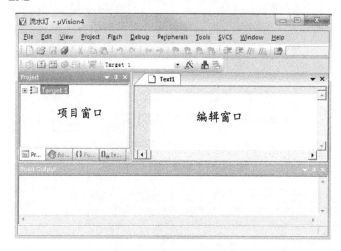

图 11-6　新建文件界面

5）保存文件为“*.asm”

待录入源程序后，选择菜单【File】|【Save】，保存文件为“流水灯.asm”。如果是用 C 语言编写的源程序则保存文件为“流水灯.c”。保存路径与建立的项目放在同一个文件夹。保存后可看到编辑窗口下源程序的颜色发生了变化。

6）添加文件

在项目窗口下，单击“Target1”前面的“+”，然后在“Source Group1”选项上单击右键，弹出如图 11-7 所示的对话框，选择“Add Files to Group 'Source Group1'”选项，弹出要求添加进本项目的对话框，如图 11-8 所示。软件默认的是添加 C 语言文件，而此时添加的是 ASM 文件，因此更改文件类型如图 11-8 所示，然后选中建立的“流水灯.asm”，单击“Add”按钮

（或双击待添加的文件）完成文件的添加，添加文件后的窗口如图 11-9 所示。该过程也可以调整为先保存一个空文件"流水灯.asm"，然后添加到项目，再对该空文件进行编辑并保存。

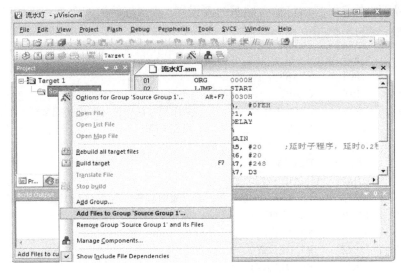

图 11-7　添加文件中弹出的菜单

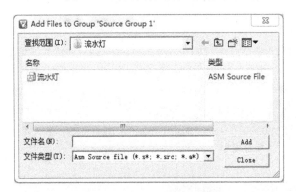

图 11-8　"添加文件"对话框

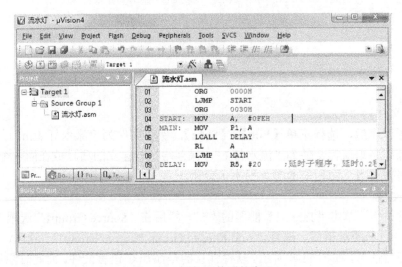

图 11-9　添加文件后的窗口

一个项目中可以有多个源程序文件。当一个项目比较大时，可以将不同的任务编写成不同的源程序，起不同的名字，最后都加进一个项目。编译后，各文件就被链接起来了。

11.1.2 工程的设置

工程建好后，还需要对工程进行一些设置。用鼠标右键单击界面左边 Project 窗口的 "Target 1"，在出现的快捷菜单中选择"Options for Target 'Target 1'"，则出现如图 11-10 所示的工程设置对话框。也可以选择菜单【Project】|【Options for Target 'Target 1'】，或单击该功能对应的快捷按钮" 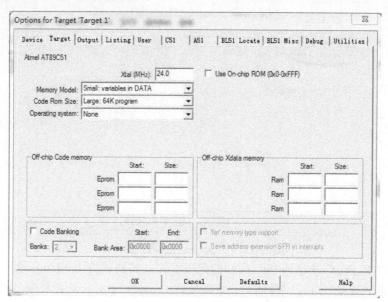 "进行设置。

图 11-10 "Target 1"选项卡的信息

该对话框有 10 个选项卡，很多项只需取默认值，下面说明主要选项卡的作用。

1）选择"Target"选项卡

选项卡信息如图 11-10 所示。"Xtal"后面的数值是晶振频率，默认值是所选目标 CPU 的最高晶振频率。该值与产生的目标代码无关，仅用于模拟调试时显示程序的执行时间。一般将该值设置成与硬件系统的晶振频率相同，可方便地知道系统运行的时间，这一点在涉及延时和定时时非常重要。在此，将系统的晶振频率设置为 12 MHz，则机器周期为 1 μs。

"Use On-chip ROM"项用于确认是否仅使用片内的 ROM。该选项并不会影响最终生产的目标代码量，一般不需要选中该项。

"Memory Model"用于设置 RAM 使用情况。"Small"是所有变量都在单片机内部 RAM 中；"Compact"是可以使用 1 页（256 B)外部 RAM；"Large"是可以使用整个外部 RAM 空间。

"Code Rom Size"用于设置 ROM 空间的使用情况。"Small"是程序在小于或等于 2 KB 的 ROM 中；"Compact"是单个函数的代码程序不能超过 2 KB，整个程序可以使用 64 KB 的 ROM；"Large"是可以用全部 64 KB 的 ROM 空间。

"Operating system"项用于选择操作系统。Keil 提供了两种操作系统：Rtx tiny 和 Rtx full。通常不使用任何操作系统，即选择该项的默认值 None。

"Off-chip Code memory"用于确认系统扩展 ROM 的地址范围；"Off-chip Xdata memory"用于确定系统扩展 RAM 的地址范围。这些选项须根据所用硬件来决定。对于本例，未进行任何扩展，因此不需要设置，采用默认值即可。

2）选择"Output"选项卡

该选项卡所包含的信息如图 11-11 所示。

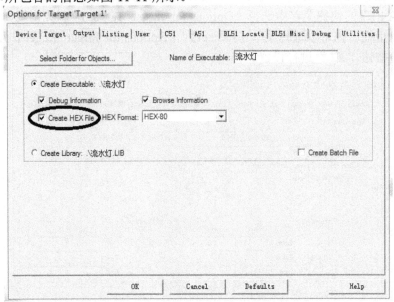

图 11-11   "Output"选项卡的信息

"Create HEX File"用于生成可执行的代码文件，其格式为 Intel hex 格式，文件扩展名为.hex。如果要烧写程序进行硬件实验，或者要在 Proteus ISIS 下调试本程序执行结果的正确性，则必须选中该项。

"Debug Information"项用于确定调试过程中是否产生调试信息，如果需要对程序调试，则应当选中该项。

"Browse Information"用于确定是否产生浏览信息，常取默认值。

"Select Folder for Objects"用于选择最终的目标文件所在的文件夹，默认与工程文件在同一个文件夹，通常不需要修改。

"Name of Executable"用于指定最终生成的目标文件的名字，默认与工程项目的名字相同。

3）选择"Listing"

该选项卡信息如图 11-12 所示，"Listing"选项卡用于调整生成的列表文件选项，在汇编或者编译完成后将产生列表文件*.lst，在链接完成后也将产生*.m51 的列表文件。该选项卡用于对列表文件的内容和形式进行细致的调节。其中比较常用的选项是"C Compiler Listing"下的"Assembly Code"选项。选中该选项，可以在列表文件中生成 C 语言源程序所对应的汇编代码。

4）选择"Debug"选项卡

该选项卡信息如图 11-13 所示，该选项用于设置调试器。Keil C51 提供了 2 种调试模式，即"Use Simulator"（软件模拟器）和"Use"（硬件仿真）。选中"Use Simulator"是将 Keil C51

设置成软件模拟仿真模式,此时不需要实际的目标硬件就可以模拟 51 单片机的很多功能。将 Keil 与 Proteus 联调时,需要选中该项,即虚拟仿真。当进行硬件仿真时,需要选中"Use",此外,还需要从右侧的下拉列表中选择"Keil Monitor-51 Driver"。本选项卡中的其他选项均取默认值。

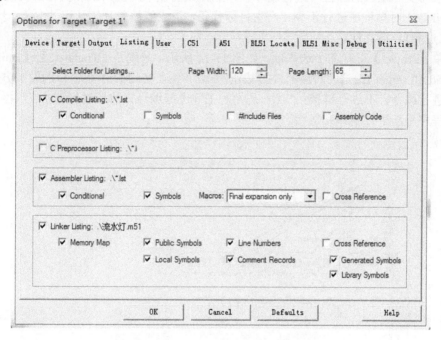

图 11-12 "Listing"选项卡的信息

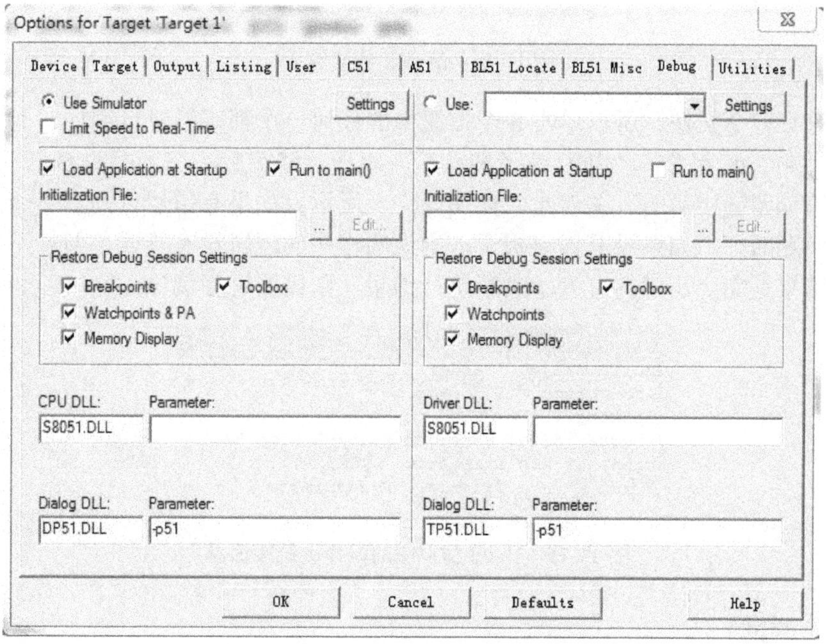

图 11-13 "Debug"选项卡的信息

工程设置对话框中的其他各选项卡与 C51 编译器、A51 编译器、BL51 链接器等用法有关，均取默认值，不做修改。

11.1.3　编译和链接

接下来需要对输入的源程序进行编译，即翻译成能被单片机认识和执行的机器代码。在此通过 Keil C51 对源程序进行汇编，产生目标代码，生成能被单片机认识的.hex（十六进制）或.bin（二进制）目标文件。

在菜单【Project】下有 3 个选择项，如图 11-14 所示，分别是【Translate】、【Build target】和【Rebuild all target files】，对应的快捷按钮   在 Keil C51 主窗口的左上方。""是对工程进行编译，不进行链接；""是先对工程进行编译，然后进行链接；""用于对修改后的程序重新进行编译和链接。

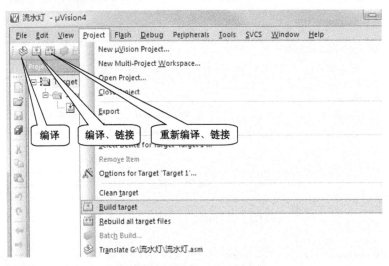

图 11-14　编译和链接选项

本项目只有一个文件，所以单击 3 个按钮中的任何一个都可以进行编译，为了产生目标代码，选择""或者""进行编译和链接。编译、链接后，在下面的 Build Output 窗口中可以看到编译和链接后的有关信息，如图 11-15 所示。如果有错误，则双击给出的错误，可定位到有问题的行。如果没有错误提示，则说明程序的逻辑没有错误，但并不能说明程序的真正执行结果是完全正确的。为了判断执行结果，则需要进行调试。

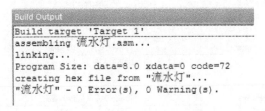

图 11-15　Build 窗口中的编译、链接信息

11.1.4　调试

1）常用调试命令

选择菜单【Debug】|【Start/Stop Debug Session】，或按 Ctrl+F5 键，或单击快捷按钮中的

"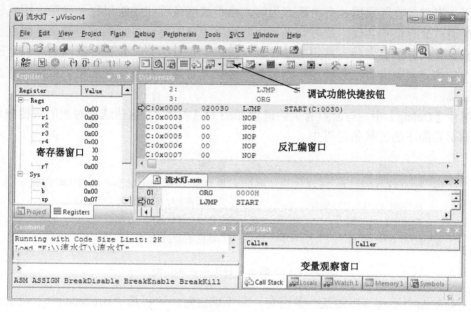" 即可进入调试状态。Keil 内建了一个仿真 CPU，用于模拟执行程序。该仿真 CPU 可以在没有任何硬件及仿真机的情况下对程序进行调试。

进入调试状态后的界面如图 11-16 所示，此界面与编辑状态下的界面完全不同，出现了寄存器窗口和变量观察窗口。除此之外，调试状态下的功能键全部出现，菜单【Debug】中的大部分命令可在工具条中找到相应的快捷按钮，其按钮符号、功能说明如下。

图 11-16　进入调试状态后的界面

"📟" 复位操作。将程序复位到主函数的最开始处，准备重新运行程序。

"📄" 全速运行，F5 键。从第 1 行程序依次执行到最后一行，中间不停止。程序执行很快，随即便可以看到程序执行的最后结果。但如果结果有误，则难以知道错误究竟发生在什么地方。

"⏸" 暂停操作。

"⟳" 单步执行，F11 键。每按一次只执行一条语句，执行完该语句后即停止，等待执行下条语句。可以进入子函数内部实现单步执行，可以利用本功能清楚地看到每条语句的执行结果是否正确，准确地定位出错语句。单步执行开始后，可以看到在源程序窗口的左边出现了一个黄色的测试箭头"⇨"，指向源程序的第 1 行可执行语句。每按下一次 F11 键，就执行该箭头所指的程序行。箭头所指行即当前命令行，也即程序计数器 PC 所在之处。使用单步执行虽然可以检查出一些错误，但查错效率低。例如在循环程序中若循环一万次，则采用单步执行，肯定是不切实际的，此时就可以采用"执行到光标处命令"。

"🔄" 过程单步，F10 键。其功能是将 C51 语言中的函数或汇编语言中的子程序作为一个语句全速执行。不会进入子函数内部，可直接跳过函数。这样便于检查子函数或子程序编写的正确性。

"↗" 单步执行到函数外，使用该命令后，全速执行完调试光标所在的子程序或子函数，并执行主程序中的下一行程序。

"⇥" 执行到光标所在的行，设置好光标后，按 Ctrl+F10 键则全速执行所在行和光标所在行中间的所有语句，这样便于检查某一部分是否有错。例如在延时循环中，就可检查延时时间是否符合要求。

灵活运用这几种调试命令，可大大提高查错的效率。

2）断点设置

调试程序时，当满足一定的条件时才能执行一些程序行，如程序中某变量达到一定的值、键被按下、串口接收到数据、有中断产生等。由于这些条件往往难以预先确定，因此使用前面介绍的调试命令很难实现，此时就需要用到程序调试中另一种重要的方法——断点设置。

断点设置的方法有多种，常用的是在某一程序上设置断点。设置好断点后可以全速运行程序，一旦执行到断点所在的程序行则暂停，可在此时通过观察变量的值，以确定前面的程序是否正确。

在菜单【Debug】中，与断点有关的选项如图 11-17 所示，这些选项对应的快捷按钮，也显示在调试界面下的工具条栏目中。

图 11-17　断点设置选项及其功能

当所处的断点不是程序的某一条语句，即不确定时，可以用"Breakpoints"选项设置断点，设置界面如图 11-18 所示。如本例程序中累加器 A 的值不断变化，当 A=0EFH 时暂停程序，即断点为条件语句 A=0EFH。为此，在 Expression 中输入"A==0EFH"，单击"Define"按钮，则断点被添加为当前断点，如果欲删除新设置的断点，则不选中之。又如，若当程序第 4 次执行标号为 LOOP 的语句时，暂停执行，观察结果，则在 Expression 中输入 LOOP，修改 count 值为 4，单击"Define"按钮即可。

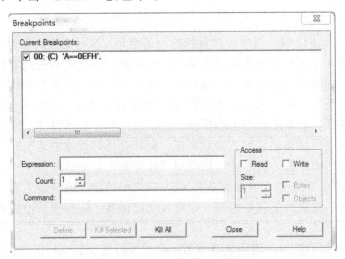

图 11-18　"断点设置"对话框

3) Keil 程序调试窗口

当进入调试模式后，会出现一些与调试有关的窗口，如寄存器窗口（Registers）、命令窗口（Command）、反汇编窗口（Disassembly）、变量观察窗口（Watch）、存储器窗口（Memory）、串行窗口（Serial）等。有些窗口下有多个子窗口，例如存储器窗口下有 4 个子窗口，分别是 Memory 1、2、3 和 4。所有窗口都可以通过菜单【View】下的相应命令打开或关闭。在工具条中也有这些窗口的快捷按钮。图 11-19 是调试模式下的命令窗口和存储器窗口。下面介绍常用的寄存器窗口、变量观测窗口、存储器窗口和反汇编窗口。

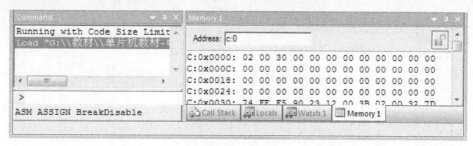

图 11-19　调试模式下的命令窗口和存储器窗口

① 寄存器窗口

寄存器窗口用于显示在程序执行过程中通用寄存器 R0～R7 和某些特殊功能寄存器，如 A、B、SP、DPTR、PC 和 PSW 等的变化状况，同时也显示程序执行所花费的时间（单位为 s），如图 11-20 所示。当采用全速运行时，显示的结果是程序运行到最后时的值。如果想检查中间值的变化，则采用其他的执行方式，如单步执行、执行到光标处等。只要暂停或停止，就会显示最新变化的值。如果需要在全速执行下显示运行结果，则选择菜单【View】中的【Periodic Window Update】（周期更新窗口），可动态观察有关值的变化，但这是以牺牲模拟执行速度为代价的。

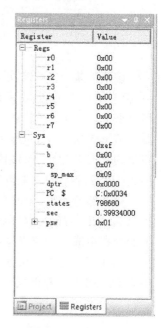

② 变量观察窗口

如果想查看除寄存器以外其他变量值的变化，则需要弹出变量观察窗口。如程序中定义了 x 等变量时，则在观察窗口中按 F2 键以添加欲查看的变量，如图 11-21 所示。选择 Hex 或 Decimal 用于确定变量是以十六进制或者十进制数字形式显示。当程序运行时，此处的变量值也发生了变化。同样，只有当程序暂停时，这些变量的值才被更新。

图 11-20　寄存器窗口

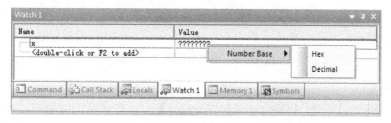

图 11-21　在变量观察窗口中添加查看的变量

③ 存储器窗口

存储器窗口用于显示系统中各种内存的值，通过在"Address"后的编辑框里输入"字母：数字"，即可显示相应内容的内存值，其中字母可以是 D、I、X 和 C，分别代表直接寻址的内部 RAM、间接寻址的内部 RAM、扩展的外部 RAM 和 ROM（即代码存储空间）。输入的数字表示从第几个单元开始显示存储器中的值。如输入"C: 0"，表示从 0 单元开始显示 ROM 中的二进制代码值（默认以十六进制数字显示）。单击鼠标右键，弹出如图 11-22 所示的快捷菜单，其功能是选择其中值的显示形式。

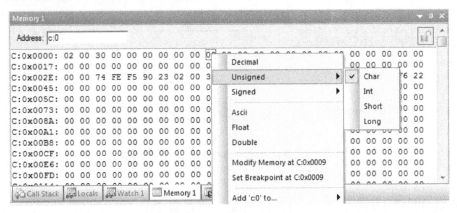

图 11-22　存储器窗口信息

该菜单共分 3 个部分。第 1 部分包括 Decimal（十进制）、Unsigned（无符号型）和 Signed（有符号型）。Unsigned 和 Signed 又有 4 种形式，即字符型（Char）、整型（Int）、短整型（Short）和长整型（Long），分别代表以单字节形式显示（Char）、以双字节形式显示（Int 和 Short）和以四字节形式显示（Long）。这与 C51 中对变量长度的定义是相同的。具体哪几个单元形成一个完整的数据则与显示的起始地址有关。若定义 D:0，且为 Int 型，则内部 RAM 的 0 和 1 单元形成一个 2 字节的整型数并显示该数据。若定义 D:1，则 1 和 2 单元形成一个整型数显示。

第 2 部分包括 Ascii（ASCII 码字符）、Float（浮点型）和 Double（双浮点型）。选中 Ascii，则以 ASCII 字符形式显示每个单元的值；选择 Float 或 Double 则分别以相邻的四字节或八字节的数据组成一个浮点型或双浮点型数据显示。

第 3 部分是"Modify memory at X:yy"。表示可以修改光标所指处 X:yy 单元的值，本例中为 C:0x0009。存储器单元值修改界面如图 11-23 所示。

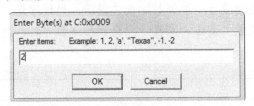

图 11-23　修改存储器单元的值

④ 反汇编窗口

选择菜单【View】下的【Disassembly Window】可以打开反汇编窗口，在该窗口下单击鼠标右键，界面如图 11-24 所示。"Mixed Mode"显示源程序和相应的反汇编代码的混合汇编；

"Assembly Mode" 以汇编代码显示；"Inline Assembly" 为在线汇编。单击 "Inline Assembly" 后的界面如图 11-25 所示。可以在 Enter New 后面的编辑框内直接输入要更改的程序语句。输入后按回车键，将自动指向下一条语句以继续修改。如果不需要修改，可单击右上角的关闭按钮，关闭该窗口。

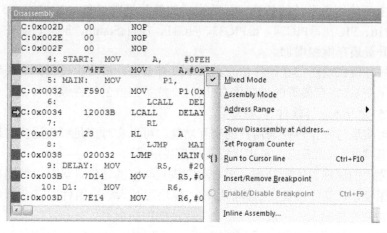

图 11-24　反汇编窗口

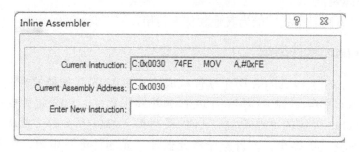

图 11-25　在线汇编窗口

以上通过流水灯的例子说明了 Keil 软件的使用方法，并介绍了常用的一些菜单，更多详细的介绍可以参考其他资料。

11.2　Proteus ISIS 使用简介

Proteus 是英国 Labcenter Electronics 公司开发的电路分析与实物仿真软件，是基于标准仿真引擎 SPICE3F5 的混合电路仿真工具。Proteus 不仅是模拟电路、数字电路、模/数混合电路的设计与仿真平台，也是目前世界上非常先进、完整的多种型号微控制器系统的设计与仿真平台。它真正实现了在计算机上完成从原理图设计、电路分析与仿真、单片机代码编译调试与仿真、系统测试与功能验证到形成 PCB 的完整的电子设计和研发过程。Proteus 从 1989 年问世至今，经过了 30 余年的使用、发展和完善，其功能越来越强，性能越来越好。它是目前唯一能够对微处理器进行实时仿真调试与测试的 EDA 工具，真正实现了没有系统原型就可对系统进行调试、测试与验证。Proteus 软件包大大提高了企业的开发效率，降低了开发风险。由于 Proteus 软件逼真的协同仿真功能，目前得到国内外高校的应用和推广。

Proteus 软件具有以下特点。

(1) 实现了单片机仿真和 SPICE 电路仿真相结合。其具有模拟电路仿真、数字电路仿真、单片机及其外围电路系统的仿真、RS-232 动态仿真、I^2C 调试器、SPI 调试器、键盘和 LCD 系统仿真的功能；有 13 种虚拟仪器，如示波器、逻辑分析仪、信号发生器等。

(2) 支持主流单片机系统的仿真。目前支持的单片机类型有 ARM7、8051/52、AVR、PIC10/12、PIC16、PIC18、PIC24、dsPIC33、HC11、BasicStamp、8086、MSP430 等，CPU 类型随着版本升级还在继续增加。

(3) 提供软件调试功能。在硬件仿真系统中具有全速、单步、设置断点等调试功能，同时可以观察各个变量、寄存器等的当前状态；同时支持第三方的软件编译和调试环境，如 IAR、Hitech、Keil C51、Proton 等软件。

(4) 仿真可实现可操作器件与用户的交互功能。可以实时或足够接近实时地仿真硬件环境，具有外部调试能力（如断点、单步运行及变量显示等）。

(5) 具有强大的原理图绘制功能，可自动完成点与点的连线，具有"线路自动路径"功能。支持层次图设计，能任意设定组件的层次，模块可画为标准组件，ERC 报告可列出可能的连线错误，如未连接输入、矛盾的输出及未标注的网络标号。

(6) 高级仿真支持图形化的分析，如 frequency、fourier、distortion、noise 和 multi-variable AC/DC parameter sweeps。

(7) 支持第三方网表格式，能为其他软件所使用。

11.2.1　Proteus 软件组成

Proteus 软件由 ISIS 和 ARES 两个软件构成，其中 ISIS 是智能原理图输入系统，是系统设计与仿真的基本平台，ARES 是高级 PCB 布线编辑软件。ISIS 软件支持 MCS-51 及其派生系列、Microchip 公司的 PIC 系列、AVR 系列和 ARM7 系列等多款 MCU。Proteus 软件所提供的组件库达 30 多个，共计数千种元器件。元器件涉及电阻、电容、二极管、三极管、MOS 管、变压器、继电器、放大器、激励源、门电路等。在仿真时，软件通过管脚红、蓝颜色变化显示相应线路的电平变化。在软件调试方面，Proteus 自身带有汇编编译器，不支持 C 语言，但可以与 Keil C 集成开发环境连接。用汇编或 C 语言编写的程序编译好之后，可以立即进行软、硬件系统的联合仿真。仿真成功后，直接单击 ARES 图标就可进行系统 PCB 设计，同时还能够生成多种格式的网络表文件，供相应的专业 PCB 设计软件调用，方便了后续 PCB 的设计和制造。

11.2.2　启动 Proteus ISIS

本节以 Proteus 8.0 为例介绍 Proteus ISIS 的用法。如同其他软件一样，可以在 Windows 系统的"开始"菜单的"程序"中找到 ISIS 8.0 Professional 图标，单击进入 Proteus 运行环境，如图 11-26 所示。

Proteus ISIS 的工作界面是一种标准的 Windows 界面，如图 11-27 所示。它包括标题栏、主菜单、标准工具栏、绘图工具栏、状态栏、对象选择按钮、对象方向控制按钮、仿真进程控制按钮、预览窗口、所选器件窗口、图形编辑窗口等部分。

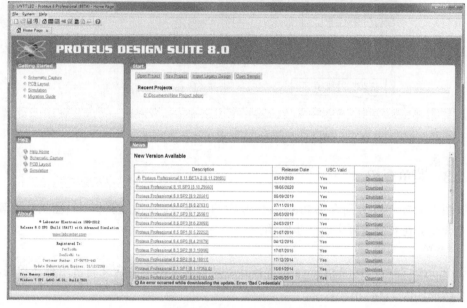

图 11-26　Proteus 启动界面

ISIS 是一个界面非常友好的应用平台，它提供两种主要的可视化方法，帮助使用者了解正在进行的操作：鼠标经过时，对象会被虚线包围，鼠标光标也会根据其功能发生改变。下面是光标变化时的含义：

标准光标——不处于激活状态时用它来选择对象；

黑白铅笔——单击放置对象；

绿色铅笔——布线，单击开始或终止连线；

蓝色铅笔——布总线，单击开始或终止布总线；

选择手形——单击时指针下的对象被选中；

移动手形——按下鼠标左键并拖动，可移动鼠标下的对象；

拖线光标——按住鼠标左键对线进行拖曳调整；

标号光标——使用 PAT 工具放置标号。

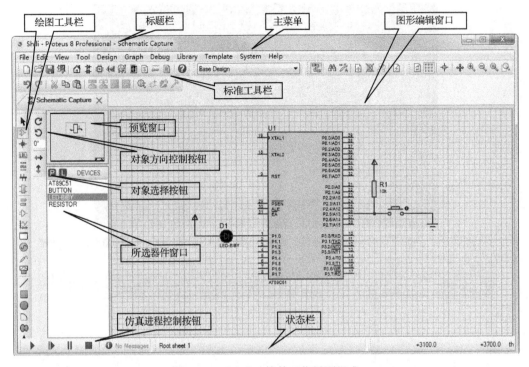

图 11-27　Proteus 软件工作界面组成

11.2.3　菜单介绍

根据图 11-27，下面分别介绍 Proteus ISIS 中的主菜单、标准工具栏、绘图工具栏等含义。具体功能含义会在实例讲解中进一步阐明。

1）主菜单

由于 Proteus 是标准的 Windows 视窗程序，所以其基本命令含义与常用程序相同，各菜单的基本功能如图 11-28 所示。

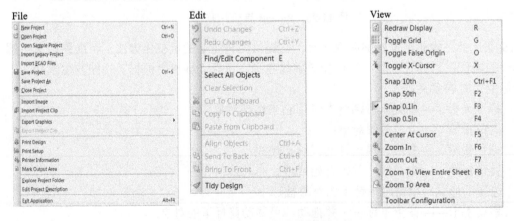

图 11-28　各菜单的基本功能

图 11-28　各菜单的基本功能（续）

2）标准工具栏

标准工具栏中大致分为以下几类。

● 文件操作：主要包括"File"菜单中的常用命令，其功能主要是对文件进行操作，包括新建、打开、保存、退出、主页、原理图输入页、PCB 放置、3D 视图、资料输出、设计浏览器、材料清单 BOM、源代码、项目笔记、帮助文档。

● 界面设置和查看：主要包括"View"窗口的基本操作。从左到右依次是刷新屏幕、网格显示或关闭、原点、平移、放大、缩小、满屏显示、放大所选区域。

- 组件操作：🢒 🢓 ✂ 🗐 🗎 ⬚⬚⬚⬚ 🔍✎✐✐ 主要对应"Edit"和"Library"部分菜单命令，从左到右依次为撤销、重做、剪切、复制、粘贴、块拷贝、块移动、块旋转、块删除、从组件库找组件、制作组件、封装、打散。
- 辅助操作：⬚ ⬚⬚ ⬚⬚⬚⬚ 对应"Tool""Design"等菜单命令，分别为线路自动路径、搜索并标记、属性分配、新建设计板、删除设计板、退至父类、电气检测。

3）绘图工具栏

绘图工具栏可分为 4 类，图标及功能如下。

① 对象类型选择图标

- ▶选择模式：单击此按钮可以取消左键放置器件功能，但可以编辑对象。
- ⊩组件模式：用于对组件窗口中器件的添加、删除、选择、放置等操作。
- ✛节点模式：当两条线交叉时，放置连接点，用于线路联通。
- ᴵᴮᴸ标注或网络名：电路连线可用网络标号替换，表明相同标号的线段是有电气联系的。
- ☰文本说明：只是对电路进行注释说明，与仿真无关。
- ⊬绘制总线：为简化线路，可用总线代替多根导线。
- ⬚绘制子电路：当图纸较小时，可将部分电路以子电路形式画在另一张图上。

② 调试对象选择图标

- ☰放置终端：普通、输入、输出、双向、电源、接地和总线的放置。
- ⊪放置引脚：包括普通、反向、正时钟、负时钟、段引脚和总线。
- 〽分析图：模拟、数字、混合、频率特性、传输特性、噪声分析、失真、傅里叶分析、音频、直流扫频和交流扫频等。
- ⊟录音模式：可以将声音录制成文件，并可回放声音文件。
- ⊚电源和信号源：直流电源、正弦信号源、脉冲信号源、指数信号源、单频率调频波信号源(SFFM)、File 信号源、音频、数字脉冲、数字时钟等。
- ⟋电压探针：在仿真时显示探针处的电压。
- ⟍电流探针：在仿真时显示探针处的电流。
- 🖵虚拟仪器：示波器、逻辑分析仪、计数器、虚拟终端、SPI 调试器、I^2C 调试器、信号发生器、模式发生器、交直流电压表、交直流电流表。

③ 2D 图形绘制

- ⟋绘制直线：用于创建元器件或表示图表时绘制线。
- ▣绘制矩形：用于创建元器件或表示图表时绘制方框。
- ●绘制圆形：用于创建元器件或表示图表时绘制圆。
- ◠绘制弧线：用于创建元器件或表示图表时绘制弧线。
- ∞绘制任意形：用于创建元器件或表示图表时绘制任意线。
- A文本编辑：用于输入各种文字说明。
- ⬚绘制符号：用于绘制各种符号元器件。
- ✛标记按钮：用于产生各种标记定位图标。

④ 方向控制

- ↻顺时针旋转：把器件按顺时针方向旋转 90°。
- ↺逆时针旋转：把器件按逆时针方向旋转 90°。
- ⬚旋转指示：表示基于起始位置的旋转后角度。

- ↔水平镜像：以 Y 轴为对称轴，按 180° 旋转器件。
- ↕垂直镜像：以 X 轴为对称轴，按 180° 旋转器件。

4）仿真进程控制栏

此栏 ▶ ▶▶ ▌▌ ■ 共有 4 个控制按钮，分别为开始仿真、步进仿真、暂停仿真和停止仿真。

11.2.4 基本操作

下面介绍 Proteus 常用的操作方法，掌握这些基本操作可以迅速掌握软件的使用方法，对提高设计效率非常有帮助。

1）文件打开、关闭和环境设置

① 新建文件和保存

在 Proteus ISIS 窗口中，选择菜单【File】|【New Project】，会弹出如图 11-29 所示的对话框，设置项目名称 Name 和存储路径 Path，其他默认并单击【Next】按钮，选择图幅大小或者选 "DEFAULT"，然后选择是否创建 PCB 设计，然后选择 "Create Firmware Project" 设置硬件处理器型号，之后单击【Finish】就可建立一个新的设计文件。单击绘图工具栏中的 🗅，也可以直接新建一个设计文件。

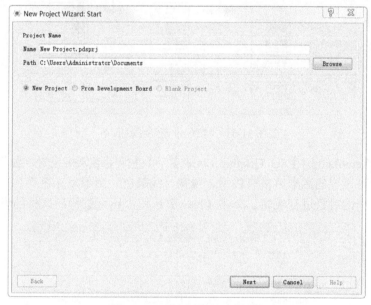

图 11-29 "新建设计" 对话框

② 环境设置

为了满足不同设计者的需要，可以通过对话框进行环境设置。选择菜单【Template】|【Set Design Colours】，可进行编辑窗口字体、颜色、是否隐藏，以及正、负、地、高低电平颜色的设置，如图 11-30 所示。

选择菜单【Template】|【Set Graph & Trace Colours】，可弹出如图 11-31 所示对话框。此对话框可对 Graph Outline（图形轮廓线）、Background（底色）、Graph Title（图形标题）、Graph Text（图形文本）的颜色进行设置。同时，可对 Analogue Traces（模拟跟踪曲线）和不同类型的 Digital Traces（数字跟踪曲线）进行设置。

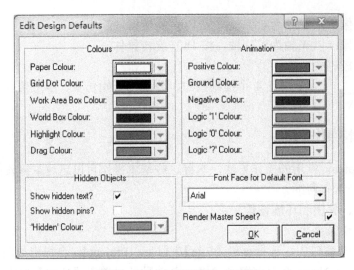

图 11-30 "环境设置"对话框

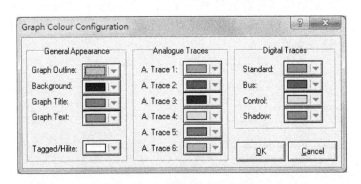

图 11-31 "颜色设置"对话框

选择菜单【Template】|【Set Graphic Styles】,可进行图形风格设置,如图 11-32 所示。使用这个对话框可设置的图形风格有线型、线宽、线颜色、图形填充色等。可在"Style"下拉列表中选择不同的对象进行编辑。单击【New】按钮,还可进行新风格的设置。

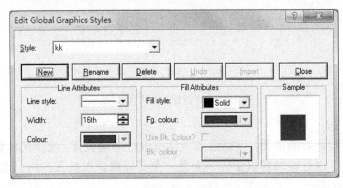

图 11-32 "图形风格设置"对话框

选择菜单【Template】|【Set Text Styles】,可进行全局字体风格设置,如图 11-33 所示。在"Font face"下拉列表中,可选择期望的字体,还可以设置字体的高度、颜色,以及是否加粗、倾斜、下画线等。在"Sample"区域可以预览更改设置后的字体风格。

选择菜单【Template】|【Set 2D Graphics Text】，可进行图形字体风格设置，如图 11-34 所示。在"Font face"下拉列表中，可选择图形文本的字体类型，在"Text Justification"中选择字体在文本框中的水平位置、垂直位置，在"Effects"中选择字体的效果(加粗、倾斜、下画线等)。在"Character Sizes"中设置字体的高度和宽度。

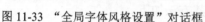

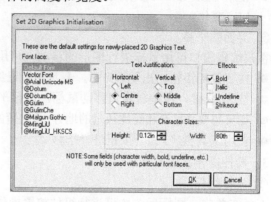

图 11-33 "全局字体风格设置"对话框　　　图 11-34 "图形字体风格设置"对话框

选择菜单【Template】|【Set Junction dot Style】，可进行交点设置，如图 11-35 所示。此对话框可设置交点的大小及形状(方形、圆形、菱形)等。

以上设置，只是对当前运行的 ISIS 环境有效，如果想保存此设置且在新建文件中使用，则需将当前新设置进行保存，可选择菜单【Template】|【Save Default Template】存储新设置。

③ 图纸设置

在 Proteus ISIS 主界面中，选择菜单【System】|【Set Sheet Sizes】，会弹出图纸大小设置对话框，如图 11-36 所示。系统设计大小不同，对图纸要求也不相同。对话框中共设置了 6 种默认大小模式，其中在"User"中还可以根据用户需要，自行设置其大小。

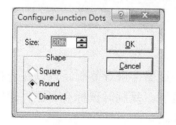

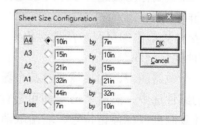

图 11-35 "设置交点"对话框　　　图 11-36 "图纸大小设置"对话框

图纸在设计时，为了较准确地表明器件之间的位置关系，可用▦设置是否在编辑窗口中显示网点，以帮助器件进行定位。

2) 视窗操作常用方法

① 编辑窗口的缩放

在绘制电路图时，经常要进行局部和总体图形的切换，可用如下几种方式缩放原理图。

● 鼠标移动需要缩放的地方，滚动鼠标中间滚轮缩放。

● 鼠标移动需要缩放的地方，按 F6 键放大，按 F7 键缩小。

● 按 Shift 键，用鼠标左键拖曳出需要放大的区域。

- 使用工具条中的 Zoom in（放大）、Zoom Out（缩小）、Zoom All（全图）和 Zoom Area（放大区域）进行操作。
- 按 F8 键可以在任何时候显示整张图纸。
- 使用 Shift Zoom 及滚轮均可应用于预览窗口，在预览窗口进行操作，编辑窗口将有相应变化。

② 界面的平移

图形编辑窗口可用鼠标进行图形的移动，可用如下几种方式进行平移操作。

- 按下鼠标滚轮，出现 ✛ 光标，表示图纸已经处于提起状态，可以进行平移。
- 按 Shift 键，在编辑窗口移动鼠标，进行平移（Shift Pan）。
- 如果想要平移至相距比较远的地方，最快捷的方式是在预览窗口中单击所需移至的区域。
- 使用工具栏"Pan"按钮进行平移。

3）器件操作常用方法

① 放置组件

必须在单击 ➡ 图标后，才可进行组件放置操作，其方法如下。

- 在组件窗口中选择所需组件，单击就会出现该组件的阴影，移动鼠标到合适位置后再次单击，即可将该组件放置到该位置。
- 可在图形编辑窗口右击，在弹出的菜单中选择【Place】|【Component】，并在其中选择需要添加的组件。
- 多次重复放置一个组件时，只需单击即可激活最近一次放置的器件，多次单击可进行多个器件的放置。

② 器件选择和释放

对编辑窗口中的对象进行编辑前，需要对其进行选择或释放，其方法如下。

- 可单击进行选择，然后右击可对所选器件进行相应操作。
- 用 Ctrl+鼠标左键进行多个对象选择，也可以按住鼠标左键，然后用拉矩形的方式进行群组选择。
- 在空白处单击即可释放所选对象。

③ 器件的复制和删除

在同一个电路图中，如果需要对某个器件或者一组器件进行复制，可以在选择模式下将需要复制的组件选中，然后单击 ▦ 即可进行器件的复制。复制时鼠标会有器件轮廓线，单击就会把器件复制到鼠标停留位置，右击取消复制模式。

需要删除某器件时，可以用下面几个方法进行。

- 右键双击该器件。
- 右击，在弹出的菜单中选择【Delete Object】进行删除。
- 选中器件，然后单击 ▨ 进行器件删除。

④ 组件的旋转变换

为了节约空间或缩短连线间距，器件需要旋转，以便于某些引脚的连接。组件旋转主要应用标准工具栏中的方向控制按钮 ↻↺ ⃞ ↔ ↕ 。在组件布置之前，单击组件符号，在器件浏览窗口会显示器件放置的方向。如果不适合电路布置需要，可以单击方向控制按钮进行调整。对于放置好的器件，也可在选择模式下直接在器件上右击，然后在弹出的对话框中选择需要旋转的命令。

⑤ 器件连线

器件与器件的相连有两种形式：一种是单线连接方式，一种是总线连接方式。其连接方法如下。

- 单线连接时，只需鼠标靠近引脚，鼠标处会有红色点出现，单击需要连接的器件引脚，然后在"线路自动路径" ⚙️ 打开的前提下，直接将鼠标移动到需要连接器件的引脚处，连线就会自动铺设。如果"线路自动路径"功能关闭，需要用户自行进行线路的布置。不管是否为线路自动路径模式，布线时可通过单击形成拐点，以改变布线方向。

- 如果器件间有多个连线，且连线间是平行镜像关系时，则在第一根连接后，直接双击其他引脚即可自动生成平行关系的连线。

- 总线连接时，可选择 ⚙️ 进行绘制。绘制时，总线需要与器件引脚保持一定距离，以便于器件引脚与总线的"分支线"绘制。为了和一般导线区分，一般用45°斜线来表示分支线。绘制45°斜线有两种方法：一种是关闭软件"线路自动路径"功能，然后画45°线；另一种方法是在"线路自动路径"功能打开的情况下，按 Ctrl 键，这时就可以调整线的角度。为了加快绘制引脚与总线的连线，读者只需绘制一条引脚与总线的连线，然后将鼠标移到第二个引脚处，出现红色□后双击鼠标，则第二个引脚与总线的连线就会自动绘制完成。之后，单击【Tools】|【Property Assignment Tool】，在如图 11-37 所示的 String 后输入 NET=P1.#（P1.表示总线标号的名称），#从 0 开始，每次递增 1，表示总线的标号从 P1.0 开始。将光标移到总线上，则会出现 🖑 图像，停留在需要标记为 P1.0 的总线，右击，则将总线命名为 P1.0。以此类推，每次右击一次，总线编号加 1。也可以在绘图工具栏中单击 LBL 开始线端标注，或右击，然后单击 LBL Place Wire Label 放置总线标号。总线中的各条分线标注完成后，如图 11-38 所示。标注完成后，即使没有线路连接，仿真同样可以进行。另外，有些原理图上并无器件连线，但只要标注了器件引脚，Proteus 同样视为电气连接。

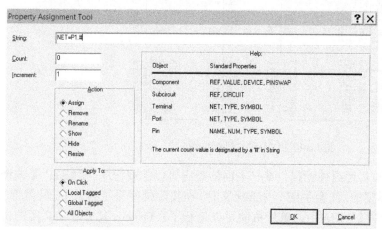

图 11-37　总线标号的快捷输入方法

图 11-38　连线标号示意

⑥ 器件属性的编辑

器件一般都有文本属性，这些属性可以通过一个对话框进行编辑。编辑单个对象的具体方法是：先右击选中对象，然后单击对象，此时出现属性编辑对话框。双击器件，也会出现编辑对话框。图 11-39 是电容编辑对话框，这里可以改变电容的标号、容值、是否隐藏等，修改完毕，单击"OK"按钮即可。

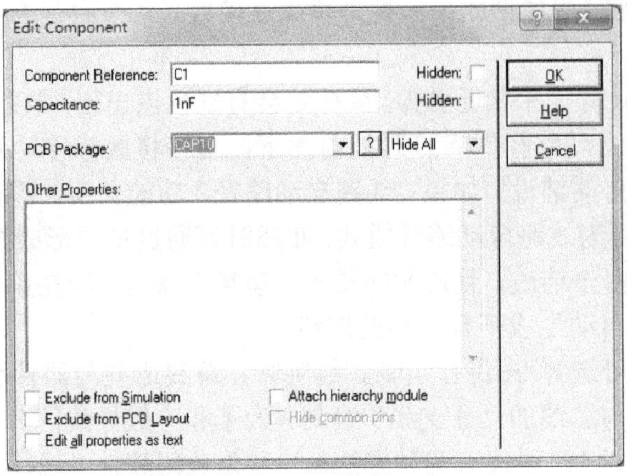

图 11-39　电容编辑对话框

4)　与 C51 单片机有关的操作

打开组件库界面，在搜索窗口输入"89C51"，组件浏览窗口就会出现两个 C51 系列单片机符号，如图 11-40 所示。两个单片机的封装形式相同，只是结构表现不同，一个是单线结构，一个是总线结构。两者使用方法完全相同，只是布线不同，总线结构单片机的布线看起来相对简单、明了。

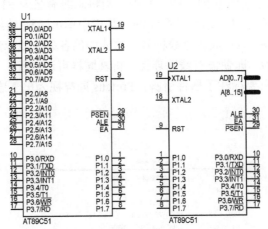

图 11-40　C51 单片机组件图

对单片机操作的方法和其他组件一样，唯一不同的是它可以加载程序。用 Keil 等编译软件，将单片机软件程序编译完成后，会生成一个.hex 文件。在实际硬件系统测试中，只需将.hex 文件通过烧写器烧写到单片机 ROM 中，单片机就可以运行了。Proteus 具有非常真实的仿真模拟能力，对其加载程序，也和实际硬件一样，右击选中单片机(颜色会变红)，然后在单片机上单击，Proteus 就会弹出一个对话框，如图 11-41 所示。这个对话框可以对单片机进行组件名、PCB 封装和工作频率等修改。单击，查找所需加载的.hex 文件位置，然后，单击"OK"按钮，即可实现程序的加载。由于 Proteus 默认器件隐藏电源的连接，因此即使给没有电源设计的单片机符号加载程序，单击运行时它也可工作，其各个引脚的红色(1)、蓝色(0)变化表示其电平的变化。

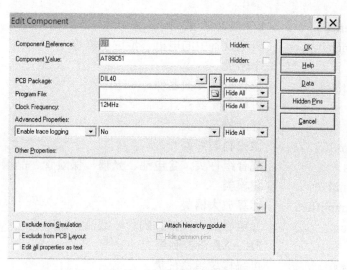

图 11-41　组件编辑对话框

单击运行按钮 ▶ ，单片机就会加载指定位置的.hex 文件，因此在.hex 文件重新编译后，不需要再次进行加载程序操作，只需将原有仿真过程停止，然后重新单击运行命令即可运行最新编译的.hex 文件。

5）其他操作

单击按钮 ⊜（终端模式下）中的 Power 和 Ground 即可在电路图中放置电源和地。也可以在电路空白处右击，在弹出菜单中选择【Place】|【Terminal】进行电源 ⟟ 和地 ⟘ 放置。在 Proteus 中，为了方便使用者，简化电路图，很多组件隐藏了电源和地的引脚，但如果组件未隐藏电源和地引脚，则需要添加相应电源和地，比如共阳数码管的共阳端、共阴数码管的共地端，否则不能正确仿真。

虽然在硬件电路中设置了晶振，但打开晶振属性来修改晶振频率是没有仿真意义的。如果修改单片机运行频率，只能通过修改单片机属性中的运行频率来进行。而 DS1302 等晶振，Proteus 默认其为 32.768 MHz，所以虽然外接晶振，但不起实际仿真作用。

在屏幕底部是坐标显示，读出鼠标指针的坐标。坐标的单位是 1 thou（千分之一英寸），坐标原点在图纸的中心。

11.2.5　Proteus 组件库

单击 🅿 或在"所选器件窗口"双击即可打开器件选择对话框。选择菜单【Library】|【Pick Parts】也可打开 Proteus 器件选择对话框，如图 11-42 所示。随着 Proteus 的不断升级，其组件库的数量也在不断增加。其组件库大致分为以下部分。

Analog ICs　　　　　　模拟集成电路
Capacitors　　　　　　电容类
CMOS 4000 series　　　CMOS 4000 系列
Connectors　　　　　　连接头、插排、插座类
Data Converters　　　　数据转换器，如 A/D、D/A、采样和温度传感等
Debugging Tools　　　　调试工具（断点触发器、逻辑输入/输出）
Diodes　　　　　　　　二极管类

ECL 10000 Series	ECL 10000 系列
Electromechanical	机电设备中的电机、步进电机等
Inductors	电感类
Laplace Primitives	拉普拉斯转换器件
Mechanics	机械类元器件
Memory ICs	存储器芯片类
Microprocessor ICs	微控制芯片类
Miscellaneous	混合组件类，含电池、光耦、保险管、晶振、交通灯等
Modeling Primitives	建模类
Operational Amplifiers	运算放大器类
Optoelectronics	光电器件类，如数码管、液晶、LED 等
PICAXE	PICAXE 微控制器类
PLDs & FPGAs	可编程逻辑器件类
Resistors	电阻类
Simulator Primitives	仿真类组件库，含触发器、门电路、电源等
Speakers & Sounders	扬声器、蜂鸣器类
Switches & Relays	开关、继电器类
Switching Devices	开关器件
Thermionic Valves	电子管类
Transducers	传感器，如热电偶、湿度、光照、压力传感器
Transistors	三极管类
TTL 74 series	TTL 74 系列
TTL 74ALS series	TTL 74ALS 系列
TTL 74AS series	TTL 74AS 系列
TTL 74F series	TTL 74F 系列
TTL 74HC series	TTL 74HC 系列
TTL 74HCT series	TTL 74HCT 系列
TTL 74LS series	TTL 74LS 系列
TTL 74S series	TTL 74S 系列

查找一个组件，只需在关键词搜索窗口中输入元器件的名字（只允许英文），搜索结果窗口就会列出模糊搜索的全部器件。这时，搜索结果窗口会显示其名称、所在库名称和器件描述等内容。同时在对话框的右上角还会显示出器件的引脚结构，在其下方，会显示器件的 PCB 封装结构，便于对器件布线及安装形式等有一个初步的了解。

对于初学者，有些器件的英文名字不太熟悉。如果想寻找合适的器件，也可先从组件类窗口中寻找合适的大类，再从子类列表中选择所属子类查找器件。如果对元器件制造商有要求，还可在器件厂商窗口选择相应厂商，直到找到满意的器件为止。单击搜索结果窗口中的任一器件，可以在器件浏览窗口中快速浏览所选器件的图形符号。

如果想精确查找，可以在搜索窗口下面的"Match Whole Words？"后面打钩，如图 11-43 所示，则搜索窗口中就会只列出与搜索窗口匹配的器件。

在搜索结果窗口双击某一器件，该器件会自动增加到主窗口中的器件窗口。在不关闭对话框的情况下，可以选择多个器件。器件选择完成后，单击"OK"按钮完成器件选择。

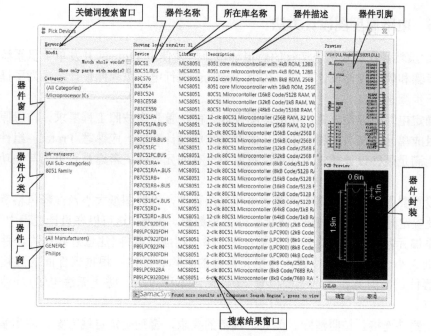

关键词搜索窗口　器件名称　所在库名称　器件描述　器件引脚

器件窗口

器件分类

器件厂商

器件封装

搜索结果窗口

图 11-42　组件库窗口示意图

Proteus 具有丰富的组件库，能够满足大部分硬件系统电路的绘制和仿真。在单片机系统中，如果涉及库中没有的传感器，可以考虑用开关量或者类似器件替代。如果库中没有所需器件，Proteus 允许增加和修改器件，以建立满足自己需要的库文件。

Proteus 具有多种现实存在的虚拟仪器仪表和信号源，如图 11-44 所示，有示波器、频谱分析仪、电压表、电流表、图表分析仪、逻辑分析仪、虚拟终端等，这些虚拟仪器仪表具有理想的参数指标，能尽可能地减小仪器对测量结果的影响。

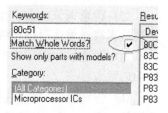

图 11-43　搜索匹配选项

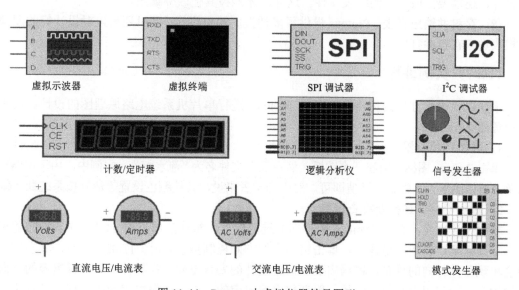

虚拟示波器　　　虚拟终端　　　SPI 调试器　　　I^2C 调试器

计数/定时器　　　逻辑分析仪　　　信号发生器

直流电压/电流表　　　交流电压/电流表　　　模式发生器

图 11-44　Proteus 中虚拟仪器符号图形

11.2.6 电路原理图设计方法

Proteus 虽然是在计算机上运行的虚拟环境，但是使用 Proteus 开发单片机系统同样应遵循其开发步骤和软、硬件设计方法。在用 Proteus 进行电路原理图设计时，为了提高效率，可以按如下步骤进行。

(1) 确定电路原理图方案。在原理图设计之前，首先应按照工程要求，构思原理图。应确定电路组成单元，知道用哪些电路和器件来完成设计功能，应熟悉 Proteus 组件库资源，看其是否能满足硬件设计要求。如果涉及库中没有的元器件，考虑是否可用其他功能相似的器件替代。

(2) 设置界面环境。根据电路图大小和复杂程度，设置图纸大小及注释风格等。保存新建文件，设置定时保存时间间隔，防止意外丢失数据。当然，这可以在设计过程中不断调整。

(3) 添加元器件。根据电路原理图方案，添加相应元器件(注意总线结构器件的取舍)，并根据图纸大小合理布置其位置；设定元器件的名称、标注；根据器件间的连接需要，移动和旋转器件，调整其在图纸上的位置(器件间距不要过近，防止无法走线)，使得原理图美观、规范。

(4) 元器件连接。按照清晰、美观、规范的要求，合理确定走线方案。应尽量将器件间的连线保持平行铺设，以利于器件连接情况的检查。走线应尽量减少交叉，在无法满足要求时，应调整器件的方向和位置，无法避免时，就要考虑绕行方案。

(5) 检查调整。通过电气规则检查，可以查看一般性错误。在修正一般性错误的基础上，还要认真核对器件引脚连线情况(接错或未连接)，检查交叉线是否应连接或断开。虽然器件默认为电源连接，但还应检查系统中电源或其他"地"是否遗漏，尤其在上拉或下拉设计电路中应重点检查。

(6) 仿真验证。通过模拟仿真，检验电路工作功能，根据错误信息，检查、调整或者更换相应器件。同时，检查软件资源，看硬件连接设置或其他逻辑关系是否正确，直到电路功能实现。

(7) 建立网络表。在完成上述步骤之后，即可看到一张完整的电路图。但要完成电路板的设计，还需要生成一个网络表文件。这样，才能被其他软件调用。

(8) 存盘并输出报表。Proteus 提供了多种报表输出格式，同时还可以对设计好的原理图和报表进行存盘并打印。

11.2.7 实例讲解

下面以"流水灯"为例介绍如何用 Proteus 进行单片机系统电路原理图的设计。流水灯的原理图见图 3-12。

1) 界面环境设置

单击 Proteus 图标，新建一个图板，然后保存文件名为"流水灯"。本例中，由于电路比较简单，所以图纸大小默认打开值即可。对于初学者来说，其他颜色设置等最好按系统默认值。

2) 添加器件、连接及检查调整

根据设计方案，打开 Proteus 组件库并选取组件，组件清单见表 11-1。在器件布置过程中，如果需要旋转或镜像器件，单击菜单中的方向控制按钮(如图 11-45 所示)，其右侧视窗中会出现器件方向的预览。根据需要，调整器件的安置方向。在器件中，电解电容的方向一定要注意，应该根据复位电源的位置调整电解电容的方向，电解电容无阴影部分是正极。

器 件 名 称	器 件 型 号
单片机	AT89C51
电容	CAP
电解电容	CAP-ELEC
晶振	CRYSTAL
电阻	RES

表 11-1 实例所需器件清单

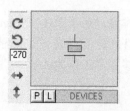

图 11-45 器件方向控制按钮及浏览窗口

双击电容和电阻器件，修改其设定值。将 C1、C2 电容值修改为 30 pF（如图 11-46 所示），电解电容的值设定为 10 μF。电阻的默认值为 10 kΩ，此处用于限流，因此阻值不能太大，否则 LED 将不亮，在此将阻值修改为 200 Ω。

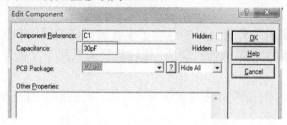

图 11-46 "电容值设定"对话框

器件布置好后，即可连接器件。在器件连接时，当鼠标符号 靠近器件引脚时，就会出现一个红色的 ，单击后出现连线，然后移动鼠标到另外一个线端，即可完成连线。右击可取消连线。

连线工作完成后，给单片机复位电路和晶振电路添加 POWER 和 GROUND。通过放大和缩小界面，检查连线情况。

3）仿真

检查电路没有问题后，双击单片机符号，在弹出的如图 11-47 所示的对话框中，单击 符号，加载在 Keil 下已经生成的 Hex 文件，例如"流水灯.hex"。单片机仿真时默认的频率是 12 MHz，如果软件编程中设定的频率是 11.0592 MHz，则需要修改图 11-47 中 Clock Frequency 处的频率。完成后，单击"OK"按钮。

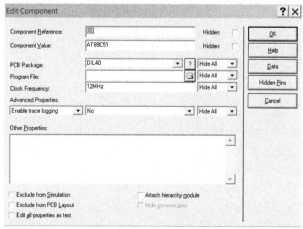

图 11-47 对单片机进行设置的对话框

以上工作完成后，单击 Proteus ISIS Professional 界面左下角的 ▶ 开始运行，这时候就会观察到灯在轮流点亮。如果显示不正常，则需要重新检查连线以及程序中的逻辑错误，直到系统能够正常工作为止。

本 章 小 结

本章介绍了 Keil 和 Proteus 软件的基本使用方法。Keil 软件在使用中包括工程建立、工程设置、编译和链接，以及调试四个部分。对于汇编语言程序，应该将编辑的文件保存为*.asm，而对于 C51 文件，应该将其保存为*.c。在工程设置中，必要时需要改变晶振频率。当需要在 Proteus 中对编辑的程序进行验证时，还需要注意生成*.hex 文件。在对程序进行调试时，有不同的调试方法，可根据实际情况灵活选择。根据程序执行情况，可在不同的调试窗口中观察程序执行结果。

Proteus 的标准工具栏和绘图工具栏包含了丰富的原理图设计和仿真工具。Proteus 的组件库包含了 37 种不同类型或系列的元器件，每种类型或系列下又包含了丰富的元器件，为仿真提供了很好的平台。

掌握 Keil 和 Proteus 的使用方法对于学习单片机，缩短系统的开发周期具有重要的意义。

第12章 单片机应用系统设计与调试

前面介绍了单片机的基本结构、功能和基本外围设备的扩展，这为单片机应用系统设计奠定了基础。但实现一个单片机应用系统还涉及更为复杂的内容和问题，需要遵循一些基本原则和方法，以提高设计效率。从工程实践经验来看，掌握单片机应用系统设计的内容与一般方法，对于单片机应用系统的工程设计与开发有着十分重要的指导意义。

本章将对单片机应用系统的设计、开发和调试等各方面内容进行介绍。通过本章内容的学习可对单片机开发的步骤、方法及原则等有进一步的认识，对单片机应用系统的设计方法、开发流程和调试方法等有一个深入的理解。

12.1 单片机应用系统开发与开发工具

单片机应用系统是指以单片机为控制核心，配以特定功能的外围电路，通过单片机软件系统设计，能实现某种或几种功能的软硬件集合体。单片机应用系统应能根据任务要求，在特定环境中稳定、可靠地工作。在保证功能实现的基础上，单片机应用系统应尽可能优化，以实现最高可靠性、最低成本的设计要求。通过硬件设计和软件设计，应用系统还应具有足够的抗干扰能力。

12.1.1 单片机应用系统的构成和设计内容

从应用系统角度看，单片机应用系统包括硬件系统和软件系统两大部分。硬件系统是指单片机及扩展的存储器、外围设备及其接口电路等。软件系统包括监控程序和各种应用程序。在应用系统设计中，软件、硬件和抗干扰设计是紧密相关、不可分离的。在某些情况下，硬件的任务可由软件来完成，如软件滤波、校准功能等；另外，在系统实时性强、运算速度要求高的场合，往往要通过硬件来代替软件实现特定功能，以保证系统执行效率的提高。一个成功的单片机应用系统，往往是在实现设计功能的前提下，合理处理软硬件设计内容，综合考虑软硬件成本的基础上实现的。单片机系统设计内容如下。

1）单片机系统总体方案规划

单片机应用系统开发前，应对系统设计要求进行全面分析，制订合理的设计方案。应该明确控制对象或过程中的技术指标，制定系统中信号或数据的输入、处理、存储和输出的格式和要求。要明确数据处理中的数学模型，以简化系统的软硬件设计。应合理划分系统软硬件的功能和任务，做到软硬件结合互补，降低系统成本，提高其稳定性。

2）单片机系统硬件设计

单片机芯片具有较强的功能，但仅此不能满足实际应用系统的功能要求。有些单片机本身就缺少一些功能，如MCS-51系列中的8031、8032无内部程序存储器等，所以需要通过系统设计来构建一个完善的计算机系统。单片机具有较强的外部扩展通信能力，能方便地扩展至应用系统所要求的规模，但系统扩展方法、内容、规模等与所用的单片机系列及市场供应状态有关。在单片机应用系统中，硬件系统设计内容包括最小系统设计和系统扩展设计。

3）单片机系统软件设计

应用系统软件是根据系统功能要求，采用汇编语言或 C51 语言进行设计的。系统软件设计是单片机应用系统设计的灵魂所在，设计中应注重编程思想的运用和经典算法的使用。

4）系统调试

系统调试分硬件调试、软件调试和系统联调 3 个方面。硬件调试和软件调试可结合硬件设计和软件设计进行，并最终通过系统的联合调试来检验整体系统的可靠性、稳定性和实用性。

12.1.2 应用系统的设计步骤和原则

1）单片机应用系统开发步骤

单片机应用系统开发大致分为 4 个步骤。

（1）需求分析、方案讨论和总体设计。

控制系统的需求分析和方案讨论是单片机应用系统开发的基础和关键，只有深入细致地分析控制需求，周密而科学地确定设计方案才能保证系统设计工作的顺利进行。需求分析要考虑被测控对象的参数形式(是数字量，还是模拟量)、参数范围、性能指标、工作环境、动作时序、显示或警告、通信等。方案讨论则要根据需求分析，在安全可靠的前提下，实现最优的人机交换功能和成本需求。

（2）器件选择、电路设计、编写程序。

器件选择、电路设计和程序编写可参考下面提到的软硬件系统设计原则。在此阶段，软硬件工程师应及时沟通，及时进行系统方案的优化和改进。

（3）系统调试与稳定性测试。

系统的软硬件联合调试不会一蹴而就，需要花费一定的时间来检验和排除软硬件设计的缺陷。为了提高效率，可先检查硬件焊接问题，然后根据系统功能模块分开进行调试。各部分都调试通过后，最后进行整机联合调试。同时，还应让系统进行各种工作环境下的测试，以保证系统较好的稳定性。

（4）文件整理。

文件整理既是对系统功能的介绍和使用说明的编制，也是系统设计工作的总结，是系统今后使用、维护和升级的重要依据。因此，文件编制应尽心尽力、不断完善。文件应包括任务描述、设计思想及方案论证、性能测试及现场检测报告、使用说明和指南。说明文件中还应包括流程图、变量命名、地址分配、子程序功能说明、源代码等软件资料；同时，还应包含电路原理图、元件布置接线图、接插件引脚图、PCB 图等硬件资料。

系统开发中，对于软硬件设计需遵守一定的经验和原则，以提高系统开发的效率，保证系统设计的完整性。

2）硬件系统设计原则

单片机应用系统的硬件系统设计包括两部分内容：一是单片机系统设计，二是系统中的功能电路设计。系统扩展和配置设计应遵循下列原则。

（1）在考虑新技术的前提下，根据单片机常规用法，尽可能选择经典通用电路，为硬件系统的标准化、模块化奠定良好的基础。选择经典通用电路能提高系统的稳定性，缩短系统开发周期。

（2）系统扩展与外围设备的配置应充分满足应用系统当前的功能要求。同时还应考虑系统的升级要求并留有适当余地，便于后续功能的扩充。

（3）硬件结构设计应与应用软件方案一并考虑。硬件结构设计与软件方案相互关联。软件能实现的功能尽可能由软件实现，以简化硬件结构，降低成本，提高可靠性。但由软件实现的硬件功能，其响应时间比较长。因此，某些功能选择以软件代替硬件时，应考虑系统响应速度、实时控制是否能达到要求等相关技术指标。

（4）整个系统中各器件要尽可能做到性能匹配。例如，选用的晶振频率较高时，存储器的存取时间就短，应选择存取速度较快的芯片；选择 CMOS 型单片机构成低功耗系统时，系统中的所有芯片都应该选择低功耗产品。如果系统中相关器件的性能差异很大，则系统综合性能将降低，甚至不能正常工作。

（5）可靠性及抗干扰设计是硬件设计中不可忽视的一部分。随着系统频率的增加和应用环境的不同，抗干扰设计成为目前硬件设计的重要内容，包括芯片和器件选择、看门狗电路使用、去耦滤波、印制电路板选择和设计、元器件布置、通道隔离等。如果设计中只注重功能实现，而忽视可靠性及抗干扰设计，则会造成系统的不稳定甚至崩溃。

（6）单片机外接电路较多时，必须考虑其驱动能力。解决的办法是增强驱动能力，增加总线驱动器或者降低芯片功耗，减小总线负载。

（7）尽可能朝"单片"方向设计硬件系统。系统器件越多，器件之间的相互干扰也就越强，功耗也就越大，这不可避免地降低了系统的稳定性。随着单片机内部集成功能越来越多，真正的片上系统 SoC 已经可以实现，如 ST 公司（意法半导体）推出的 μPSD3200 系列单片机，以增强型 MCS-51 内核单片机 8032 为内核，集成了可编程外围器件（programmable system device，PSD）模块，并含有大容量 Flash 和 RAM 存储器、I^2C 和 USB 接口电路、可编程逻辑器件（PLD）等。STC12 系列单片机内部还集成了 ADC、PWM、E^2PROM、独立时钟、内部 R/C 振荡器，并增加了 P4 接口。

3）应用软件设计原则

软件设计的任务是根据应用系统总体设计方案的要求和硬件结构，设计能够实现系统功能的控制程序。根据系统功能要求，软件设计包括主程序模块设计、子程序模块设计、中断服务程序模块设计、查表程序设计等内容。其设计原则如下。

（1）软件结构清晰、规范、简洁，流程合理，注重算法的巧妙应用。

（2）各功能程序要实现模块化、系统化，这样既便于调试、连接，又便于移植、修改和维护。在设计较大控制系统时，模块化设计对于团队合作尤为重要。

（3）考虑所选单片机的 ROM 和 RAM 容量。ROM、RAM 规划合理，既能节约存储容量，又能给程序设计与操作带来方便。在中断和堆栈设计时特别要注意地址的选择。

（4）运行状态实现标志化管理。各个功能程序运行状态、运行结果及运行需求，都设置状态标志以便查询。程序的转移、运行、控制都可以通过状态标志条件来控制。

（5）实现全面软件抗干扰设计。软件抗干扰设计是计算机应用系统提高可靠性的有力措施。

（6）为了提高运行的可靠性，在应用软件中设置自诊断程序，在系统运行前先运行自诊断程序，用以检查系统各特征参数是否正常。同时，注意软件的冗余设计。

12.1.3　单片机应用系统的开发工具

单片机虽然功能很强，但只是一个芯片，它没有键盘，也没有显示器。为了实现其控制功能，必须借助开发工具来编制程序，并通过特定系统调试来实现其应用功能。

按照使用开发工具不同，单片机开发系统包括以下 4 种模式。

1）仿真器型单片机开发系统

这种仿真开发系统是目前国内使用较多的一类开发系统。系统通过 PC 的并行口或串行口（USB），与在线仿真器连接，仿真器通过仿真头连接系统，如图 12-1 所示。在大系统开发中，由于需要知道某段程序的是否正确，通过仿真器单步、断点、跟踪、全速等方式调试，可以大大提高调试效率。程序调试通过后，使用专用编程器进行程序烧写，完成系统开发。仿真器能模拟单片机功能，可在线仿真、调试，开发效率高，但开发工具较贵，且仿真器通用性差，必须依靠相应仿真头才能实现相应单片机的模拟。当然，目前 HOOKS 技术（一种采用 I/O 复用的仿真技术）等能解决不同品种单片机的仿真问题，但需要正确选择仿真器和相应单片机。

图 12-1　仿真器型单片机开发系统示例

2）通用编程器型单片机开发系统

这种开发系统包括 PC、编程器和单片机应用系统电路 3 部分。开发调试好的程序直接烧写到单片机中运行。这种开发模式的特点是成本较低，适合应用功能较少的小型系统开发。但由于有些单片机烧写后无法更改程序，故必须保证烧写前程序的正确性和稳定性。

3）在系统调试型开发系统

目前，AT89S51 和 STC 系列等单片机都有在系统可编程（in system programable，ISP）功能，因此这种开发系统只需一条 ISP 下载线连接 PC 和开发板即可实现单片机在系统的调试。这种调试方式开发效率高，成本低，便于产品的后续升级。

4）软件仿真型单片机开发系统

目前，Proteus 等软件能很好地实现系统软硬件仿真。用户只需要在软件中绘制单片机系统原理图，即可实现系统的模拟运行，其开发效率大大提高。但软件仿真只是模拟理想情况下的系统电路功能和软件功能。系统本身的电磁兼容、稳定性、器件性能差别等问题，还需要通过实际硬件来最终检验。

12.1.4　单片机应用系统的调试

单片机系统在完成软硬件设计工作后，需要进行硬件调试、软件调试和系统联调。

1）硬件调试

硬件系统焊接完成后，在系统加电前，开发人员需要根据电路原理图等仔细检查硬件系统，观察有无虚焊、漏焊现象，核对元器件型号、规格和安装情况等是否符合设计要求。应特别注意电源系统的检查，在不插接主要器件的情况下，检查各模块电源引脚的电压情况，防止极性接反。检查系统总线是否完好，有无短路或串接其他信号线路情况。之后可进行加电测试，并对主要功能模块的输入输出部分进行逻辑和电平检查。

2）软件调试

在硬件调试的基础上，系统还需要通过软件调试来进行系统总体逻辑功能检验和硬件逻辑错误检查。一般通过跟踪变量的赋值过程，以及查看内存或堆栈的内容等来进行系统软件逻辑功能的验证和查错。单片机软件调试分为两种，一种是使用软件模拟调试。用开发单片机程序的计算机去模拟单片机的指令执行，并虚拟单片机内部资源，从而实现调试的目的。但是软件调试存在一些问题，如计算机本身是多任务系统，分配执行时间是由操作系统本身完成的，无法得到精确控制，这样就无法实时地模拟单片机的执行时序；第二种方法是仿真器调试。计算机把编译好的程序通过接口传输到仿真器，仿真器仿真全部的单片机资源并将单片机内部内存与时序等情况反馈给计算机的仿真软件，这样就可以在软件里看到真实的执行情况。软件调试是通过集成开发环境软件的单步、全速、运行到光标等调试手段进行的。

   3）系统联调

   系统联调是硬件系统和软件系统同时工作，通过硬件中的设备反映软件的运行结果是否达到了预期的目的，例如，灯的亮灭、电动机的转向和转速、继电器的通断等。在系统联调中往往会发现一些在硬件系统和软件系统单独调试中无法发现的问题，因此系统联调是评价系统是否达到预期目标的最直接方式，它对于系统的设计非常重要。

   事实上，硬件调试和软件调试是紧密联系、相辅相成的，许多硬件错误是在软件调试中发现和纠正的。调试中，应对照系统的硬件电路图和软件流程图，仔细分析错误原因，认真进行系统的整体功能验证。为了顺利进行调试，需要程序员在开发过程中做到规范（语句或子程序注释、格式书写规范等），以提高调试效率。

12.2 功率扩展与隔离技术

   在单片机应用系统中，单片机有时需要控制各种各样的高电压、大电流负载，如单片机控制的照明声光控系统、电动机正反转系统等。单片机工作电压只有 5 V，如果控制这些大功率设备，必须通过各种驱动电路和开关电路进行。同时，为了防止系统中不同强度及性质的信号串扰，还需要隔离技术来提高系统的稳定性。

12.2.1 功率扩展

   前面提到，MCS-51 单片机有 4 个并行口，其中 P0 口驱动能力最大，每个引脚可驱动 8 个 LS 型 TTL 输入，即当输出高电平时，可提供 400 μA 电流；当输出低电平（0.45 V）时，可提供 3.2 mA 的灌电流。P1 口、P2 口、P3 口的每个引脚只能驱动 4 个 LS 型 TTL，即可提供电流只有 P0 口的一半。单片机的 4 个并行口中，一般只用 P1 口和 P3 口作为输出口，所以单片机驱动能力有限，往往要加总线驱动器或其他驱动电路。

   单片机功率扩展往往依靠驱动电路来完成。只要给驱动电路中的芯片添加合适的限流电阻和偏置电阻即可直接进行 TTL、MOS 及 CMOS 电路的驱动。当它们驱动感性负载时，必须加限流电阻或钳位二极管进行保护。此外，有些驱动器内部还有逻辑门电路，可以完成与、与非、或、或非的逻辑功能。图 12-2 是一个电动机功率驱动电路，P1.3、P2.2 和 P2.4 分别是 51 单片机的 I/O 引脚。当 P1.3 为高电平、P2.2 和 P2.4 都为低电平时，电动机正转。此时，T1 和 T4 导通，T2 和 T3 截止，电流注向为＋5V—R1—T1—M—T4；当 P1.3 为低电平、P2.2 和 P2.4 都为高电平时，电动机反转。此时，T2 和 T3 导通，T1 和 T4 截止。P2.2 为高电平同时 P2.4 为低电平时，电路全不通，电动机停止。

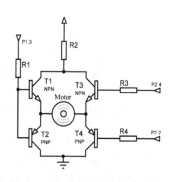

图 12-2 电动机功率驱动电路

单片机也可通过继电器进行功率扩展。当继电器输入量达到规定值时，继电器会控制输出电路的导通或断开。继电器分为电气量（电流、电压、功率、频率等）继电器和非电气量（温度、压力、速度等）继电器两大类。继电器按工作原理和结构特征可分为电磁继电器、固态继电器、舌簧继电器、温度继电器、时间继电器、高频继电器、热继电器、霍尔效应继电器、差动继电器等；按照外形和尺寸可分为微型继电器、超小型继电器、小型继电器、中型继电器和大型继电器；按负载可分为微功率继电器、弱功率继电器、中功率继电器和大功率继电器。继电器动作快，工作稳定，使用寿命长，体积小，广泛应用于大功率负载控制系统中。

12.2.2　隔离技术

隔离包括物理隔离和光电隔离两种。

1）物理隔离

物理隔离是指对小信号低电平的隔离。要求系统信号连线应尽量远离高电平大功率导线，以减小噪声和电磁场干扰。电路设计中，同一设备内部应把两类信号导线分开走线。远距离走线时，应注意将信号电缆和功率电缆分开，并保持一定距离。必要时，要用屏蔽导线。在PCB设计时，信号回路的铜箔条要有足够的间距，而且这个间距要随频率的增加而加大，尤其是频率极高或脉冲前沿十分陡峭的情况更应注意。因为只有这样才能降低导线间分布电容的影响。信号线尽量减少平行布置，必须平行走线的电路应考虑在两条信号线中间加一条接地的隔离走线。容易被干扰的信号线，不能与能够产生干扰或传递干扰的线路长距离平行铺设。必要时，可在它们中间设置一根地线，实现屏蔽隔离。

2）光电隔离

光耦合器亦称光电隔离器或光电耦合器，简称光耦（optical coupler，OC）。使用光电隔离的目的是割断两个电路的电联系，使之相互独立，从而抑制尖脉冲和各种噪声干扰。光电耦合器是以光为媒介来传输电信号的器件，主要结构是把发光器件和光接收器件组装在一个密闭的管壳内，然后利用发光器件的管脚作为输入端，而把光接收器的管脚作为输出端，从而实现了"电—光—电"的信号传输，而器件的输入和输出两端在电气上是绝缘的。光电耦合器的封装形式一般有管形、双列直插式和光导纤维连接3种。耦合器的种类达数十种，主要有通用型（又分无基极引线和基极引线两种）、达林顿型、施密特型、高速型、三极管型、光敏晶闸管型（又分单向晶闸管、双向晶闸管）、光敏场效应管型。普通光耦合器只能传输数字信号，不适合传输模拟信号。近年来问世的线性光耦合器能够传输连续变化的模拟电压或模拟电流信号，使其应用领域大大扩宽。图12-3是其原理图，图12-4是实物图。

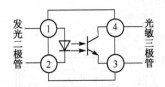
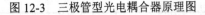

图12-3　三极管型光电耦合器原理图

图12-4　PS2701-1-F3-A型光电耦合器

光电耦合器输入阻抗很小，只有几百欧姆，而干扰源电阻很大，所以根据分压原理，即使干扰电压很大，但馈送到光电耦合器输入端的噪声电压很小。光电耦合器的输入回路与输出回路没有电气联系，也没有共地。其之间的分布电容极小，但绝缘电阻很大，因此光电耦合器一端干扰噪声无法馈送到另一端。光电耦合器能在传输信号的同时有效地抑制尖脉冲和各种噪声干扰，使通道上信号噪声比大为提高。光电耦合器响应速度极快，其响应延迟只有 10 μs 左右，适于响应速度要求很高的场合。

由于光电耦合器抗干扰强、使用寿命长、传输效率高，因此它被广泛应用于电平转换、信号隔离、级间隔离、开关电路、远距离信号传输、脉冲放大、固态继电器、仪器仪表、通信设备等。

12.3　单片机应用系统的抗干扰技术

目前，单片机应用系统在工业自动化、生产过程控制、智能化仪器仪表等领域的应用日益广泛，有效地提高了生产效率、控制质量和经济效益。但是，单片机系统的工作环境往往是比较恶劣和复杂的，其应用可靠性、安全性日益成为一个突出的问题。应用系统要求能长期稳定、可靠地工作。但外界环境因素及电路、器件本身的参数，都会为系统引入干扰和噪声，造成系统功能失灵，甚至造成巨大损失。因此，抗干扰设计是提高单片机系统性能、保证其稳定性的一项重要内容。

12.3.1　干扰的来源

一般把影响单片机测控系统正常工作的信号叫作噪声或者干扰。干扰会影响单片机应用系统指令的正常执行，甚至造成重大控制事故；在测量通道中产生的干扰还会造成测量误差，影响系统性能；有些电压的冲击还会损害芯片，造成系统致命的破坏。

环境对单片机控制系统的干扰往往以脉冲的形式进入系统，其途径主要有：

（1）空间电磁干扰。系统周围的电气设备(高频电源、强电设备产生的火花、中频炉、晶闸管逆变电源、电焊机、大电机、高频时钟)等发出的电磁干扰；广播电视、通信发射装置；闪电、地磁场等都会造成系统的干扰，甚至导致系统不能工作。

（2）供电系统干扰。工业现场环境中的用电设备多，功率大。大型感性负载在启停时会造成电网电压的波动，有些设备启停引起供电系统中的尖峰电流是额定电流的 5～7 倍，这些波动有时会造成单片机应用系统供电电压的不稳定，从而影响系统正常工作。

（3）过程通道干扰。在单片机应用系统中，为了能完成数据采集或实时控制，开关量输入输出、模拟量输入输出是必不可少的。在有些工业控制中，输入输出的控制线或数据线很多，任何一条线发生故障，都可能使通道中串入干扰信号，这样很容易造成信号误差，甚至导致系统无法工作。

（4）系统内部干扰。任何一台正在工作的电子设备，它本身就是一个干扰源。单片机测控系统的机内干扰分串模干扰和共模干扰两大类。机内干扰信号包括电磁继电器产生的火花放电干扰、自激振荡(含振铃电压)、尖峰干扰、噪声电压(开关噪声、电容噪声、高频变压器噪声、音频噪声)等。

单片机应用系统需要根据以上干扰特点，应用不同方法进行抗干扰设计。

12.3.2　硬件抗干扰技术

硬件抗干扰设计是保证单片机应用系统稳定工作的重要内容，是整个系统抗干扰设计的主体。根据干扰源不同，主要从以下方面进行抗干扰设计。

1) 系统供电抗干扰措施

系统供电带来种种电源干扰，危害十分严重。这些干扰通常有过压、欠压、浪涌、尖峰电压和射频干扰等。供电系统过压和欠压变化较为缓慢，但幅度超过30%时，系统就会无法正常工作或烧毁元件。浪涌变化速度较快，容易造成电源电压的振荡，以致系统无法工作。尖峰电流持续时间很短，一般不会损坏系统，但1000 V以上尖峰电压会使系统出错，甚至冲坏源程序，使系统失灵。为抑制和消除上述电源干扰，单片机应用系统抗干扰应从多方面考虑，但主要体现在以下几个方面。

（1）外部电源采用带有滤波和屏蔽的供电电源或开关稳压电源。

在220 V交流进线处，可以设置一个低通滤波器，滤波器需要加屏蔽外壳，并使其接地良好。电压进线和出线要严格分开，变压器初级和次级绕组需要分别加屏蔽层，初、次级间再加屏蔽层，且初、次级绕组的接地要分开。开关电源是近代普遍推广的稳压电源，具有效率高、电压范围宽，输出电压相对稳定等特点，现在应用比较广，如现在电脑的ATX电源、笔记本电脑的电源适配器、打印机电源、手机充电器等。

（2）单片机系统中采用集成稳压模块。

单片机应用系统中常采用集成稳压模块进行供电。稳压模块有很多种，包括固定稳压模块、可调式集成稳压模块、低压差稳压模块和基准电压源模块等类型。

三端固定式稳压模块常用的有7800/7900系列（如图12-5所示）。7800系列输出正电压，其输出电压有5 V、6 V、8 V、10 V、12 V、15 V、18 V、20 V、24 V等。其输出电流分为5挡，其中7800是1 A，78M00是0.5 A，78L00是0.1 A，78T00是3 A，78H00是5 A。7900系列输出电压为负值。

三端可调式稳压模块（如图12-6所示）是在三端固定式稳压模块上发展起来的，它能够依靠可调端（ADJ）进行电压调整。代表芯片有美国国家半导体公司的LM117/LM317（正压）和LM137/LM337（负压），这些模块的输出电压范围是1.2～37 V，负载电流最大为1.5 A。这些模块的使用非常简单，仅需要两个外接电阻来设置输出电压。此外，它的线性调整率和负载调整率也比标准的固定稳压器好，且具有输出短路保护，过流、过热保护功能。

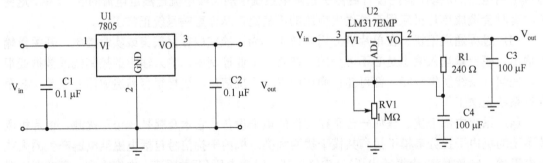

图12-5　三端固定式稳压模块典型电路　　　图12-6　三端可调式稳压模块的典型电路

Micrel公司生产的三端稳压器MIC29150系列，具有3.3 V、5 V和12 V 3种电压，输出电流为1.5 A，与7800系列的封装相同。在稳压性能要求极高的场合，可以考虑选用自恒温电压基准LM199/299/399系列，其稳定电压典型值为6.95 V、动态电阻典型值为0.5 Ω、LM199/299的温度系数＜1 ppm/℃，LM399的温度系数＜2 ppm/℃。其最大的优点是温度系数极小，可以说几乎不受环境温度的影响。TL431、MC1403也是高精度稳压模块，同样具有应用简单、稳压效果好等特点。

（3）进行掉电保护设计。

单片机应用系统中，为了保证供电系统中断后 SRAM 的数据不会丢失，采用掉电保护电路是一个很好的方法。掉电保护是指在单片机供电系统正常工作时，单片机由供电系统供电，在供电系统失电时，单片机由备用电源供电。

2）接地问题

"地"有两种含义：一种是大地，另一种是"工作基准地"。所谓"大地"是指电气设备的金属外壳、线路等通过接地线、接地极与大地相连接。这种接地可以保证人身和设备安全，通过静电屏蔽通路，减小电磁感应噪声。"工作基准地"是指信号回路的基准导体，即系统地，如电源零电位。系统中这种接地的目的是将各单元、装置内部各部分电路信号返回线与基准导体之间进行连接，为各部分提供统一的基准电位。单片机应用系统中，按电气设备中回路性质和接地目的，接地系统可分为安全接地、工作接地（数字地、模拟地、功率器件地）、防浪涌接地（雷击浪涌、上电浪涌）和防静电接地。

（1）安全接地。

用电设备绝缘物质受到外部机械损伤、系统过电压或者本身老化等原因可导致其绝缘性能大大降低，设备的金属外壳、操作手柄等导电部分会对地产生高电压。人如果接触这些部位，会有触电危险。因此，很多设备中凡人可接触的部位都必须接地，这称为安全接地。在工频电压进行供电的单片机系统中，应注意安全接地的问题。

（2）工作接地。

工作接地是保证系统能够正常工作的地，许多情况下，工作基准地不与设备外壳相连，因此工作基准地的零电位参考点相对大地浮空，所以也把工作地称为"浮地"。工作接地中，有几个定义和符号需弄清楚。

数字地，也称为逻辑地，这是逻辑数字电路的公共地线，主要指 TTL 或 CMOS 芯片、CPU 芯片等数字逻辑电路的地端。模拟地是系统中放大器、前置放大器或比较器的参考零电位。功率地是线性稳压电源或开关电源的地线。信号地一般是指传感器信号的地线，它为电路确定了基准电位，使电路工作于稳定状态，并能比较信号的有无、大小，进而测量电路增益、失真等参数。交流地是指交流 50 Hz 工频电流的地线，这种地线往往会造成系统干扰，也称为噪声地。屏蔽地是为防止静电感应和磁场感应而设置的地。

在 Protel 等软件中，有不同的接地符号，需要分清其功能和含义。"⊥"是弱电接地，"⊹"是模拟地或者强电电路地，"▽"表示数字地，也常被用作参考接地，"⊓"表示大地或者机箱的接地。

在电子设备中，接地是控制干扰的重要方法。接地设计时应正确选择单点接地与多点接地。在低频电路中，信号的工作频率小于 1 MHz，一般采用一点接地。当信号工作频率大于 10 MHz 时，地线阻抗变得很大，此时为了尽量减小地线阻抗，应采用就近多点接地。要将数字电路与模拟电路分开，数字地通常有很大的噪声，而且电平的跳跃会造成很多的尖峰电流。所以，模拟地与数字地应分开走线，最后只在一点汇在一起。

3）屏蔽技术

所谓屏蔽是指用来保护电路、设备、传输线等不受静电场、电磁场或磁场干扰的装置。高频电源、交流电源强电设备产生的电火花和雷电等都会产生电磁波，从而造成电磁干扰。当距离较近时，电磁波会通过分布电容和电感耦合到信号回路而形成电磁干扰；当距离较远时，电磁波以辐射形式构成干扰。单片机内部使用的振荡器，本身就是一个电磁干扰源，同时也由于它极易受其他电磁干扰的影响，破坏单片机正常工作。

4）印制电路板的抗干扰设计

印制电路板（PCB）是单片机系统中器件、信号线、电源线的高密度集合体。印制电路板设计的好坏对抗干扰能力影响很大，故印制电路板设计绝不单单是器件、线路的简单布置和连接，还需要符合抗干扰设计。印制电路板的抗干扰技术应该是硬件抗干扰的重要内容，详细内容请参考相关资料。

12.3.3 软件抗干扰技术

软件抗干扰技术是当系统受干扰后使系统恢复正常运行，或输入信号受干扰后去伪存真的一种辅助方法。此技术属于一种被动抗干扰措施，但是由于软件抗干扰设计灵活，节省硬件资源，操作起来方便易行，所以软件抗干扰技术越来越受到人们的重视。

软件抗干扰属于单片机系统的自身防御行为，采用软件抗干扰的前提条件是，系统中抗干扰软件不会因干扰而损坏。由于单片机重要的程序都放置在 ROM 中，这为软件抗干扰提供了保障。

软件抗干扰技术所研究的内容主要包括以下两个方面：一是采用软件的方法抑制叠加在模拟输入信号上噪声的影响，如数字滤波器技术；二是在干扰造成运行程序发生混乱、程序乱飞或陷入死循环时，采用软件冗余、软件陷阱、"看门狗"技术等方法使其正常运行。

1）软件滤波

在实时数据采集系统中，为了消除数据通道中的干扰信号，在硬件措施中常用有源或无源 RLC 网络构成滤波器，对信号进行频率滤波。但受各 RLC 元件精度限制，有时硬件滤波器难以精确控制工作特性，滤波器变通性差。而且在进行超低频滤波时，需要的电感元件体积庞大，不利于系统硬件安装。随着计算机技术的迅速发展，数字滤波器（DF，digital filter）正获得愈来愈广泛的应用，它通过计算机执行一段相应的程序来滤除夹杂在数字信号中的干扰信号，因此也称为软件滤波器。常用的数字滤波程序很多，有算术平均值法、超值滤波法、中值法、比较取舍法、竞赛评分法、取极值法、滑动算术平均法和一阶低通滤波法等。

2）指令冗余技术

前面提到，MCS-51 指令系统中，指令包括操作码和操作数两部分，单字节指令将操作码和操作数放入一个地址中，而双字节指令和三字节指令则有操作数的单独地址。实践证明，在 CPU 受到外界干扰后，PC 指针会"乱跳"，如果 PC 指针刚好跳到操作数的地址上，CPU会误将操作数当指令码来执行，由此造成 PC 指针的进一步"跑飞"，使程序运行混乱，这时必须采用措施将其纳入正轨。

如果 PC 指针"乱跳"到单字节指令上，程序会自动纳入正规，因此单字节具有抗干扰能力；如果"乱跳"到双字节指令上的操作数地址，就会发生将操作数当操作码执行的问题；如果"乱跳"到三字节指令，因为它们有两个操作数，故误将操作数当操作码的出错概率更大。因此，应多采用单字节指令，并在关键的地方人为地插入一些单字节指令（NOP），或将有效单字节指令重复书写，这便是指令冗余。指令冗余虽然能纠正程序"乱跳"，但无疑会降低系统的效率，不过 CPU 还不至于忙到不能多执行几条指令的程度，故这种方法还是被广泛应用。在双字节指令和三字节指令之后插入两条 NOP 指令，可保护其后的指令不被拆散。因此，"乱跳"的指针即使落在操作数上，由于 NOP 指令的存在，也会使程序纳入正规。为了防止明显降低程序运行效率，一般在程序流向起决定作用的指令，如 RET、RETI、ACALL、LCALLL、SJMP、AJMP、LJMP、JZ、JNZ、JC、JNC、JB、JNB、JBC、CJNE、DJNZ 等之前插入两条 NOP 指令，以保证程序执行的稳定性。RET、RETI 本身就是单字节指令，但为了安全，也会添加 NOP 指令。

虽然指令冗余能减少"乱跳"次数，但不能保证系统失控期间不做"坏事"，也不能保证程序进入正常轨道后就太平无事。程序乱跳后，虽然安定下来，但有可能已经偏离正常顺序。解决这个问题就必须依靠软件容错技术，以消除系统的不稳定性。

3) 软件陷阱技术

让"乱跳"的 PC 指针安定下来，应先保证其落入程序区，其次要执行到冗余指令。而指针乱跳后，可能会落入到非程序区(EPROM 中未使用的空间或程序中数据表等区域)。而如果 PC 指针在遇到冗余指令前就进入了死循环，那同样无法安定下来。对于第一种情况，主要通过设立软件陷阱解决；对于第二种情况，可采样"看门狗"技术来解决。

所谓软件陷阱其实是一条引导指令，它强行将捕获的程序引向复位入口地址 0000H 或一个指定的地址，在指定地址那里有一段专门对程序出错进行处理的程序。比如，出错处理程序入口标号为 ERROR，则引导指令为"LJMP ERROR"。为了安全，其前面还可以加两条NOP 指令。

12.3.4 "看门狗"技术

单片机控制系统受到外界干扰后，程序会乱跳，也可能陷入死循环。指令冗余技术、软件陷阱技术如果不能拯救这种困境，控制系统将会瘫痪。此时，如果有值班人员对系统进行重启，那么系统会恢复工作。但值班人员不能一直监守，即使监守，也要等故障保持一段时间，值班人员发现不正常后才能使系统重启。单片机系统能否自己及时重启，恢复正常工作状态呢？这种技术便是"看门狗"技术。

"看门狗"技术就是不断监视程序循环运行时间，若发现时间超过已知的循环设定时间，则认为系统陷入死循环，然后强迫程序返回到 0000H 入口，使系统及时恢复正常工作。

"看门狗"技术可由硬件实现，也可由软件实现，也可两者结合。

1) 硬件"看门狗"

硬件"看门狗"电路方案很多，采用较多的方案有如下几种。

(1) 采用微处理器监控器，监控器带"看门狗"电路。微处理器监控器有 AX690A/MAX692A、MAX703-709、MAX813L、MAX791 等。单片机的一个 I/O 口连接"看门狗"芯片，该 I/O 口定时地往看门狗芯片送入高电平(或低电平)，执行这个操作的语句分散在单片机其他程序语句中间。一旦单片机由于干扰而跑飞，则"看门狗"不能定时得到信号，监控器就会向单片机复位引脚送出一个复位信号，使单片机复位重启。除了"看门狗"功能外，监控器还有掉电比较电路、备用电池切换电路等功能。读者可查看芯片说明资料。

(2) 采用单稳态电路实现"看门狗"，单稳态电路可采用 74LS123。通过单片机产生小于稳态电路翻转时间的周期信号，保持单片机正常工作。如果单片机进入死循环，则稳态电路会产生复位信号，进行单片机的复位。

(3)采用内带振荡器的计算器芯片(如 CD4060,如图 12-7 所示)。单片机定时向 CD4060 的 R 端发出复位信号,如果由于程序跑飞而无法发送复位信号,CD4060 计数器的计数值会超过一个值,然后产生复位脉冲到单片机的 RST 端口,为单片机复位。

(4)采用带有"看门狗"的单片机芯片。目前市场上流行的一些单片机多嵌有内部"看门狗",如 TI 的 MSP430 系列,Philips 的 P87XXX 和 P89XXX 系列,Atmel 的 AT89SXX 系列,宏晶的 STC 系列和 Holtek 的 Htxxx 系列等。

硬件看门狗必须由硬件逻辑组成,不宜由可编程计数器充当,防止 CPU 失控后对可编程器件进行修改。

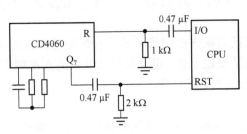

图 12-7　CD4060"看门狗"电路原理

2) 软件"看门狗"

由硬件电路实现的"看门狗"技术,可以有效地克服主程序或中断服务程序的死循环。但有些环境中,严重的干扰有时会破坏中断方式控制字,导致中断关闭,这时硬件"看门狗"电路将失效。而依靠软件进行双重监视,可以弥补上述不足。

软件"看门狗"的思路是在主程序中对 T0 中断服务程序进行监视;在 T1 中断服务程序中对主程序进行监视;在 T0 中断中对 T1 进行监视。具体方法是,对 T0 设定一定的定时时间(设定的定时值要小于主程序的运行时间),当产生定时中断时,对一个变量 M 进行赋值。在主程序的尾部对变量 M 的值进行判断,如果值发生了预期的变化,就说明 T0 中断正常;如果没有发生变化,则使程序复位。T1 用来监控主程序的运行,给 T1 设定一定的定时时间,在主程序中对其进行复位,如果不能在一定的时间里对其进行复位,T1 的定时中断就会使单片机复位。在这里 T1 的定时时间应大于主程序的运行时间,以给主程序留有一定的裕量,而 T1 的中断正常与否再由 T0 定时中断子程序来监视。这样就构成了一个循环,T0 监视 T1,T1 监视主程序,主程序又来监视 T0,从而保证系统的稳定运行。从概率上分析,这种监视可以大大提高系统运行的可靠性。

本 章 小 结

本章介绍了单片机系统开发的步骤、内容和开发工具,对单片机应用系统的构成和各部分设计原则进行了叙述。对单片机系统的开发工具,进行了 4 方面的总结和概况。对单片机的软、硬件调试和联合调试方法、原则等进行了总结。考虑到单片机系统的功率扩展和抗干扰技术,本章还介绍了单片机功率扩展的常用方法,对物理隔离和光电隔离技术进行了概述。单片机系统工作环境一般比较复杂,在考虑系统功能的基础上,应该注重单片机应用系统抗干扰能力的提高。本章介绍了单片机系统干扰源的特点及类型,并从单片机电源供电抗干扰、接地技术、屏蔽技术、印制电路板设计等硬件抗干扰方法和以软件滤波、指令冗余、软件陷阱等软件抗干扰方法,以及"看门狗"技术 3 个方面进行了阐述,总结了单片机常用抗干扰技术和应用方法。希望大家在实践中遵循单片机系统的设计原则,逐步掌握系统的设计方法。

附录 A ASCII 码字符表

编码[1]	字符	编码[1]	字符	编码[1]	字符	编码[1]	字符
00	DUL	20	SPACE[2]	40	@	60	'
01	SOH	21	!	41	A	61	a
02	STX	22	"	42	B	62	b
03	ETX	23	#	43	C	63	c
04	EOT	24	$	44	D	64	d
05	ENQ	25	%	45	E	65	e
06	ACK	26	&	46	F	66	f
07	BEL[3]	27	'	47	G	67	g
08	BSB	28	(	48	H	68	h
09	TAB	29	)	49	I	69	i
0A	LF[3]	2A	*	4A	J	6A	j
0B	VT	2B	+	4B	K	6B	k
0C	FF[3]	2C	,	4C	L	6C	l
0D	CR[3]	2D	-	4D	M	6D	m
0E	SO	2E	.	4E	N	6E	n
0F	SI	2F	/	4F	O	6F	o
10	DEL[3]	30	0	50	P	70	p
11	DC1	31	1	51	Q	71	q
12	DC2	32	2	52	R	72	r
13	DC3	33	3	53	S	73	s
14	DC4	34	4	54	T	74	t
15	NAK	35	5	55	U	75	u
16	SYN	36	6	56	V	76	v
17	ETB	37	7	57	W	77	w
18	CAN	38	8	58	X	78	x
19	EM	39	9	59	Y	79	y
1A	SUB	3A	:	5A	Z	7A	z
1B	ESC	3B	;	5B	[	7B	{
1C	FS	3C	<	5C	\	7C		
1D	GS	3D	=	5D	]	7D	}
1E	RS	3E	>	5E	^	7E	
1F	US	3F	?	5F		7F	DEL

① "编码"是十六进制；② SPACE 表示空格；③ LF = 换行，FF = 换页，CR = 回车，DEL = 删除，BEL＝振铃。

附录 B MCS-51 系列单片机指令表

MCS-51 系列单片机指令系统所用符号和含义。

Rn (n = 0~7)：当前寄存器组的 8 个通用寄存器 R0~R7 之一。

Ri (i = 0,1)：可用作间接寻址的寄存器，只能是 R0 和 R1 两个寄存器之一。

direct：内部 RAM 的 8 位单元地址，既可以是内部 RAM 的低 128 个单元地址，也可以是专用寄存器的单元地址或符号。

A：累加器（直接寻址方式下的累加器表示为 ACC）。

C：进位标志位 CY，它是布尔处理机的累加器，也称之为累加位。

#data：8 位立即数。

#data16：16 位立即数。

addr16：16 位目的地址，只限于在 LCALL 和 LJMP 指令中使用。

addr11：11 位目的地址，只限于在 ACALL 和 AJMP 指令中使用。

rel：相对转移指令中的偏移量，为 8 位带符号补码数。

bit：内部 RAM（包括专用寄存器）中的直接寻址位。

@：间址寄存器的前缀标志。

/：加在位地址的前面，表示对该位状态取反。

(X)：某寄存器或某单元的内容。

((X))：由 X 间接寻址的单元中的内容。

←：箭头左边的内容被箭头右边的内容所取代。

←→：交换箭头左右的数据。

$：当前指令的地址。

∧：逻辑与。

∨：逻辑或。

⊕：逻辑异或。

√：对标志位产生影响。

×：不影响标志位。

1. 数据传送类指令（29 条）

助记符	十六进制代码	指令功能	对标志位的影响				字节数	机器周期数
			P	OV	AC	CY		
MOV A, Rn	E8~EF	A←(Rn)	√	×	×	×	1	1
MOV A, direct	E5, direct	A←(direct)	√	×	×	×	2	1
MOV A, @Ri	E6~E7	A←((Ri))	√	×	×	×	1	1
MOV A, #data	74, data	A←data	√	×	×	×	2	1
MOV Rn, A	F8~FF	Rn←(A)	×	×	×	×	1	1
MOV Rn, direct	A8~AF, direct	Rn←(direct)	×	×	×	×	2	2
MOV Rn, #data	78~7F, data	Rn←data	×	×	×	×	2	1

助记符	十六进制代码	指令功能	对标志位的影响				字节数	机器周期数
			P	OV	AC	CY		
MOV direct, A	F5, direct	direct←(A)	×	×	×	×	2	1
MOV direct, Rn	88~8F, direct	direct←(Rn)	×	×	×	×	2	2
MOV direct1, direct2	85, direct2, direct1	direct1←(direct2)	×	×	×	×	3	2
MOV direct, @Ri	86~87, direct	direct←((Ri))	×	×	×	×	2	2
MOV direct, #data	75, direct, data	direct←data	×	×	×	×	3	2
MOV @Ri, A	F6~F7	(Ri)←(A)	×	×	×	×	1	1
MOV @Ri, direct	A6~A7, direct	(Ri)←(direct)	×	×	×	×	2	2
MOV @Ri, #data	76~77, data	(Ri)←data	×	×	×	×	2	1
MOV DPTR, #data16	90, data$_{15\sim8}$, data$_{7\sim0}$	DPTR←data	×	×	×	×	3	2
MOVC A, @A+DPTR	93	A←((A)+(DPTR))	√	×	×	×	1	2
MOVC A, @A+PC	83	A←((A)+(PC))	√	×	×	×	1	2
MOVX A, @Ri	E2~E3	A←((Ri))	√	×	×	×	1	2
MOVX A, @DPTR	E0	A←((DPTR))	√	×	×	×	1	2
MOVX @Ri, A	F2~F3	(Ri)←(A)	×	×	×	×	1	2
MOVX @DPTR, A	F0	(DPTR)←(A)	×	×	×	×	1	2
PUSH direct	C0, direct	SP←(SP)+1, (SP)←(direct)	×	×	×	×	2	2
POP direct	D0, direct	direct←((SP)), (SP)←(SP)-1	×	×	×	×	2	2
XCH A, Rn	C8~CF	(A)←→(Rn)	√	×	×	×	1	1
XCH A, direct	C5, direct	(A)←→(direct)	√	×	×	×	2	1
XCH A, @Ri	C6~C7	(A)←→((Ri))	√	×	×	×	1	1
XCHD A, @Ri	D6~D7	(A)$_{3\sim0}$←→((Ri))$_{3\sim0}$	√	×	×	×	1	1
SWAP A	C4	(A)$_{3\sim0}$←→(A)$_{7\sim4}$	×	×	×	×	1	1

2. 算术运算类指令（24 条）

助记符	十六进制代码	指令功能	对标志位的影响				字节数	机器周期数
			P	OV	AC	CY		
ADD A, Rn	28~2F	A←(A)+(Rn)	√	√	√	√	1	1
ADD A, direct	25, direct	A←(A)+(direct)	√	√	√	√	2	1
ADD A, @Ri	26~27	A←(A)+((Rn))	√	√	√	√	1	1
ADD A, #data	24, data	A←(A)+data	√	√	√	√	2	1
ADDC A, Rn	38~3F	A←(A)+(Rn)+1	√	√	√	√	1	1
ADDC A, direct	35, direct	A←(A)+(direct)+1	√	√	√	√	2	1
ADDC A, @Ri	36~37	A←(A)+((Rn))+1	√	√	√	√	1	1
ADDC A, #data	34, data	A←(A)+data+1	√	√	√	√	2	1
SUBB A, Rn	98~9F	A←(A)-(Rn)	√	√	√	√	1	1
SUBB A, direct	95, direct	A←(A)-(direct)	√	√	√	√	2	1
SUBB A, @Ri	96~97	A←(A)-((Rn))	√	√	√	√	1	1
SUBB A, #data	94, data	A←(A)-data	√	√	√	√	2	1
INC A	04	A←(A)+1	√	×	×	×	1	1
INC Rn	08~0F	Rn←(Rn)+1	×	×	×	×	1	1
INC direct	05, direct	direct←(direct)+1	×	×	×	×	2	1
INC @Ri	06~07	Ri←((Ri))+1	×	×	×	×	1	1
INC DPTR	A3	DPTR←(DPTR)+1	×	×	×	×	1	2

助记符	十六进制代码	指令功能	对标志位的影响				字节数	机器周期数
			P	OV	AC	CY		
DEC　A	14	A←(A)−1	√	×	×	×	1	1
DEC　Rn	18~1F	Rn←(Rn)−1	×	×	×	×	1	1
DEC　direct	15, direct	direct←(direct)−1	×	×	×	×	2	1
DEC　@Ri	16~17	Ri←((Ri))−1	×	×	×	×	1	1
MUL　AB	A4	BA←(A)×(B)	√	√	×	0	1	4
DIV　AB	84	A…B←(A)/(B)	√	√	×	0	1	4
DA　A	D4	对(A)进行十进制调整	√	×	√	√	1	1

3. 逻辑运算及移位类指令(24条)

助记符	十六进制代码	指令功能	对标志位的影响				字节数	机器周期数
			P	OV	AC	CY		
ANL　A, #data	54, data	A←(A)∧data	√	×	×	×	2	1
ANL　A, Rn	58~5F	A←(A)∧(Rn)	√	×	×	×	1	1
ANL　A, @Ri	56~57	A←(A)∧((Ri))	√	×	×	×	1	1
ANL　A, direct	55, direct	A←(A)∧(direct)	√	×	×	×	2	1
ANL　direct, A	52, direct	direct←(direct)∧(A)	×	×	×	×	2	1
ANL　direct, #data	53, direct, data	direct←(direct)∧data	×	×	×	×	3	2
ORL　A, #data	44, data	A←(A)∨data	√	×	×	×	2	1
ORL　A, Rn	48~4F	A←(A)∨(Rn)	√	×	×	×	1	1
ORL　A, @Ri	46~47	A←(A)∨((Ri))	√	×	×	×	1	1
ORL　A, direct	45, direct	A←(A)∨(direct)	√	×	×	×	2	1
ORL　direct, A	42, direct	direct←(direct)∨(A)	×	×	×	×	2	1
ORL　direct, #data	43, direct, data	direct←(direct)∨data	×	×	×	×	3	2
XRL　A, #data	64, data	A←(A)⊕data	√	×	×	×	2	1
XRL　A, Rn	68~6F	A←(A)⊕(Rn)	√	×	×	×	1	1
XRL　A, @Ri	66~67	A←(A)⊕((Ri))	√	×	×	×	1	1
XRL　A, direct	65, direct	A←(A)⊕(direct)	√	×	×	×	2	1
XRL　direct, A	62, direct	direct←(direct)⊕(A)	×	×	×	×	2	1
XRL　direct, #data	63, direct, data	direct←(direct)⊕data	×	×	×	×	3	2
CLR　A	E4	A←0	√	×	×	×	1	1
CPL　A	F4	A←($\overline{A}$)	×	×	×	×	1	1
RL　A	23	(A)循环左移一位	×	×	×	×	1	1
RLC　A	33	(A)带进位位循环左移一位	√	×	×	√	1	1
RR　A	03	(A)循环右移一位	×	×	×	×	1	1
RRC　A	13	(A)带进位位循环右移一位	√	×	×	√	1	1

4. 控制转移类指令(17条)

助记符	十六进制代码	指令功能	对标志位的影响				字节数	机器周期数
			P	OV	AC	CY		
LJMP addr16	02, addr16 高字节、addr16 低字节	PC←addr16	×	×	×	×	3	2
AJMP addr11	*1	PC←(PC)+2, PC_{10-0}←addr11	×	×	×	×	2	2
SJMP　rel	80, rel	PC←(PC)+2, PC←(PC)+rel	×	×	×	×	2	2

助记符	十六进制代码	指令功能	对标志位的影响				字节数	机器周期数
			P	OV	AC	CY		
JMP @A + DPTR	73	PC←(A) + (DPTR)	×	×	×	×	1	2
JZ rel	60, rel	若(A) = 0,则 PC←(PC) + 2 + rel; 若(A) ≠ 0,则 PC ←(PC) + 2	×	×	×	×	2	2
JNZ rel	70, rel	若(A) ≠ 0, 则 PC ←(PC) + 2 + rel; 若(A) = 0,则 PC←(PC) + 2	×	×	×	×	2	2
CJNE A, #data, rel	B4, data, rel	若(A) ≠ data, 则 PC←(PC) + 3 + rel; 否则, PC←(PC) + 3	×	×	×	√	3	2
CJNE A, direct, rel	B5, direct, rel	若(A) ≠ (direct), 则 PC←(PC) + 3 + rel; 否则, PC←(PC) + 3	×	×	×	√	3	2
CJNE Rn, #data, rel	B8~BF, data, rel	若(Rn) ≠ data, 则 PC←(PC) + 3 + rel; 否则, PC←(PC) + 3	×	×	×	√	3	2
CJNE @Ri, #data, rel	B6~B7, data, rel	若((Ri)) ≠ data, 则 PC←(PC) + 3 + rel; 否则 PC←(PC) + 3	×	×	×	√	3	2
DJNZ Rn, rel	D8~DF, rel	Rn←(Rn) − 1; 若(Rn) ≠ 0, 则 PC←(PC) + 2 + rel; 若(Rn) = 0, 则 PC←(PC) + 2	×	×	×	×	2	2
DJNZ direct, rel	D5, direct, rel	Rn←(direct) − 1;若(direct) ≠ 0, 则 PC←(PC) + 2 + rel; 若(direct) = 0, 则 PC←(PC) + 2	×	×	×	×	3	2
LCALL addr16	02, addr16 高字节、addr16 低字节	PC←(PC) + 3; SP←(SP) + 1, (SP) ←(PC)$_{7\sim0}$; SP←(SP) + 1, (SP) ←(PC)$_{15\sim8}$; PC←addr16	×	×	×	×	3	2
ACALL addr11	*2	PC←(PC) + 2; SP←(SP) + 1, (SP) ←(PC)$_{7\sim0}$; SP←(SP) + 1, (SP) ←(PC)$_{15\sim8}$; PC$_{10\sim0}$←addr11	×	×	×	×	2	2
RET	22	PC$_{15\sim8}$←(SP), SP←(SP) − 1; PC$_{7\sim0}$ ←(SP), SP←(SP) − 1	×	×	×	×	1	2
RETI	32	PC$_{15\sim8}$←(SP), SP←(SP) − 1; PC$_{7\sim0}$ ←(SP), SP←(SP) − 1	×	×	×	×	1	2
NOP	00	PC←(PC) + 1	×	×	×	×	1	1

注: *1: $a_{10}a_9a_800001\ a_7a_6a_5a_4a_3a_2a_1a_0$, 其中 a10~a0 为 addr11 中的各位。

*2: $a_{10}a_9a_810001\ a_7a_6a_5a_4a_3a_2a_1a_0$, 其中 a10~a0 为 addr11 中的各位。

5. 位运算类指令(17 条)

助记符	十六进制代码	指令功能	对标志位的影响				字节数	机器周期数
			P	OV	AC	CY		
MOV bit, C	92, bit	bit←(CY)	×	×	×	×	2	2
MOV C, bit	A2, bit	CY←(bit)	×	×	×	√	2	1
CLR C	C3	CY←0	×	×	×	√	1	1
CLR bit	C2, bit	bit←0	×	×	×	×	2	1
SETB CY	D3	CY←1	×	×	×	√	1	1

助记符	十六进制代码	指令功能	对标志位的影响				字节数	机器周期数
			P	OV	AC	CY		
SETB bit	D2, bit	bit←1	×	×	×	×	2	1
ANL C, bit	82, bit	CY←(CY)∧(bit)	×	×	×	√	2	2
ANL C, /bit	B0, bit	CY←(CY)∧($\overline{\text{bit}}$)	×	×	×	√	2	2
ORL C, bit	72, bit	CY←(CY)∨(bit)	×	×	×	√	2	2
ORL C, /bit	A0, bit	CY←(CY)∨($\overline{\text{bit}}$)	×	×	×	√	2	2
CPL bit	B2, bit	bit←($\overline{\text{bit}}$)	×	×	×	×	2	1
CPL C	B3	CY←($\overline{\text{CY}}$)	×	×	×	√	1	1
JC rel	40, rel	若(CY)=1, 则(PC)←(PC)+2+rel; 否则,(PC)←(PC)+2	×	×	×	×	2	2
JNC rel	50, rel	若(CY)=0, 则(PC)←(PC)+2+rel; 否则,(PC)←(PC)+2	×	×	×	×	2	2
JB bit, rel	20, bit, rel	若(bit)=1, 则(PC)←(PC)+3+rel; 否则,(PC)←(PC)+3	×	×	×	×	3	2
JNB bit, rel	30, bit, rel	若(bit)=0, 则(PC)←(PC)+3+rel; 否则,(PC)←(PC)+3	×	×	×	×	3	2
JBC bit, rel	10, bit, rel	若(bit)=1, 则(PC)←(PC)+3+ rel 且(bit)←0; 否则,(PC)←(PC)+3	×	×	×	×	3	2

附录 C 单片机中常用词语英汉对照

1-wire bus system	单总线系统
A/D converter (analog to digital converter)	模/数转换器
A/D (analog to digital)	模/数转换
AB (address bus)	地址总线
AC motor	交流电机
AC (auxiliary carry)	辅助进位位
ACC (accumulator)	累加器
ADD (addition)	加法
address code	地址码
addressing mode	寻址方式
ALE (address latch enable)	地址锁存允许
ALU (arithmetic and logical unit)	算术逻辑单元
analog ICs	模拟电路集成芯片
analog output	模拟输出
arithmetic operation instruction	算术运算指令
artificial intelligence	人工智能
assembly language	汇编语言
asynchronous communication	异步通信
basic information unit	基本信息单元
basic transmission unit	基本传输单元
baud rate	波特率
binary coded decimal	BCD 码 (二进制编码的十进制数)
bit operation instruction	位操作指令
branch program	分支程序
breakpoint	断点运行
buffer amplifier	缓冲放大器
bus interface unit	总线接口单元
CB (control bus)	控制总线
character frame	字符帧
circle program / loop program	循环程序
clock circuit	时钟电路
common interface	通用接口
communication cable	通信电缆
control transfer instruction	控制转移指令
controller	控制器

conversion accuracy	转换精度
conversion rate	转换速度
CPU (central processing unit)	中央处理单元(中央处理器)
crystal oscillator	晶体振荡器
current amplifier	电流放大器
D/A converter (digital to analog converter)	数/模转换器
D/A (digital to analog)	数/模转换
data movement instruction	数据传送指令
data pointer	数据指针
data pulse	数据脉冲
DB (data bus)	数据总线
DCE (data communication equipment)	数据通信设备
debugging tools	调试工具
digital interface	数字接口
direct addressing	直接寻址
DMA (direct memory access)	直接存储器访问
DRAM (dynamic random access memory)	动态 RAM
DTE (data terminal equipment)	数据终端设备
E^{2}PROM (electrically EPROM)	电可擦除可编程 ROM
EDA (electronic design automation)	电子设计自动化
emulator socket	仿真插座
end node	末端节点
EPROM (erasable PROM)	可擦除可编程 ROM
error correction	误差校正
flash memory	快擦写型存储器
frame scan	帧扫描
full duplex	全双工
general purpose register	通用寄存器
half duplex	半双工
I/O (input/output)	输入/输出
I^{2}C (inter-integrated circuit)	内部集成电路
ICE (in circuit emulator)	在线仿真器
ICW (initialization command word)	初始化命令字
ID (instruction decoder)	指令译码器
IE (interrupt enable register)	中断允许寄存器
immediate addressing	立即寻址
indexed addressing	变址寻址
indirect addressing	间接寻址
instruction code	指令码
instruction system	指令系统

interface bus	接口总线
internal bus	内部总线
interrupt controller	中断控制器
interrupt mask register	中断屏蔽寄存器
interrupt request register	中断请求寄存器
IP (interrupt priority register)	中断优先权寄存器
IR (instruction register)	指令寄存器
ISP (in system programmable)	在系统编程
LCD (liquid crystal display)	液晶显示器
LED (light emitting diode)	发光二极管
logic operation instruction	逻辑运算指令
machine language	机器语言
mask programmable ROM	掩模 ROM
MCS (microcomputer system)	微型计算机系统
multi-board microcomputer	多板微型计算机
OC (optical couple)	光耦合
OCW (operation command word)	操作命令字
OPAMP (operational amplifier)	运算放大器
operation code	操作码
parallel input output	并行输入输出
parallel port	并行口
PC (program counter)	程序计数器
PC (personal computer)	个人计算机
PCB (printed circuit board)	印制电路板
PLD (programmable logic device)	可编程逻辑器件
PR (priority resolver)	优先级分析器
PROM (programmable ROM)	可编程存储器
PSD (programmable system device)	可编程外围器件
PSEN (program store enable)	外部程序存储器允许输出
PSW (program status word)	程序状态字
RAM (random access memory)	随机存取存储器
real time simulator	实时模拟
real time system	实时系统
relative addressing	相对寻址
reset circuit	复位电路
RISC (reduced instruction set computer)	精简指令集计算机
ROM (read only memory)	只读存储器
RS (register status)	寄存器状态
serial digital interface	串行数字接口
SFR (special function register)	特殊功能寄存器

simple program	简单程序
simplex	单工
single board microcomputer	单板微型计算机
single chip microcomputer	单片微型计算机
source address	源地址
SP(stack pointer)	堆栈指针
SPI(serial peripheral interface)	串行外设接口
SRAM(static random access memory)	静态随机存取存储器
standard data interface	标准数据接口
subprogram	子程序
SYNC(synchronous communication)	同步通信
synchronous parallel interface	同步并行接口
sync-pulse generator	同步脉冲发生器
TCON(timer control register)	定时器控制寄存器
temporary register	暂存器
terminal adapter	终端适配器
TF(timer full)	定时器满或定时器溢出
TMOD(timer mode register)	定时器工作方式寄存器
TR(timer run)	启动定时器
UART(universal asynchronous receiver-transmitter)	通用异步收发器
USRT(universal synchronous receiver-transmitter)	通用同步收发器
very large scale integrated circuit	超大规模集成电路
VFD(vacuum fluorescent display)	真空荧光显示器
virtual instrument	虚拟仪器
WDT(watch dog timer)	看门狗定时器
write buffer register	写入缓存器